本书由中国工程院重大咨询研究项目（2017-ZD-03）资助

矿业废弃地地表空间
生态开发及关键技术

ECOLOGICAL DEVELOPMENT OF
SURFACE SPACE AND KEY TECHNOLOGIES IN MINING WASTELAND

宋梅 著

社会科学文献出版社
SOCIAL SCIENCES ACADEMIC PRESS (CHINA)

序　言

2013 年，国务院公布《全国资源型城市可持续发展规划（2013 ~ 2020）》，全国共有资源型城市 262 个，地级行政区（包括地级市、地区、自治州、盟等）126 个、县级市 62 个、县（包括自治县、林区等）58 个、市辖区（开发区、管理区）16 个；依据矿产资源开发程度分类，其中 12% 处于成长期，54% 处于成熟期，25% 处于衰落期，9% 处于再生期。这意味着中国近 80% 的资源型地区正在或即将面临资源枯竭及产业结构升级的问题，而矿业废弃地的开发利用将成为实现资源型地区产业升级的关键。

矿业废弃地是指由采矿活动所破坏的、非经治理而无法使用的土地。在矿业开采前，生态系统处于稳定状态，生物与生物之间、生物与环境之间彼此作用，互相依存，生态系统内部能够实现自我组织、自我调整，从而使其生产功能和保护功能处于正常状态。而经历了采矿活动后，生态系统遭到破坏性改变，物种的适应能力和生态系统的调节能力无法维持生态系统的稳定性。采矿活动产生大量的矿业废弃物，引发大气污染、土壤破坏、水体污染等生态环境问题，也严重破坏地表和地下空间，引发地质灾害和环境破坏，形成大面积挖损、塌陷、污染的矿业废弃地。由于历史原因和技术水平限制，目前，中国矿业废弃地面积累计达 4000 万亩，直接经济损失超过 160 亿元。

2013 年 9 月，习近平总书记提出"绿水青山就是金山银山"的发展理念，2018 年 3 月，十三届全国人大一次会议将"生态文明"正式写入宪法。矿业废弃地资源的开发是美丽中国建设的重要组成部分，应秉承"生态文明"的发展理念，将矿业废弃地的开发与地区社会经济发展、生态环境建设、人民福祉提升作为一个系统综合考虑，努力建设美丽中国，实现中华民族的永续发展。

在矿业废弃地的开发利用方面，国内外学者的研究多集中于国内外对比分析，以定性研究为主，研究成果对矿业废弃地开发具有宏观指导意义，但结合具体矿区进行定量研究的成果较少。虽然我国部分地区对矿业废弃地资源再利用问题已有部分实践探索，但由于关闭煤矿所处地区经济发展水平、资源禀赋、区位优势各不相同，目前矿业废弃地资源再利用还没有形成可借鉴的成功模式。

该书基于生态文明的发展理念，将矿业废弃地资源开发与相邻城市发展水平相结合，综合分析可利用资源情况，构建废弃煤矿地表空间的开发利用模式，以期为国内矿业废弃地资源开发再利用和生态环境治理提供参考。

本研究得到了中国工程院咨询研究项目（2017 - ZD - 03）的资助，共由五章十四个部分构成。

本书在编写过程中，得到了社会科学文献出版社的大力帮助，在此深表感谢！感谢彭苏萍院士、姜耀东教授等前辈的指导和同事张博副教授、孙旭东副教授的帮助，与他们的交流和探讨给本书写作带来更多的灵感。此外，向常力月博士、郝旭光博士以及硕士研究生历颖超、孙兴恒、吴晋、冯宇楠、张文、刘启源在资料搜集、成稿中的付出表示感谢！

本书可供从事区域经济、能源经济、资源型地区转型发展研究的学者参考，也可作为高校能源经济类课程的教学参考书。

宋　梅

2018 年 11 月 8 日于北京

目 录

第一章　资源型地区矿业废弃地现状
及其生态开发定位

一　资源型地区矿业废弃地现状及问题分析

（一）我国资源型地区矿业废弃地现状

1. 我国资源型地区矿业废弃地基本情况

据中国矿业联合会 2010 年数据统计，矿业用地占全国建设用地接近 10%，资源型地区占比超过 30%。2013 年，国务院公布《全国资源型城市可持续发展规划（2013～2020）》，这是我国首次制定关于资源型城市的国家级规划，对资源型城市的界定具有相当的权威性。规划指出全国共有 262 个资源型城市，地级行政区（包括地级市、地区、自治州、盟等）126 个、县级市 62 个、县（包括自治县、林区等）58 个、市辖区（开发区、管理区）16 个；依据矿产资源开发程度分类，其中 12% 处于成长期，54% 处于成熟期，25% 处于衰落期，9% 处于再生期。这意味着近 80% 的资源型地区正在或即将面临资源枯竭及产业结构升级的问题，而矿业废弃地的开发利用将成为实现资源型地区产业升级的关键。[①]

矿业废弃地是指由采矿活动所破坏的非经治理而无法使用的土地。[②] 在矿业开采前，生态系统处于稳定状态，生物与生物之间、生物与环境之间彼

---

① 国务院：《全国资源型城市可持续发展规划（2013～2020）》。
② 宋书巧、周永章：《矿业废弃地及其生态恢复与重建》，《矿产保护与利用》2001 年第 5 期，第 43～49 页。

此作用、互相依存，生态系统内部能够实现自我组织、自我调整，从而使其生产功能和保护功能处于正常状态。而经历了采矿活动后，生态系统遭到破坏性改变，物种的适应能力和生态系统的调节能力无法维持生态系统的稳定性。采矿活动产生大量的矿业废弃物，引发大气污染、土壤破坏、水体污染等生态环境问题，也严重破坏地表和地下空间，引发地质灾害和环境破坏，形成大面积挖损、塌陷、污染的矿业废弃地。由于历史原因和技术水平限制，目前，中国矿业废弃地面积累计达4000万亩，直接经济损失超过160亿元。[①]

2. 资源型地区矿业废弃地产生的原因

理想情况下，矿产资源开发会根据资源储量情况按计划开采，当矿产资源枯竭时，矿山按计划关闭会产生大量矿业废弃地。但也有一些矿山出于政策因素、开采技术和社会压力等原因会在矿产资源未枯竭的情况下提前关闭，也会产生矿业废弃地。[②]

（1）矿产资源枯竭

矿产资源具有优势递减性和不可再生性。矿山的生命周期分为起步期、成长期、成熟期和衰退期。在第四个阶段中，探明的矿产资源在现有经济技术条件下即将采完，探明新储量的可能性又很小，矿山因矿产资源枯竭采取闭矿措施，从而产生矿业废弃地。

（2）政策因素

因政策因素产生的矿业废弃地大致可以分为三个方面：①当矿业经济不景气、市场需求低迷、产能严重过剩时，国家通过去产能政策淘汰落后产能，从而产生大量矿业废弃地；②国家对安全生产日益重视，监管部门出台政策措施对小、散、乱矿山进行整治，部分矿山因达不到安全生产标准被强制关停，从而产生矿业废弃地；③矿业生产过程中会有大量的废水、废气、废渣产生，国家日益严格的环境政策使得一些排放超标的矿山关停，进而形成矿业废弃地。

（3）技术因素

矿产资源储量与地球化学、地球物理、钻探技术等因素息息相关，评估

---

① 李晓丹、杨灏、陈智婷、王晶：《矿业废弃地再生利用综合研究进展》，《施工技术》2018年第10期，第146~152页。

② Laurence D. , "Optimisation of the Mine Closure Process," *Journal of Cleaner Production* 3 (2006): 285-298.

不当会使矿山提前关闭，如未预测到的不利的地质条件等。其次，在掘进过程中，当技术不足以克服一些地质难题时，也会关闭矿山，如出现透水、边坡不稳定、有毒气体泄漏等情况时。

（4）其他原因

矿业废弃地的产生除以上提到的原因之外，还包括公众压力、社会舆论等。比如，国外矿山的规划、设计、选址比较重视公众参与，而且公众参与一般是重要的环节之一。如果矿山开采受到了公众的极力反对，也可能导致其提前关闭。另外，矿难带来的舆论压力也会使矿山提前关闭从而产生矿业废弃地。

3. 资源型地区矿业废弃地发展问题

资源型地区的基本特征是，经济发展对资源有很强的依赖性，它们往往因资源发现而生，因资源开发而兴，也往往因资源枯竭而衰。近年来，随着资源不断枯竭，加上去产能政策的不断推进，矿业废弃地数量不断增多，资源型地区矿业废弃地经济社会发展问题日益突显。

（1）经济方面

1）产业结构失衡，以资源型开采为主的第二产业比重独大

资源型地区因资源开采而兴，产业结构严重依赖于资源开采，普遍表现为以资源开采为主的第二产业比重大，第三产业发展相对不足。资源产业在地区经济中占有绝对的主导地位，资源型地区中第二产业增加值一般会达到2/3 以上，承载 50% 以上的就业人口。第二产业内部结构不平衡，资源型产业在第二产业中占比较大。以鞍山市为例，其主导产业是黑色金属采选和冶炼加工业，包括铁矿采选、炼铁、炼钢等，主要产品是生铁、粗钢、钢材、铁矿石等，进而以主导产业为依托产生了鞍钢船板、铁路钢轨、专用和通用设备制造业、电气机械、器材制造业，汽车制造业，船舶、航空航天和其他运输设备制造业等产业，而轻工业相对较弱。[①] 第三产业内部结构问题逐渐显现，表现为餐饮业等传统商业和服务业发展迅速，但金融、物流、旅游等现代服务业发展缓慢。

2）过度依赖资源，经济发展受限

资源型地区有着丰富的矿产资源，当地企业围绕这些优势资源的开采和利用形成产业群。集群内企业凭借本地区丰裕的资源条件形成竞争优势，在市场上获得

---

① 　贾培煜：《失速与城市产业结构单一的战略对策研究》，《生态经济》2017 年第 11 期，第 88～91、101 页。

丰厚的收益，但矿区内的经济主体缺乏创新动力，矿区的经济增长严重依赖于自然资源的开采和利用，形成一条资源依赖型的经济增长路径。一旦地区资源枯竭或是行业不景气，其经济状况就会更不容乐观。矿区的经济水平和发展潜力普遍低于全国平均水平，也滞后于区域经济增长速度。以煤炭资源丰富的东北三省和山西省为例，煤炭"黄金十年"之后这些资源型地区的经济发展陷入低迷。2016年，黑龙江省GDP增速为6.1%，在全国31个省份（不包括港澳台）中排名倒数第三；吉林省GDP增速为6.9%，全国排名第25；辽宁省为-2.5%，全国排名倒数第一；山西省2015年和2016年GDP增速均为全国倒数第二，2014年全国倒数第一。①

3）空间结构分散，飞地特征明显

资源型地区是相对较特殊的一类地区，矿区的发展区域与矿产资源所在地密切相连，这类矿区通常是沿矿而建，哪里有资源，企业就延伸到哪里，城市就建设到哪里。矿区往往按照资源分布形成"大分散小集中"的城市空间布局。地区建设一般缺乏统一规划，无法发挥地区经济集聚效应，阻碍地区发展。受资源开采影响，资源开采与加工企业大多数分散在偏远地区或山区，以资源开发为主的国有企业建成之后，企业同时兴办医院、食堂、学校等社会服务机构，形成了庞大的自我服务体系。随着产业的发展、人口的增加，"因资源而生的城市"逐步建立起来，矿区废弃后，企业负担沉重，"大企业小城市"的飞地特征明显。

（2）社会方面

1）就业结构单一，社会稳定存隐患

单一的产业结构导致高度单一的就业结构，矿区居民的就业结构严重依附于主导产业。矿区形成如靠山吃山、等靠要、因循守旧、缺乏创新精神等现象。这些问题在平常时期不会显现，一旦产业出现波动或在资源衰竭时则转变为严重的社会问题。随着资源产业的衰退和矿井关闭数量的不断增加，工人大量下岗、贫困阶层规模加大、社会群体事件频发、社会治安恶化、贫民区域形成等社会问题日益严峻。

2）人才流失问题突出，社会结构固化

以劳动力密集型为特征的资源型产业，其人力资源以技术工人为主体，

---

① 《2016年各省GDP排名》，新浪博客，2017年1月23日，http：//blog.sina.com.cn/s/blog_4efe65c30102xpk4.html，最后访问时间：2018年7月20日。

在高学历、高层次科技人才方面存在较大缺口，再加上经济效益差、文化设施和基础设施建设落后等原因，造成科技人才大量外流。资源型地区社会就业以资源型产业为主，家庭、教育、就业、养老等都与资源开采和加工有着千丝万缕的联系，形成了以资源开采加工为核心的社会结构。固化的社会结构一方面有利于城市建立和稳定以资源为核心的社会关系，另一方面也导致城市经济社会缺乏弹性，一旦产业出现衰退，整个地区的经济发展将会陷入困境。

3）职工再就业与社会保障问题亟待解决

计划经济时期，矿业企业绝大多数是国有企业，企业职工享有国家承担的公费养老、医疗、住房等社会保障。但随着市场经济改革的推进，一些企业将其社会职能剥离，导致原来"企业办社会"的现象不复存在。城市保障体系社会化改革将国企员工的社会保障推向市场，20 世纪 90 年代末的国有企业改革把大量资源企业职工推向了社会。赖以为生的企业不景气，不能再为职工提供足够的保障服务，很多矿区职工看病、养老、住房都存在很大困难。如果职工再就业和社会保障体系建立不完善，职工及其家属最低生活需求得不到满足，便会引发社会危机甚至社会动乱，严重威胁社会和谐、稳定。

4. 我国煤矿去产能关闭情况

2015 年 12 月，中央经济工作会议提出了推动供给侧结构性改革的"去产能、去库存、去杠杆、降成本、补短板"五项重点任务，积极稳妥地化解煤炭产能过剩也是其中重要内容。2016 年 2 月，国务院发布《关于煤炭行业化解过剩产能实现脱困发展的意见》指出，在近年淘汰落后产能的基础上，用 3~5 年时间，再退出产能 5 亿吨左右、减量重组 5 亿吨左右。在国家化解过剩产能政策指导下，2016 年煤炭 2.5 亿吨的去产能目标任务和2017 年煤炭 1.5 亿吨的去产能目标任务已提前超额完成。因此，"十三五"期间，无论是自然枯竭煤矿，还是未枯竭但因产能过剩关闭的煤矿，都将大幅增加，由此产生的矿业废弃地也会大幅增加。[①]

（1）我国去产能关闭矿井分布情况

截至 2017 年底，全国共有 24 个省（自治区、直辖市）公布了 2016~

---

① 宋梅、郝旭光等：《我国煤炭产业供给侧结构性改革效果分析》，《中国煤炭》2018 年第 5 期，第 5~8、14 页。

2017 年关闭退出煤矿名单，共涉及煤矿 2545 个，退出产能约 4.9 亿吨（参见图 1 – 1 和图 1 – 2）。

图 1 – 1　2016 ~ 2017 年各省（自治区、直辖市）关闭煤矿个数

资料来源：根据国家发改委及各省发改委网站公开数据整理而得。

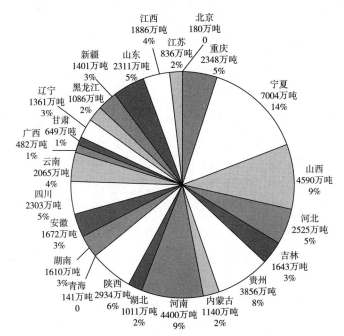

图 1 – 2　2016 ~ 2017 年各省（自治区、直辖市）退出产能占比情况

资料来源：根据国家发改委及各省发改委网站公开数据整理而得。

退出的煤炭产能主要分布于产能较小、地质条件复杂、安全生产条件落后、开采年限较长、煤质较差、人口相对稀少和分散的地区。西部地区去产能占全国去产能总量的49%，其次依次为中部地区（31%）、东部地区（12%）和东北地区（8%）。

从空间分布上看，退出的煤矿主要分布在西部地区和中部地区，其中湖南、湖北、四川、云南、贵州五个省份共退出煤矿984个，退出煤矿数量占全国的38.67%，退出产能占全国的22%。

（2）去产能关闭煤矿的员工情况（见图1-3）

据不完全统计，2016～2017年煤炭退出产能涉及员工约100万人。以退出的国有老矿区为例，人员学历构成中，高中以下人员占比超过一半；工种结构中，后勤辅助人员占比接近一半；年龄结构中，退休和离退休人员占比为15%。

（3）关闭退出煤矿分类情况

2016～2017年，关闭退出煤矿中，国有煤矿产能占81%，其余为民营或集体煤矿。国有煤矿中，中型及中型规模以上煤矿产能占比为36%，30万吨以下小型规模煤矿产能占比为45%（见表1-1）。

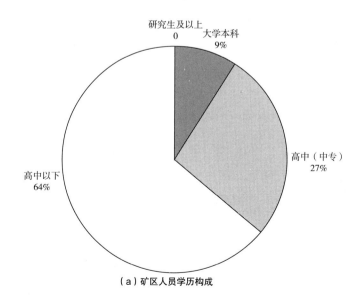

（a）矿区人员学历构成

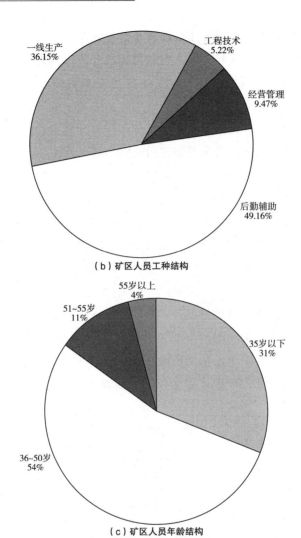

（b）矿区人员工种结构

（c）矿区人员年龄结构

图 1-3　2016～2017 年去产能关闭煤矿员工情况

资料来源：根据各省产能退出煤矿资料整理而得。

表 1-1　2016～2017 年关闭退出煤矿分类情况

单位：%

序号	按照煤矿性质分类	按照规模分类	矿井个数占比	核定产能占比
1	国有煤矿	中型及中型规模以上	13	36
2		小型煤矿	60	45
3	其他类煤矿	—	27	19

资料来源：根据各省关闭退出煤矿统计得出。

（二）资源型地区矿业废弃地问题分析

1. 未进行生态修复的矿业废弃地

（1）地表景观破坏严重

无论是露天开采还是地下开采，尽管两类采矿方式对土地的破坏途径、程度和方式不同，但都不可避免地造成地表景观的改变（见图1-4）。两者共同之处在于，排土场、尾矿场均会导致数倍于开采范围的区域生态和自然

（a）

（b）

（c）

（d）

图1-4 采矿活动对地表景观造成破坏的情况

资料来源：笔者拍摄。

景观的破坏；不同之处在于，露天开采以剥离挖损土地为主，明显地改变了采矿场的地表景观，而地下采掘虽无须剥离表土，但对地质结构影响较大，容易引发地表塌陷。

（2）大量土地资源被占用

矿产资源开发不可避免地要占用大量的土地。一般地，露天采矿所占用的土地面积相当于采矿场面积的 5 倍以上。目前，尾矿、煤矸石、粉煤灰和冶炼渣已成为我国排放量最大的工业固体废弃物，约占总量的 80%。[①] 据估计，1957 ~ 1990 年我国因矿山占地而损失的耕地，占到全国总耕地损失的49%。[②] 1993 年底，我国尾矿累积堆放直接破坏和占用的土地达 17000 ~ 23000km^2，且每年以 200 ~ 300km^{2}的速度增加。[③]

（3）环境污染严重

矿业废弃物中含有大量重金属成分，通过径流和大气扩散会污染空气、水和土壤，其影响范围要远远超过矿区的面积。矸石山不仅占用大量的土地，若不采取措施还会因自燃污染大气环境，矸石山淋溶水有时呈较强酸性、碱性或含有毒有害元素，选址不好又不采取防渗措施将会污染周围土壤、地面及地下水体，产生环境危害，目前已成为矿区的主要环境问题之一。有色金属矿业废弃地中含有大量的有毒有害重金属，随地表径流和地下径流而流失，严重污染周围环境。

（4）经济发展缓慢，社会矛盾突出

资源型地区产业高度资源化，就业也高度单一化，地区经济严重依赖资源产出。随着资源衰竭、矿井的关闭、大量人口失业，经济走向衰落。2016 年，化解产能过剩造成了大量矿企职工下岗，煤炭系统约 130 万人，钢铁系统约 50 万人。此外，资源型地区的居民就业渠道单一，就业结构严重趋同，在资源产业衰退时常常出现集体下岗，社会矛盾集中。由于劳动技能单一、就业能力差，劳动力的社会流动性受到抑制，亟须大量的社会保障措施提供最基本的生存服务。

---

① 常前发：《谈矿产资源的开发利用与可持续发展》，《中国矿业》2000 年第 6 期，第 15 ~ 19 页。

② 马彦卿：《矿山土地复垦与生态恢复》，《有色金属》1999 年第 3 期，第 23 ~ 25、29 页。

③ 张锦瑞、王伟之等：《尾矿库土地复垦的研究现状与方向》，《有色金属（选矿部分）》2000 年第 3 期，第 42 ~ 45 页。

2. 已进行生态修复的矿业废弃地

（1）与城市整体规划联系不够紧密

我国矿业废弃地景观规划研究多从单个地块的生态平衡着手，再生利用存在功能单一、效益低下等问题，尚缺少城市可持续发展视角下矿业废弃地再生利用规划方面的研究，城市整体层面上的功能选择机制研究尚待深入。现有研究多集中在工矿废弃地复垦利用专项规划领域，以使土地恢复到可供利用状态为目标，而与城市规划设计相融合的矿业废弃地再生利用规划体系研究较少，其规划理论研究和实践方法总结尚待深入。

（2）产业培育千城一面，经济效益不明显

不同矿区的发展水平、产业基础和可利用资源情况差别较大。我国在矿业废弃地治理开发方面起步较晚，较少考虑城市发展水平以及可以利用的资源情况，产业选择和培育存在一定的盲目性，常见的开发形式主要有矿山公园、城市绿地、生态园等，形式相对单一。这样就导致了千城一面的问题，缺乏特色，难以形成竞争优势。[①] 以矿山公园为例，目前我国已有72座公园获国家矿山公园资格。这类公园建成后更多用作教育和实训基地，社会效益明显，但经济效益较差，不利于激发企业参与矿业废弃地治理开发的积极性。

（3）产业转型尚未形成完整的产业链

德国鲁尔区转型成功的关键之一就是聚焦于生产专业性的高附加值产品，包括产业链下游客户需要的产品。[②] 近年来，我国在矿业废弃地产业转型方面取得了一定的成绩，但尚未形成完整的产业链，经济带动作用有限。国内矿业废弃地的利用多是在土地平整和生态恢复的基础上发展农业和旅游业，对那些高新技术产业的引进力度较弱。矿业废弃地产业园区内企业之间的业务关联性和技术关联性不大，缺乏明确的产业分工和产业特色，尚未形成完整的产业链。

[①] 金鹏：《旧工业遗址环境改造研究》，硕士学位论文，安徽大学，2017，第11页。

[②] 赵海娟：《借鉴德国鲁尔经验破解老工业基地转型困境》，《中国经济时报》2017年6月27日，第1版。

二 资源型地区矿业废弃地产业转型
相关理论及生态开发定位

(一) 资源型地区矿业废弃地转型可持续发展的内涵和外延

1. 狭义的矿业废弃地可持续发展概念

狭义的矿业废弃地可持续发展，强调矿区经济的可持续发展，是指资源型地区的矿业废弃地在土地复垦、生态修复的基础上，通过对矿业废弃地可利用资源进行识别，科学谋划，合理布局，营造出良好的投资、营商环境，进而培育或引进接续替代产业，延长原有产业链，摆脱当地经济发展对资源的过度依赖，实现矿区经济转型持续发展。

2. 广义的矿业废弃地可持续发展概念

广义的矿业废弃地可持续发展，强调的则是"经济 - 社会 - 资源 - 环境"系统的协调可持续发展，不仅要突出矿业废弃地经济转型持续发展的主题，还应充分考虑矿区资源和环境的承载能力、社会发展的公平性以及人与自然的协调共生性，在保证矿区经济发展与人口、资源、环境相协调的基础上，最终实现资源型地区矿业废弃地全面协调可持续发展。

(二) 资源型地区矿业废弃地产业转型理论基础

资源型地区的发展历程大致可以分为起步期、成长期、成熟期和衰退期。资源型城市源起于所具有的丰富的自然资源。无论是因资源的被发现而建城，还是建城后探明有资源存在，其核心都是围绕"资源"二字。随着以资源开采为主导产业的发展，城市逐步进入发展的黄金期，主要表现为经济总量迅速增长、城市人口增加、居民收入稳定增长等。但是，由于开采过程中忽视了环境保护，随着资源的不断被开采，许多资源型地区陷入资源枯竭、矿区土地和生态环境破坏的窘境。目前，除了资源枯竭产生的矿业废弃地外，中国"去产能"政策的实施使得大量规模小、安全生产条件差、煤质不好的煤矿关闭，新增了大量的矿业废弃地。如何恢复被破坏矿区的生态环境，将矿业废弃地科学合理地利用进而带动地区产业升级，实现经济转型，成为社会各界关注的热点。本研究将以生命周期理论、生态经济学理论、可持续发展理论、循环经济理论和产业转型理论等理论为基础，系统探索我国资源型地区矿业废弃地的产业转型问题。

1. 产业生命周期理论

（1）发展历程

产业生命周期理论（Industry Life Cycle Theory）起源于产品生命周期理论，1957 年，波兹（Booz）和阿伦（Allen）在《新产品管理》中提出了产品生命周期理论，根据产品的销售情况将产品生命周期划分为四个阶段，分别为投入期、成长期、成熟期和衰退期。[①] 戈波兹等人把产品生命周期理论与生物进化理论相结合，提出了戈波兹曲线数学模型，产品生命周期的研究由定性分析深入到定量研究。1966 年，弗农（Vernon）从国际化的视角，根据产业从发达国家到欠发达国家依次转移现象，将产品生产分为导入期、成熟期和标准化期。20 世纪 70 年代，哈佛大学的阿伯纳西（Abernathy）和麻省理工学院的厄特巴克（Utterback）将产品生命周期和创新结合起来进行研究，通过案例分析共同提出了 A－U 模型。[②] 在此基础上，20 世纪 80 年代，高特（Gort）和克莱珀（Klepper）提出了 G－K 产业生命周期理论，再到 90 年代，克莱珀（Klepper）和格雷迪（Graddy）提出的 K－G 产业生命周期理论，使该理论在各个分支的纷争和融合中逐步走向成熟。[③]

（2）基本概念

产业生命周期是指每个产业都要经历的一个由成长到衰退的演变过程，是指从产业出现到完全退出社会经济活动所经历的时间。一般分为导入期、成长期、成熟期和衰退期四个阶段。

（3）基本特征

在导入期，厂商数量很少，总体规模偏小，规模经济尚未形成，不仅产量低，而且产品成本无法压低；消费者还没接受该产品，致使产品销量无法

---

① 李玲玉：《论产业生命周期理论》，《中国市场》2016 年第 50 期，第 64 ~ 65 页。

② 姚建华、陈莉銮：《产业生命周期理论的发展评述》，《广东农工商职业技术学院学报》2009 年第 2 期，第 56 ~ 58 页。

③ 刘婷、平瑛：《产业生命周期理论研究进展》，《湖南农业科学》2009 年第 8 期，第 93 ~ 96、99 页。

上升，整个行业的利润增长点还没有出现，甚至出现亏损现象；产品多样化程度不足；整个行业还没有形成很强的进入壁垒。[①]

进入成长期以后，市场接受程度提高，消费者对该产品的认同感逐步增加，大量生产商进入该行业；由于厂商规模的扩大，规模经济效应开始显现，产品成本开始降低，由于产量和销售量迅速增加，行业利润点开始显现；生产技术趋于成熟，产品质量稳定，产品开始呈现多样化；需求上升，伴随着低进入壁垒，竞争变得越发激烈，而且一般都是以价格竞争为主的价格战。

进入成熟期后，经过成长期的竞争淘汰，竞争能力不足的企业被市场淘汰，剩下少数规模大的企业将市场垄断，进一步提高了行业集中度；产品销售量增速有所下降，没有成长期增长得明显，利润率平稳下降；由于生产技术趋于成熟，产品标准化程度变得极高，产品差异化程度低；在这一阶段，进入壁垒主要表现为规模壁垒高，小规模很难进入该行业；竞争手段开始转向非价格竞争。

在衰退期，退出该行业的厂商数目开始不断增加，产量下降，产品销售额和利润率大幅度下降；产业退出壁垒高。产业生命周期曲线与产品生命周期曲线不同的是，在衰退期，市场上往往出现新产品替代老产品的情况，所以产业生命曲线在进入衰退期后又会因新产品的出现而向上弯折，进入一个新的生命周期。

2. 生态经济学理论

（1）发展历程

二战以后，科学技术的持续发展、劳动生产率的不断提高和世界经济的快速增长，充分显示了人类干预和改造自然的能力也在逐渐增强。然而，与此同时出现了大量的环境污染和生态退化问题，其严重程度人们始料未及。随着时间的推移，环境和资源问题从局部向全局、从区域向全球扩展，世界范围内的人口骤增、粮食短缺、环境污染、资源不足和能源危机不仅威胁着人类的生存状态，而且制约着社会的进一步发展。科学家们在探索以上问题产生的历史原因、发展趋势、预防措施和解决途径时发现：单纯从生态学或

---

① 盖翊中：《产业生命周期中产业发展阶段的变量特征》，《工业技术经济》2006 年第 12 期，第 54～55 页。

从经济学的角度来解释和研究这些问题是难以找到答案的，只有将生态学和经济学有机结合起来进行分析，才能从中寻求到既能发展社会经济又能保护生态环境的解决之策。

20 世纪 60 年代，美国经济学家鲍尔丁发表了一篇题为《一门科学——生态经济学》的文章，首次提出了"生态经济学"这一概念。美国另一经济学家列昂捷夫则是第一个对环境保护与经济发展的关系进行定量分析的科学家，他使用投入－产出分析法，将处理工业污染物单独列为一个生产部门，除了原材料和劳动力的消耗外，把处理污染物的费用也包括在产品成本之中，他在污染对工业生产的影响方面进行了详尽的分析。

从此，不少经济学家开始从理论上深入探讨环境污染产生的经济根源。他们认识到：传统的经济学理论已经不能很好地解释环境污染和资源枯竭问题，因为它不考虑"外部不经济性"，在生产成本中不计入废料处理和污染损失的费用，其结果就是生产厂家在赚取高额利润的同时将大量隐蔽的污染问题转嫁给了社会，加重了社会公共费用的负担，牺牲了公共生活的环境质量。况且，在传统的经济学理论中，国民生产总值和国内生产总值都没有设立环境指标和资源指标，不能反映一个国家的环境资源状况对经济发展的影响程度。

1980 年，联合国环境规划署召开了以"人口、资源、环境和发展"为主题的会议，会议充分肯定了上述四者之间是密切相关、互相制约、互相促进的，并指出各国在制定新的发展战略时对此要切实重视和正确对待。同时，环境规划署在对人类生存环境的各种变化进行观察分析之后，确定将"环境经济"（即生态经济）作为 1981 年《环境状况报告》的第一项主题。由此表明，生态经济学作为一门既有理论性又有应用性的新兴的科学，开始为世人所瞩目。

（2）基本内容

生态经济学（Ecological Economics）最早曾被称为污染经济学或公害经济学，是生态学和经济学融合形成的一门交叉学科。它是从自然和社会的双重角度来观察和研究客观世界，从本质上来说，它应当属于经济学的范畴。它从经济学和生态学结合的角度出发，围绕人类经济活动与自然生态之间相互作用的关系，研究生态经济结构、功能、规律、平衡、生产力及生态经济效益等内容。

（3）主要特征

1）综合性

生态经济学是将自然科学同社会科学相结合来研究经济问题的，从生态经济系统的整体上研究社会经济与自然生态之间的关系。

2）层次性

从纵向上来说，包括全社会生态经济问题的研究，以及各专业类型生态经济问题的研究，如农田生态经济、森林生态经济、草原生态经济、水域生态经济和城市生态经济等。其下还可以再加以划分，如农田生态经济，又包括水田生态经济、旱田生态经济，并可再按主要作物分别研究其生态经济问题。从横向上来说，包括各种层次的区域生态经济问题的研究。

3）地域性

生态经济问题具有明显的地域特殊性，生态经济学研究通常以一个国家的国情或一个地区的情况为依据。

4）战略性

社会经济发展不仅要满足人们的物质需求，而且要保护自然资源的再生能力；不仅要追求局部和近期的经济效益，而且要保持全局和长远的经济效益，永久保持人类生存、发展的良好生态环境。生态经济研究的目标是使生态经济系统整体效益优化，从宏观上为社会经济的发展指明方向，因此具有战略意义。

3. 可持续发展理论

（1）发展历程

在世界范围内，可持续发展的思想由来已久。在人类社会经济发展的过程中，人口、资源和环境之间不可调和的矛盾，引发了一系列的生态环境事件并导致了诸多的环境问题。在经历了社会进步和经济发展所带来的痛苦之后，人类在深刻的反思过程中逐渐将可持续发展思想提升为一种理论和战略。可持续发展由思想上升为理论大致经历了三个阶段。

第一阶段：20世纪50年代到70年代末，可持续发展理论的萌芽阶段。在联合国第一个发展十年国际发展规划（1960～1970年）开始时，时任秘书长吴丹提出"发展＝经济增长＋社会变革"。发展既包括经济发展，同时又包括社会发展，是当时人民关于发展认识的高度概括。1962 年，美国生物学家蕾切尔·卡逊（Rachel Carson）的著作《寂静的春天》出版，书中列举了大量农药污染导致生态平衡被破坏的事实，描绘了一幅由污染所带来的可怕场景，将环境保护这一严肃问题摆在世人面前，从而引起了世界范围内的广泛轰动，人类就发展观念这一问题展开了激烈的争论。十年之后，随着两位著名学者巴巴拉·沃德（Barbara Ward）和雷内·杜博斯（Rene Dubos）的著作《只有一个地球》的诞生，人类对生存与环境的认识也因此提升到了一个新的高度。随着人们对这个问题思考的不断深入，现代可持续发展的思想最终形成于 20 世纪 80 年代。

第二阶段：20 世纪 80 年代至 1992 年，可持续发展理论的提出和探索时期。这一阶段正处于第二次环境革命时期，可持续发展是当时大家关注的焦点。1980 年 3 月，联合国向全世界发出呼吁："必须研究自然的、社会的、生态的、经济的以及利用自然资源过程中的基本关系，确保全球持续发展。"1987 年，以布伦特兰夫人为首的世界环境与发展委员会向联合国大会提交了《我们共同的未来》，系统论述了可持续发展的含义、原则和实践问题。

第三阶段：1992 年以后，可持续发展理论的丰富和发展时期。1992 年，联合国环境与发展大会通过了《21 世纪议程》，确定了走可持续发展的发展道路，标志着可持续发展的理论最终形成并成为世界各国人民的共识。

（2）主要内容

可持续发展理论（Sustainable Development Theory）是指既满足当代人的需要，又不对后代人满足其需要的能力构成危害的发展。可持续发展涉及可持续经济、可持续生态和可持续社会三方面的协调统一，要求人类在发展中讲究经济效率、关注生态和谐和追求社会公平，最终达到人的全面发展。可持续发展虽然缘起于环境保护问题，但作为一个指导人类走向 21 世纪的发展理论，它已经超越了单纯的环境保护。它将环境问题与发展问题有机地结合起来，已经成为一个有关社会经济发展的全面性战略。

（3）基本思想

1）可持续发展并不否定经济增长

经济发展是人类生存和进步所必需的，也是社会发展和保持、环境改善的物质保障。特别是对发展中国家来说，发展尤为重要。目前发展中国家正经受贫困和生态恶化的双重压力，贫困是导致环境恶化的根源，生态恶化更加剧了贫困。尤其是在不发达的国家和地区，必须正确选择使用能源和原料的方式，力求减少损失、杜绝浪费，减少经济活动造成的环境压力，从而达到具有可持续意义的经济增长。既然环境恶化的原因存在于经济过程之中，其解决办法也只能从经济过程中去寻找。目前亟须解决的问题是研究经济发展中存在的扭曲和误区，并站在保护环境，特别是保护全部资本存量的立场上去纠正它们，使传统的经济增长模式逐步向可持续发展模式过渡。

2）可持续发展以自然资源为基础，同环境承载能力相协调

可持续发展追求人与自然的和谐相处。可持续性可以通过适当的经济手段、技术措施和政府干预得以实现，目的是降低自然资源的消耗速度，使之低于再生速度。如形成有效的利益驱动机制，引导企业采用清洁工艺和生产非污染物品，引导消费者采用可持续消费方式，并推动生产方式的改革。经济活动总会产生一定的污染和废物，但每单位经济活动所产生的废物数量是可以减少的。如果经济决策中能够将环境影响全面、系统地考虑进去，那么可持续发展是可以实现的。"一流的环境政策就是一流的经济政策"的主张正在被越来越多的国家所接受，这是可持续发展区别于传统发展的一个重要标志。相反，如果处理不当，环境退化的成本将是巨大的，甚至会抵消经济增长的成果。

3）可持续发展以提高生活质量为目标，同社会进步相适应

单纯追求产值的增长不能体现发展的内涵。学术界多年来关于"增长"和"发展"的辩论已达成共识。"经济发展"比"经济增长"的概念更广泛，意义更深远。若不能使社会经济结构发生变化，不能使一系列社会发展目标得以实现，就不能承认其为"发展"，就是所谓"没有发展的增长"。

4）可持续发展承认自然环境的价值

自然环境的价值不仅体现在环境对经济系统的支撑和服务上，也体现在环境对生命系统的支持上，应当在生产中引入"绿色 GDP"概念，将环境资源的投入计入生产成本和产品价格之中。为了全面反映自然资源的价值，产品价格应当完整地反映三部分成本：一是资源开采或资源获取成本；二是与开采、获取、使用有关的环境成本；三是由于当代人使用了某项资源而不

可能为后代人使用的效益损失，即用户成本。

5）可持续发展是培育新的经济增长点的有利因素

表面上看，可持续发展要保护环境、治理污染、节约资源，对经济发展是一种限制。而实际上，可持续发展所限制的是那些高耗能、高排放、高污染产业。对那些清洁高效的绿色产业、环保产业、保健产业、节能产业等产业，可持续发展为它们的发展提供了难得的良机，培育了大批新的经济增长点。

（4）基本原则

1）共同发展

地球是一个复杂的巨系统，每个国家或地区都是巨系统中不可分割的子系统。系统最根本的特征是其整体性，子系统之间相互联系并发生作用，一个系统出现问题，都会直接或间接影响到其他系统，甚至会使整个巨系统出现问题，地球生态系统中这一现象表现最为突出。因此，可持续发展追求的是整体发展和协调发展，即共同发展。

2）协调发展

协调发展既包括经济、社会、环境三大系统的整体协调，也包括全球、国家和地区三个空间层面的协调，还包括一个国家或地区经济与人口、资源、环境、社会以及内部各个元素的协调。

3）公平发展

世界经济的发展呈现出因水平差异而表现出来的层次性，这是发展过程中始终存在的问题。但是这种发展水平的层次性若因不公平、不平等而引发或加剧，就会从局部上升到整体，并最终影响到整个世界的可持续发展。可持续发展思想的公平发展包含两个维度：一是时间维度上的公平，当代人的发展不能以损害后代人的发展能力为代价；二是空间维度上的公平，一个国家或地区的发展不能以损害其他国家或地区的发展能力为代价。

4）高效发展

公平和效率是可持续发展的两个轮子。可持续发展的效率不同于经济学的效率，可持续发展的效率既包括经济意义上的效率，也包含自然资源和环境损益的成分。因此，可持续发展思想的高效发展是指经济、社会、资源、环境、人口等协调下的高效率发展。

5）多维发展

人类社会的发展表现为全球化的趋势，但是不同国家与地区的发展水平是不同的，而且不同国家与地区又有着异质性的文化、体制、地理环境、国际环境等发展背景。此外，因为可持续发展又是一个综合性、全球性的概念，要考虑到不同地域实体的可接受性，可持续发展本身包含了多样性、多模式的多维度选择的内涵。因此，在可持续发展这个全球性目标的约束和制导下，各国与各地区在实施可持续发展战略时，应该从国情或区情出发，走符合本国或本区实际的、多样性、多模式的可持续发展道路。

4. 循环经济理论

（1）发展历程

循环经济的思想可以追溯到 20 世纪 60 年代。"循环经济"最早由美国经济学家 K. 波尔丁提出，其主要观点为：在人、自然资源和科学技术的大系统内，在资源投入、企业生产、产品消费及其废弃的全过程中，把传统的依赖资源消耗的线形增长经济，转变为依靠生态型资源循环来发展的经济。"宇宙飞船经济理论"可以作为循环经济的早期代表。地球就像在太空中飞行的飞船，要不断消耗自身有限的资源来生存发展，如果资源开发利用不合理、破坏生态环境，就会像宇宙飞船那样走向毁灭。因此，宇宙飞船经济要求一种新的发展观。第一，必须改变过去那种"增长型"经济为"储备型"经济；第二，要改变传统的"消耗型经济"，而代之以休养生息的经济；第三，实行福利量的经济，摒弃只看重生产量的经济；第四，建立既不会使资源枯竭，又不会造成环境污染和生态破坏、能循环使用各种物资的"循环式"经济，以代替过去的"单程式"经济。

20 世纪 90 年代之后，发展知识经济和循环经济成为国际社会的两大趋势。我国从 20 世纪 90 年代起引入了循环经济的思想，此后对于循环经济的理论研究和实践不断深入。1998 年引入德国循环经济概念，确立"3R"原理的中心地位；1999 年从可持续生产的角度对循环经济发展模式进行整合；2002 年从新兴工业化的角度认识循环经济的发展意义；2003 年，将循环经济纳入科学发展观，确立物质减量化的发展战略；2004 年，提出从不同的空间规模——城市、区域、国家层面大力发展循环经济。

（2）基本内容

循环经济（Circular Economy）即物质循环流动型经济，是指在人、自然资源和科学技术的大系统内，在资源投入、企业生产、产品消费及其废弃的全过程中，把传统的依赖资源消耗的线形增长的经济，转变为依靠生态型资源循环来发展的经济。

循环经济本质上是一种生态经济。循环经济要求运用生态学规律而不是机械论规律来指导人类社会的经济活动。与传统经济相比，循环经济的不同之处在于，循环经济倡导的是一种环境和谐型经济发展模式，而传统经济是一种"资源 – 产品 – 污染排放"单向流动的线性经济，其特性是高开采、低利用、高排放。循环经济把清洁生产、资源综合利用、生态设计和可持续消费融为一体，是一种"促进人与自然协调和谐"的经济发展模式，它运用生态学规律把经济活动组织成一个"资源 – 产品 – 再生资源"的反馈式流程，实现"低开采、高利用、低排放"，以最大限度地利用进入系统的物质和能量，提高资源利用率；最大限度地减少污染物排放，提升经济运行质量和效率，并保护生态环境。[①]

（3）基本原则

"3R 原则"是循环经济活动的行为准则，所谓"3R 原则"，即减量化（Reduce）原则、再使用（Reuse）原则和再循环（Recycle）原则。

1）减量化原则

要求用尽可能少的原料和能源来完成既定的生产目标和消费目的。这就能在源头上减少资源和能源的消耗，大大改善环境污染状况。例如，我们使产品小型化和轻型化；避免产品过度包装等，使生产和消费的过程中，资源消耗尽可能少，废弃物排放量尽可能少。

2）再使用原则

要求生产的产品和包装物能够被反复使用。生产者在产品设计和生产中，应摒弃一次性使用而追求利润的思维，尽可能使产品经久耐用和反复使用，如购物袋的反复使用。

3）再循环原则

要求产品在完成使用功能后能重新变成可以利用的资源，同时也要求生

---

① 毛如柏、冯之浚：《论循环经济》，经济科学出版社，2003。

产过程中所产生的边角料、中间物料和其他一些物料也能返回到生产过程中或是另外加以利用，变废为宝。

5. 生态修复理论

（1）发展历程

早在 20 世纪初，美国和德国这样的工业发达国家已经自发地在矿区进行种植试验，开始了矿区生态环境修复。英国、澳大利亚等采矿历史悠久的国家也很早就开始恢复生态学相关研究，并且取得了巨大的成就，生态修复成为采矿后续产业的重要组成部分。苏联也十分重视矿区废弃地土地复垦工作，加拿大、法国、日本等国在矿区生态修复方面也做了大量的工作。[①] 另外，美国、英国、加拿大、澳大利亚等国家都通过制定矿山环境保护法规理顺矿山环境管理体制，建立矿山环境评价制度，实施矿山许可证制度、保证金制度，严格执行矿山监督检查制度等措施来保证矿山生态修复的成效。[②] 20 世纪 80 年代以来，这些发达国家土地复垦率达 70% ~80%，在矿区生态修复中形成了理论基础、积累了实践经验，涌现出一大批经典的、成熟的生态修复案例，如美国的麦克劳林金矿、德国的鲁尔区、加拿大多伦多市的汤米逊公园。[③]

我国从 20 世纪 50 年代末开始废弃矿山的治理工作，但一直到 20 世纪80 年代，矿区的生态恢复工作还处于分散、小范围、不成熟的阶段。尽管我国矿区废弃地生态修复相当缓慢，但其比例在逐年提高。特别是 1988 年我国颁布《土地复垦规定》后，矿山废弃地的生态修复工作开始步入法制化轨道，生态修复速度和质量有了较大的提高，并取得了一定的成效，如大型煤矿区生态重建、金属尾矿区的植被恢复等。[④]

（2）基本概念

对于生态修复的定义目前还存在诸多争论，而且很容易与生态恢复、土

---

① 高国雄、高保山等：《国外工矿区土地复垦动态研究》，《水土保持研究》2001 年第 1 期，第 98 ~103 页。
② 王雪峰、邓锋：《国外矿山环境治理的启示》，《山东国土资源》2007 年第 4 期，第 11 ~13 页。
③ 刘伟：《美国土地复垦工程范例及其启示》，《国土资源科技管理》2003 年第 4 期，第 17 ~21 页。
④ 邓小芳：《中国典型矿区生态修复研究综述》，《林业经济》2015 年第 7 期，第 14 ~19 页。

地复垦等概念混淆。不同的学者由于研究目的、方向等的不同，赋予了生态修复不同的含义，而且随着研究的深入和社会的发展，生态修复的内涵也在不断地完善和发展。张新时、焦居仁、周启星等对生态修复概念进行了大量研究。[①] 吴鹏综合分析前人对生态修复的定义，并结合研究实践中生态修复的具体模式和内容指出，生态修复是在人工条件下对原有破坏的生态环境进行恢复、重建和修整，使其更符合社会经济可持续发展的过程。[②] 因此，矿区生态修复不仅简单地对原生态环境进行人为地恢复、复垦，还要进行修整、重建，符合社会发展的需要。

（3）主要内容

修复和改善矿山废弃地生态经济系统的主要研究内容分为五方面：受损农地再利用、废弃矿业资源再开发、合理开发和保护未利用的废弃地、地质灾害防治、生态景观建设。

1）受损农地再利用

山区农业用地非常宝贵，受采煤影响损毁和破坏的农业用地重新利用有明显的必要性。采煤后形成的塌陷坑和裂缝给山区梯田地和坡耕地的耕作带来严重不便，存在漏水、漏肥问题。对其修复和改造主要是采取工程措施辅以生物措施和农耕措施，减少水土流失，保存土壤养分。受损农地的生态修复应作为一项系统工程来抓。有条件的地区要实施耕作便道和蓄、引、排、灌等配套工程，坚持山上山下综合治理，治好山上，保护山下；全程规划，分步实施。同时通过施肥改良措施，提高土壤有机质含量；通过多施农家肥、有机肥等措施，改良土壤，提高土壤肥力。

2）废弃矿业资源再开发

煤矿关闭后留存的废弃矿井、矸石堆、机械设备和采矿典型迹地，是一类非常重要的废弃资源。这些物质和非物质文化具有极高的市场、历史、社会、建筑、科技和审美价值，因此要对这类具有采矿工业历史记录作用的矿

---

① 参见张新时《关于生态重建和生态恢复的思辨及其科学涵义与发展途径》，《植物生态学报》2010 年第 1 期，第 112～118 页；周启星、魏树和等《生态修复》，中国环境科学出版社，2006；焦居仁《生态修复的要点与思考》，《中国水土保持》2003 年第 2 期，第 5～6 页。

② 吴鹏：《浅析生态修复的法律定义》，《环境与可持续发展》2011 年第 3 期，第 63～66 页。

山遗产进行保护性开发利用。废弃矿业资源开发利用的主要内容包括：矿井水净化作灌溉和景观用水、矸石堆充填塌陷坑和矿业遗迹旅游资源开发等。

3）合理开发和保护未利用的废弃地

从土地生态学和生态景观理论的角度分析，还未利用的矿山废弃地土地资源并不完全处于一个平衡的生态系统。保护土地资源不是简单地等同于不开发土地资源，关键在于开发的形式是否有利于生态系统的稳定，有利于维护良好生态环境和促进经济发展。主要措施包括对矿山废弃地天然林地区的封山育林，对荒地的植树造林，对部分适宜开发农业、旅游的荒地进行适度开发。如结合优越自然、社会和文化资源的缓坡荒地，开发具有特色或主题的生态旅游。

4）地质灾害防治

地质灾害防治是煤矿废弃地生态修复的重要内容，主要针对泥石流、滑坡等。多年采煤产出的矸石堆积在沟谷内，极易诱发泥石流等。泥石流等防治工程的主要措施包括工程措施与生物措施相结合的边坡治理、植被再造等。工程措施是一种直接防御泥石流发生的治理手段，采取排导沟、护坡和挡墙等相结合的治理方案可以稳定沟床和坡面物质，控制泥石流的发生；生物措施是一种有助于减缓泥石流形成的治理手段，采用科学的方法植树种草。植被覆盖可以有效减少地表径流、保持水土，对维持自然生态平衡具有显著的效果，从而对缓和泥石流的发生发展、减轻危害，具有工程治理不可取代的作用。同时生态林建设，可以营造良好的山谷景观，极大地改善生态环境。

5）生态景观建设

生态修复在一定程度上就是生态景观的重建。生态景观重建是山区矿区废弃地生态修复的重要内容之一，即生态景观建设是生态修复的重要组成部分。生态景观建设着眼于长远的自然景观保护和生态平衡，引入生态观，包括有关生态环境和景观建设的一切措施和手段，是一个长期发展的、客观的动态过程。矿区废弃地生态景观建设在保证自然资源可持续利用的同时，追求生态、经济和社会三者相统一的整体效益。矿山废弃地生态景观建设有以下基本内容和措施：塌陷坑的充填平整、裂缝的修补、矸石堆污染治理及其整形和绿化、人文景观的挖掘与修缮、陡坡荒地绿化、坡耕地平整、梯田水利建设等措施。从而营造新型农村田园景观，为休闲农业、观光农业、假日农业奠定基础；为生活水平日益提高的人民利用休闲活动享受大自然的田野风光提供场所。

6. 产业转型理论

（1）发展历程

与产业经济学的其他理论只关注经济增长的视角不同，产业转型理论的产生是从关注全球环境问题开始的，它不仅关注经济发展问题，还更多地关注与人类生存和发展密切联系的环境问题。因此，具有经济、社会、环境三维视角。这种处理问题的视角，从以下反映人类社会解决环境和经济社会协调发展问题的演变过程中可以看出（见表1-2）。

表1-2　人类解决环境问题的演化过程

	20世纪60年代	20世纪70年代	20世纪90年代	20世纪90年代末
生态响应	觉醒	接纳	积极行动	主动解决
关注焦点	末端治理	生产过程	绿色产品	全系统
处理人员	技术专家	管理者	相关部门	全社会
驱动哲学	最小化	优化资源使用	开拓新市场	先见之明

资料来源：郭丕斌：《基于生态城市建设的产业转型理论与方法研究》，博士学位论文，天津大学，2004，第41页。

（2）基本内容

产业转型可以定义为产业代谢过程的转型，即反映经济活动全过程的转型，而不仅仅是产业部门的转型。这里的产业概念用来描述为社会提供专门需要而进行的经济活动的整个行为过程链。[①] 因此，产业转型有时候也叫作社会转型。

产业转型可以进一步解释为基于社会可持续发展的生产与消费过程转型。因此，产业转型研究要解决以下几个问题：产品和服务是如何被生产和消费的；与这些活动相联系的自然资源和能源的转换过程对环境的影响是什么；这些影响在生活质量方面的结果是什么。总之，产业转型研究的总目标是探索实现产

---

① 郭丕斌：《基于生态城市建设的产业转型理论与方法研究》，博士学位论文，天津大学，2004，第41页。

业系统可持续性的途径，或者说是探索减少产业活动对环境的影响的途径。

（3）理论框架

产业转型理论基于以下假设：为了满足全球人口增长的需要，环境资源若以一种可持续的方式消耗，生产和消费系统必将产生重要的变革。[1] 因此，其理论研究要达到以下几个目标：理清社会与环境复杂的相互影响；识别变革的驱动力；探索能够有效地减轻环境负担的发展轨迹。

由此可见，产业转型研究必然具有多学科特征。从社会科学学科上看，包括经济学、社会学、管理学、心理学、人类生态学、人类学、政治学、地理学和历史学；从自然科学角度看，包括物理学、化学、生物学和工程技术学科。结合人类的各种活动，形成如下分析框架（见图1-5）。图中行表示学科研究领域，列表示一系列满足特定需要的生产与消费活动。正是基于这样一个多种学科领域、多种研究活动的框架体系，全球的各类科学家通过IT科学计划，进行资源共享和交叉研究。

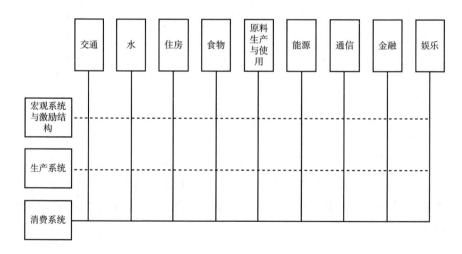

图1-5 产业转型理论框架

资料来源：郭丕斌：《基于生态城市建设的产业转型理论与方法研究》，博士学位论文，天津大学，2004，第42页。

---

[1] 邱松：《东北地区资源枯竭型城市经济转型效果研究》，博士学位论文，吉林大学，2011，第16页。

（4）系统方法

人类尝试找寻一种新的出路来解决环境问题，其中一种途径就是发展绿色产品，比如零排放电厂、零排放小车、生态农业等。但是，这种途径难以在市场上得到普遍推广，无法达到预期的效果。主要原因有两点：一是目前的能源、运输、食物的生产与消费等系统与这些产品可能不匹配；二是分享公共与私人成本的系统更适合现行的激励结构。

产业转型的过程，不是部分产品的改变，而是一种系统的转换途径。通常，这种转换起源于微观层次，随着创新的不断适应和扩散，创新会得到进一步的加强，当全球社会文化发生改变时，这种系统创新会随着人们对新生产和消费模式的适应得以在全球范围内实现。

所以，只有当资源枯竭型地区矿业废弃地从微观到中观，最后再到宏观层面上全面实现产业转型，而不是部分产品或者行业改变时，只有整个社会文化和产业系统改变同时在这三种层次上相互促进时，整个矿区的经济转型才能得以实现，才能探索出一条符合自身情况的转型之路。

（三）资源型地区矿业废弃地生态开发定位

1. 矿业废弃地转型发展原则

（1）生态修复是前提

资源型地区矿业废弃地普遍存在地表景观破坏、大量固体废弃物被占用、环境污染严重等的生态问题，严重影响了矿区居民的生存环境和企业的营商环境，致使大量人才流失、招商引资困难，制约矿区转型发展。良好的生态环境是矿区经济转型的基础，加大土地平整、植被修复以及污染物治理的力度不仅能够改善矿区的生态环境，吸引人才，还能够改善矿区的营商环境，吸引企业落户矿区。

（2）资源识别是基础

查明可利用的资源情况是资源型地区矿业废弃地转型开发的基础，在对煤矿废弃地进行开发利用之前，应当对场地的可利用资源情况进行识别与评价。从资源的赋存、生态、安全及需求条件等方面对废弃矿业资源潜力进行评价，重点识别空间资源、旅游资源、水资源、剩余矿产资源、土地资源。在对矿业废弃地进行充分的调查分析后，才能结合景观生态学和可持续发展等理论，因地制宜地选择矿业废弃地开发的模式和方法。

（3）产业选择是关键

选择适当的接续替代产业是资源型地区矿业废弃地转型发展的关键。矿业废弃地接续替代产业的选择除了要考虑空间资源、旅游资源、土地资源等有形资源外，还应当将矿区地理位置、经济发展水平等无形资源考虑在内，并结合矿地所处城市的发展规划，合理布局生态农业、旅游业、新能源产业及高新技术产业等接续替代产业，避免矿业废弃地转型发展模式千城一面。

（4）配套政策是保障

加快资源型城市的产业转型，出台相关政策是保障。对接替产业制定差别化支持政策，包括供地方式的差别化和地价、税费政策的差别化。对转型改造项目或基础设施和重点工程项目，要优先办理各项手续，在各项审批上实行差别化对待。加快工业、农业现代化发展，大力发展现代服务业，培育科技含量高、附加值大、前景广阔的新兴产业，形成良性的资源型城市三元经济结构。同时，通过一次性资助或配套补助等措施，加强人才引进、企业技术中心和企业研究院建设。[①]

2. 矿业废弃地转型定位

综合本章提出的矿业废弃地转型发展的四项基本原则，本研究认为资源型地区矿业废弃地的转型定位应以矿区生态修复、环境改善为基础，在识别和评价矿业废弃地可利用的有形与无形资源的基础上，结合矿业废弃地周边城市发展规划、经济发展水平、产业结构与区域优势等，因地制宜地选择接续替代产业，并制定一系列税收优惠、财政补贴和人才引进等政策，确保资源型地区矿业废弃地走出困境，成功转型。

[①] 徐卓顺、张家瑞：《基于精明增长的东北地区资源型城市转型发展研究》，《经济纵横》2018年第5期，第68~75页。

第二章 国内外资源型地区转型案例与生态开发模式分析

资源型地区矿产资源的开发过程不可避免地会对地区生态环境造成不同程度的破坏，由于"去产能"政策或资源枯竭矿井关闭而产生的矿业废弃地，需要统筹规划选择合理的方式进行生态开发与产业转型。对矿业废弃地的改造不能完全照搬某一转型模式，要根据每个矿区不同的历史背景、环境因素、工业基础，综合考虑矿业废弃地的资源、产业现状及未来建设规划，进行可利用资源的辨识和潜力评价，分析改造后将会产生的生态、经济、社会效益，进而选择适合的转型模式。

本章根据资源型地区矿业废弃地资源基础特征和产业转型规划方向的差异，将矿业废弃地的产业转型模式由低级到高级分为生态修复开发模式、工业旅游生态开发模式、生态农业旅游开发模式、接续替代型工业＋新兴产业开发模式四种。本章通过四部分内容分别分析了不同类型的资源型地区矿业废弃地产业转型模式的国外、国内典型案例，并总结出每种转型模式的特点。

需要注意的是，由于矿产资源开发对生态环境的严重破坏，不论哪一种转型方式都需要在前期对矿业废弃地进行土地复垦和生态修复，在此基础上再进行不同的产业转型规划，因此，生态修复是所有资源型地区矿业废弃地产业转型必经的基础阶段。

一 生态修复开发模式转型案例

生态修复开发模式是资源型地区矿业废弃地转型最基本的模式。矿产资源的开发对地球生态环境产生直接或间接的破坏作用，进而引起水土流失、森林植被破坏、草原退化、土壤沙化、动植物种类减少等严峻的生态问题。生态修复开发模式是对被破坏的生态环境进行修复和治理，通过土地复垦、山地修复及生物多样性恢复等相关技术，达到对矿业废弃地的污染及毒性处理、土壤机制改良、植被与生物多样性恢复、工程安全性保障等。本章通过分析澳大利亚莫拉本煤矿、日本伊吹露天矿、神东矿区马家塔露天矿、满洲里扎赉诺尔矿区的转型案例，提出生态修复开发模式的转型特点。

（一）澳大利亚莫拉本煤矿转型案例

1. 莫拉本煤矿概述

澳大利亚拥有丰富的煤炭资源，现已探明可采煤炭储量909.4亿吨，占世界可采煤炭总储量的8.8%。莫拉本煤矿（Moolarben Coal Mine）是澳大利亚的代表性煤矿之一，可采储量达3.1亿吨，包括露天矿和井工矿两座矿井，位于澳大利亚新南威尔士州西部煤田，距离纽卡斯尔港约270km，矿井开采煤层厚度达12m的尤兰煤层，生产优质动力煤。[①] 兖煤澳洲公司拥有其80%的权益，莫拉本煤矿是目前澳大利亚、兖煤澳洲公司盈利能力最好的矿井之一。2007年9月获批莫拉本煤矿一期项目，包括三个露天矿（OC1、OC2和OC3）和一个地下矿（UG4）的建设，一期项目批准从露天矿中开采800万吨煤，并从地下矿开采400万吨煤，于2010年5月投产。2015年2月获批了二期项目，2016年7月二期扩产项目四号露天矿（OC4）竣工投产，它的建成投产由原有年产900万吨的产能跃升至1300万吨，扩建完成后，莫拉本煤矿成为澳洲最大的露天煤矿。2017年11月三期项目井工矿投产，未来24年内，莫拉本煤矿原煤产能将至少保持在年产2100万吨。[②] 莫拉本煤矿在矿产资源的开采过程中及时对前期项目开采区域进行合理的生态修复开发，本节将对莫拉本煤矿二期开发项目区域的生态修复的过程和方法进行分析。

---

① 《兖矿成澳洲第三大矿业公司》，百家号，2017年11月8日，http：//baijiahao.baidu.com/s？id=1583483175119355207&wfr=spider&for=pc，最后访问时间：2017年11月24日。

② 《一个千万吨级的煤矿是怎么诞生的呢》，搜狐财经，2017年11月6日，http：//www.sohu.com/a/202723964_735555，最后访问时间：2017年11月24日；《2100万吨顶级煤矿诞生》，百家号，2017年11月4日，http：//baijiahao.baidu.com/s？id=1583126757025232273&wfr=spider&for=pc，最后访问时间：2017年11月24日。

2. 莫拉本煤矿生态修复前的资源环境分析

（1）地貌条件

莫拉本煤矿位于猎人谷西端，在古尔本河上游流域。该地区大部分为农地，主要是牧场，沿着山坡和山脊线保留着中等规模的本地林地植被。古尔本河国家公园和芝霍恩峡自然保护区是该地区最大，也是最具生物多样性的区域，面积分别为72296hm² 和5934hm²。古尔本河的上游和下游流域有很大一部分位于自然保护区和国家公园内，这两个保护区都已被列为国家遗产区。

（2）气候条件

根据气候监控资料，莫拉本矿地区平均年降水量约640mm。全年降水量分布较为均匀，夏季略高。该地区月平均降水量低于蒸发量，因此该地区气候为半干旱气候。各月降水量存在差异，冬季的月降水量可能超过蒸发量。一月份的平均气温最高，为31.0℃，七月份的平均气温最低，为14.6℃。夏季的日平均气温超过38℃，而冬季的气温则会降至0℃以下。该地区的风主要来自西部和东部，莫拉本矿地区南部有西南风，西部的风在冬季和春季较为常见。

（3）土壤资源

莫拉本煤矿二期开发项目的区域主要涉及八种不同的土壤类型。每种土壤类型的剥离深度、剥离区域和可用于修复的土壤体积如表2－1所示。二期项目后可以用于复垦的土壤总量约为804.23万 m³。

表2－1　莫拉本矿二期工程表土资源可用性

种类	剥离深度（cm）	剥离区域（hm²）	可用于修复的土壤体积（m³）
黄色脱碱化土	30	544.0	1631400
黄色灰化土	30	188.0	562800
土壤沙	100	526.0	5261000
红色灰化土	25	44.0	109250
红土	100	36.0	355000
冲击土	45	9.3	41850
深色砖红壤化土壤	100	8.0	81000
石质土	0	265.0	—
总计	N/A	1620.3	8042300

注："—"表示不需要修复。

资料来源：莫拉本煤矿私人有限公司：《莫拉本煤矿二期工程项目优化报告－复垦的战略》，2011，第22页。

（4）生物资源

1）植物。莫拉本煤矿二期项目开发区域内有六种植物属于濒危物种。矿区开采阶段将导致约 64.68hm² 草地的迁移，还将清除 351hm² 的天然植被。环境评估（EA）研究记录了三个濒危植物物种，其中有两个物种都会受到 1 号露天矿（OC1）开采作业的影响，包括损失一株双尾驴兰和大约七株卡佩尔缇桉树。

2）陆生动物。环境评估在对莫拉本煤矿进行的动物群调查中确定，项目开发区域包括 170 种鸟类、37 种哺乳动物、32 种爬行动物和 7 种两栖动物，共计 246 种动物物种。其中，有 27 种濒危动物物种和 14 种环境评估研究区的林地鸟类。在黄杨林地内观察到的动物物种中，大部分物种为林地鸟类。红口桉沉积林地具有丰富的空心树木和表层岩石，为许多小蝙蝠亚目和爬行动物提供了栖息地。林地鸟类数量下降的区域大多数处于植被遭到破坏、高地洼林地和沉积性胶树林地内。

3）水生动物。在莫拉本煤矿开发期间，环境评估的采样共记录了 69 种水生动物，其中包括 51 种昆虫类、6 种甲壳类、4 种腹足类软体动物、2 种水蛭，以及水螨、弹尾虫、介形虫、蠕虫、双壳类软体动物和扁虫各一种。其间没有发现水生哺乳动物，如鸭嘴兽或本地水鼠，也未发现濒危物种。

（5）覆盖层资源

开采 4 号露天矿（OC4）需要清除和储存约 800Mbcm 的覆盖层。另外，当莫拉本煤矿二期项目投入运营时，煤炭清洗会产生大约 400 万吨的粗废渣和尾矿。

（6）地下水资源

地下水生态系统（GDE）的物种组成和自然生态过程由地下水决定。已知的地下水系主要由溪流和古尔本河提供，河岸周边植被并未形成任何具体的河岸植物群落。

3. 莫拉本煤矿生态修复措施

（1）土地复垦规划与实施

规划和实施复垦是生态修复过程的重要组成部分，确保在矿产资源开采的全过程中扰动面积的最小化，同时在一个具体的时间框架内实现总体复垦目标。二期项目露天矿的开发和采矿序列的设计旨在最大限度地获取煤炭资源，尽量减少对生态环境的影响。

莫拉本煤矿在取得采矿许可证前，耗时一年多花费巨资对矿区范围内的土地利用、人文、地理等多方面进行了调查研究，严密论证方案的可行性和科学性，为企业落实土地复垦责任、实施复垦项目提供充足的依据。充分尊重土地所有者、地区居民的利益诉求，在综合考虑复垦区域内的环境价值、原土地所有者的利用情况以及相邻土地利用方式的基础上，确定莫拉本煤矿土地复垦的总体目标，编制复垦方案。复垦方案以土地复垦为主，包括水资源管理、土地复垦管理和污染防治等。

1）土壤保持

通过采取适当的土壤保持措施防止土地退化是生态修复过程中的一个重要组成部分，发现土地退化问题并实施正确的补救方案以提供良好的环境管理。将土地干扰范围减少到仅涉及采矿过程和采矿基础设施建设至关重要的区域；监控检测土壤侵蚀发生和地形异常情况，确保预防和减少损失；确定容易发生旱地盐碱化的土地，改善土壤状况，并减少未受扰动和重建的矿后区域发生盐碱爆发的情况；根据相关行业和政府指导方针，为所有采矿和基础设施受扰动区域制定并实施防止侵蚀和泥沙控制计划；用适当的植物种类迅速重建所有受扰动的区域；建设和维护所有的通道、运河道路和雨水排放系统，并达到适当的标准。

2）露天矿坑回填

露天矿的开发将扰动总共约 1278hm² 的土地，开采的最大深度约为 90m。采矿计划规定直接将开挖的覆盖层回填到矿区后面的开采坑中。恢复的速度将与采矿的速度近似一致，这将使回填区逐步形成最终的地形，这样可以最大限度地减少对覆盖层进行二次处理，尽可能避免采后对回填区进行大规模和成本高昂的改造，同时，还能够逐步进行露天开采后的地表覆盖和植被恢复，减少侵蚀和粉尘排放带来的风险。

3）小河分流

矿山计划包括墨累干巴和东部小溪的恢复，以渐进的方式对采矿区的小溪进行分流和调整。

4）地表水管理

对地表水进行管理的目的是尽量减少侵蚀，增加复垦区植被对水分的吸收。复垦地区的径流将通过采矿区包括排水渠、引水渠以及泥沙坝。对地表水径流加以管理，这将控制复垦区域的地表排水速度，有助于减少侵蚀，泥沙坝和积水区也将为最终形成的景观提供栖息地。

安装排水渠和引水渠以转移径流，防止地表水排在易受侵蚀的地区，特别是正在施工和种子出苗阶段的地区。设计和建造排水渠道，以确保降低流速。这可能包括使用临时检查结构（如干草捆）、岩石护体以防止冲刷。最终，渠道将被植被匍匐茎草或其他的地面覆盖长期保护。

沉积物坝和池塘被纳入采矿和修复序列，通过设计和建造，使其适应重大风暴。尽管一些池塘将被并入最终地形的重建排水管道中，但沉积物坝和池塘通常位于受扰动和复垦地区的下坡位置，加强对含沙水的控制，能防止异地污染，并为灌溉复垦区提供潜在的积水。把沉积物坝和池塘纳入最终地形将增加后采矿区的潜在用水量，并为水生和水敏感的物种提供陆地栖息地。

5）覆盖层利用

在最初超过 470 亿 m^3 覆盖层的露天安置之后，将使用所有废石（即覆盖层、粗废弃物和尾矿）回填矿山空隙。选定的覆盖层材料（如黏土底土和大块岩石）将被储存起来供以后使用，或直接用于重建墨累干巴和东部小溪。

6）侵蚀和泥沙控制

实施水土流失防治措施，保护地表水水质，减少水土流失的可能。在复垦区条件允许的情况下，土壤表面将被翻开以进一步减少径流量并增加重建土壤表面的渗透性。在长斜坡等高线以上使用沉积物围栏也会促进局部积水和渗透作用。这将提高植物在植被恢复过程中的总体水分利用率。

除了设置排水控制结构外，还在复垦区的下坡安装拦沙栅栏。这将最大限度地减少在地面覆盖层建立之前和这期间从暴露的重建地表转移沉积物。沉积物围栏的建造将保持高强度径流期间的稳定性，并承受围栏底部的冲刷。沉积物栅栏也会在栅栏的上坡积累沉积物和有机物质，这也能为复垦区域提供较大肥力，有助于植被的吸收和成长。

预计需要很高比例的地面覆盖，以减少复垦地区土壤流失的风险。通过使用快速生长的高密度覆盖作物和补充多年生的匍匐茎草来实现。根深层的多年生草本植物更适宜在干旱地区生长，在干旱期维持地面覆盖效果较好。

（2）生物多样性恢复

1）种子撒播

在种子来源方面，尽可能在矿区附近寻找种子。本地种子收集工作已经在一期项目中开始，将会延伸到二期项目。只收集本地种的种子，以免杂草和外来物种的蔓延。通过利用种子处理和储藏技术、选择撒播种子的时间、开发休眠中止技术以及各种工程措施，形成了低成本、高效率的种子撒播技术，使生态系统得到最大程度的恢复。

为了最大限度地提高种子在干旱区的成活率，一般只预先处理30% ~ 50%的种子，如果最初的种子没有成活，种子库中剩余的种子可供备用。没有用于直接播种的种子将被储存起来，以便将来在复垦地区使用。建立种子库用来储存和管理，以保持种子活力。这包括：将种子储存在纸张或布袋中；种子收集和储存的纸张或布袋上须添加标签，标签上记录相关细节信息（例如品种、收集和储存日期）；保护种子清单，记录种子收集量、物种类型、处理方式以及繁殖规模。

通过烟熏来帮助在矿山环境中重新播种植被。建立苗圃，将直接播种时未使用的当地采收的种子培育萌芽，以便以后在复垦区种植。苗圃设施的使用将为本地幼苗的发芽和生长提供环境。这样可以使水分利用率、温度、害虫和本地动物放牧在幼苗最脆弱时和萌发时得到管理。

2）利用单一栽种和外来物种

利用单一栽种和外来物种对矿山生态进行恢复。通过外来固氮作物或者保护性作物来帮助改善矿山土壤，提供有机质以及稳定土壤表面。在常年利用外来物种稳定土壤的地方，已进行了认真监控，使这些物种不向邻区蔓延。

3）建立动物栖息场所

利用矿山开采前在附近清理出的物质来建立动物栖息地。栖息场所的组成物质是干木材、木材堆、岩块或者这些物质的各种组合，以及周围的堆培土壤。在闭坑后再次引入栖息原木，有助于本地动物在矿山生态环境中的演替。在恢复工作中还使用了巢穴箱，可以供各种小型树栖哺乳动物和两栖动物使用。

（3）全面监控生态修复过程

加强土地复垦年度、月度计划管理、实施动态监控。每年进行一次复垦监控，根据绩效指标和完成标准衡量复垦计划的进展和成效；对复垦过程持续改进并完善复垦方法和完成标准；在适当的时间框架内确定复垦未达标的程度，从而进行相应调整。复垦监控计划的结果将在年度复垦监控报告中进行汇报和评估。年度审查报告包括监控结果总结、趋势分析和对监控计划的任何拟议修改。

1）监控场地选择

在复垦地区和相应的类似地点建立了一些有代表性的永久性样带作为监控点。迄今为止，1号露天矿（OC1）复垦地区已经建立了复垦样带。在复垦区域播种的24个月内，复垦样带将继续在复垦区建立。

①在所需植被类型的区域内随机选择样地；

②根据生态系统功能分析（EFA）方法学的要求，建立50m的样带（斜坡）；

③在每个样带的起始和结束处安装金属星形桩；

④每个样带/星形桩都需要编号（用铝标签或金属牌）；

⑤每个星形桩都标有一段高度可见的标志带（或类似标志），使样带的可见性最大化。用GPS记录样带各端的位置并拍照。

在古尔本河国家公园等地建立了代表Box Gum草原林地、沉积铁皮林和河岸复原区的相应模拟地点。在与UG4相关的潜在沉降区的林地地区也建立了类似的地点。

2）可视化监控

对复垦区域进行可视化监控，并将基于实地的情况进行快速评估。评估的组成部分将包括：植被组成（上层木、下层木和地被植物）、表面稳定性和侵蚀问题、栖息地的复杂性、破坏因素。这些组成部分中的每一项都会得分，每个站点最终都会生成一个总体分数。不同的站点之间可以进行比较。

利用Photopoint软件对复垦样带进行摄影并记录，目的在于评估复垦工作的进度情况。在每个星形桩上都建立一个永久的照片站点，标明每个生态系统分析样带并开始记录。在星形桩面上对样带的方式拍摄照片，再对照片进行审查，以协助记录复垦进展，包括（但不限于）表面稳定性和侵蚀问题、杂草种类、植被功能/健康情况（例如枯萎或开花）、害虫存在/干扰的证据。

3）监控计划时间

监控植物群组成部分的计划按以下方式进行：

①景观功能分析监控每年进行一次，一般在春季（8~9月）进行；

②鉴于植被种群动力学（即密度、高度和覆盖程度），预计每年都不会发生剧烈变化，特别是对于木质地层，每隔四年将在已建植被区域进行抽样（从2020年开始）；

③在发生强降雨或丛林大火等事件后，立即实施景观功能分析，对景观分析分数的变化进行抽样；

④地面覆盖植物样方监控每年进行一次，春季监控和秋季监控依次轮换。这需要注意季节性物种和植物的增长率以及恶劣天气条件的影响。虽然大多数植物多样性是在春季调查的，但也有几个物种在秋季才会进行调查。

4）动物群监控

栖息地发展逐渐复杂化（预计5~7年，即2020~2022年），复垦区将扩大动物群的监控范围，包括诱捕、巢箱检查和夜间聚光灯。

动物群监控技术将符合行业标准、科学性强（方法可以重复；遵守关于动物伦理和利益的立法；确保操作人员和现场工作人员的安全；有效地收集数据以满足监控需求）。

数据收集的确切数量和位置（如陷阱地点）可根据现场的限制情况和适宜程度进行修改。动物群监控包括对野生动物的监控，按照监控计划对昼夜性鸟类、夜间鸟类、哺乳动物、蝙蝠类、爬行动物、两栖动物等不同类别动物在每年的不同时间范围内进行监控。

5）地球化学监控

在模拟地点和复垦地区进行地球化学监控，以测量土壤化学特性（包括pH值、EC值和阳离子交换量），并继续在任何新的复垦区域内进行。

对结果进行分析，以评估土壤是否具备所需的化学性质，以支持采矿后的土地利用；是否趋向于自然土壤，具有与未受破坏的土壤类似的化学特性，而不需要额外的改良剂。

取土壤样品的最小深度为 300mm，取样间隔为 100mm、200mm 和 300mm。样本在复垦监控样带处采集，并从样本建立的那一年开始每三年抽样一次。

（4）高度重视土地复垦的科研应用

企业十分重视复垦的科学研究和成果应用。澳大利亚有很多专门从事土地复垦的机构，如澳大利亚科工联邦土地复垦工程中心、柯廷技术大学玛格研究中心以及昆士兰大学矿山土地复垦中心等。研究机构帮助矿山企业解决复垦现场亟待解决的问题，协助企业开展土地复垦监控工作。第三方的土地复垦效果监控更为可信。

（5）土地复垦注重政府作用与公众参与

政府对澳大利亚莫拉本煤矿的复垦计划与执行过程进行严格监督。澳大利亚对于土地复垦颁布了周全的法律法规，主要包括《采矿法》、《原住民土地权法》、《环境保护法》、《自然保护区和土地管理法》、《水利灌溉权利法》和《环境和生物多样性保护法》等。政府须对莫拉本矿贯穿于矿井项目规划的复垦过程、实施和闭矿的全过程实行严格监督，将采矿生产对环境的影响降到最低。

同时，莫拉本矿的复垦工作十分注重公众参与。企业与土地权益相关方对复垦工作的参与是颁发煤矿开采相关权证的必要条件，土地权益相关方和开采企业共同决定土地复垦工作的开发方式和复垦目标。政府与土地权益相关方具有对复垦后土地开发用途的优先决定权。在开采和复垦过程中，政府会根据公众的意见对开采企业缴纳抵押金的比例进行调整。政府收回环境许可证时也应充分考虑公众的意愿。土地复垦全过程在公众的监督下进行，开采企业会因为土地复垦和环境保护等方面的问题遭到公众举报，受到政府的处罚。

4. 莫拉本煤矿生态修复效果

莫拉本煤矿的生态修复过程是与煤矿的开采过程同时进行的。目标是创建一个自然、稳定、排水良好的采后地貌，与周边地区在视觉上保持一致。通过生态修复开发过程建立一个与自然保护区和古尔本河国家公园保护价值相一致的自我维护和生态多样性的采矿后景观，在本土特有物种的控制下，重新恢复和增加非开采土地上的植被，增加原生林地的数量；通过增加林地植被的连续性，在芝霍恩峡自然保护区、古尔本河国家公园和周边其他地区之间建立野生动物走廊和栖息地，维护当地现有植物群的多样性和遗址资源，维护和增加当地动物的栖息地；重新调整墨累干巴和东部小溪的水文地貌稳定性和生态多样性，恢复地表排水，改善土壤条件和创建本地种子库，防止水土流失和沉淀，提供监控并进行适当调整，控制具有竞争力的本地和外来动植物物种，抑制火灾；通过重新建立农地，将 OC2 和 OC3 地区的土地恢复至采矿前的状态。

（二）日本伊吹露天矿生态修复开发案例

1. 伊吹露天矿概述

伊吹露天矿是日本滋贺县境内的一个石灰石矿山，位于伊吹山西南坡，与琵琶湖国家公园相邻，距交通枢纽米原市约 20km，在东海道铁路干线、东海道铁路新干线、北陆铁路干线、纵贯北陆公路等主要交通线路上都能眺望到伊吹山和伊吹露天矿。伊吹矿于 1952 年投产，每年开采 280 万~300 万吨石灰石，运往伊吹水泥厂等地，用于生产水泥和骨料。[①] 矿山分为上部和下部两个采场，在 1976~1978 年开采上部采场时，开凿了 No. 1 竖井、No. 2 竖井和平硐，安装了移动式破碎机和矿石输送设备等，1986 年在开凿连接上述设备的 No. 3 竖井和平硐的同时，在邻近原有贮矿场处新建了一个贮矿场，以增加贮矿量。从 1970 年开始对该矿采完区段实施植被绿化工作，又在 1986~1988 年开展了为期两年的矿山环境治理工程，在矿山生态治理方面取得了良好成效。[②]

2. 伊吹露天矿生态开发前资源环境分析

（1）地貌条件

伊吹山位于大致呈南北走向的伊吹山地的南缘，山地的山脊线为岐阜和滋贺两县的县界，伊吹山是该山地的最高峰。伊吹山北坡较陡，西坡多为断层崖或滑坍坡面，几乎没有谷线。另外，南坡为缓倾斜坡面，与其他坡面形

---

① 宋旭安：《伊吹露天矿采完区段的植被复原及矿山环境的改善》，《国外金属矿山》1991 年第 4 期，第 63~69 页。
② 宋旭安：《伊吹矿控制中心的合并改造工程》，《国外金属矿山》1994 年第 7 期，第 79~83 页。

成对照。

（2）气候条件

气候为冬季多雨的北陆型气候，年降水量 2000mm 以上。冬季，西北风盛行，并有大量降雪。

（3）地质与土壤

矿山一带的岩体断层、裂隙格外发育，是具有间隔为数厘米至数十厘米节理的破碎带，几乎没有保水性。表土薄，为碱性土壤。

（4）植被资源

山腰以上草甸及由特殊树种组成的灌木林茂盛，而山腰以下森林茂密。按标高算，伊吹山山顶气候严寒，植物生长期约五个月，春天，山顶的萌芽期比山下晚一个月，而秋天枯叶期却早一个月。

3. 伊吹露天矿转型措施

（1）试行多种绿化方法

在 20 世纪 60 年代保护自然环境呼声不断高涨的形势下，伊吹矿从 1970 年开始研究设有矿山道路的山坡及矿山南面采完区段绿化的施工方法等问题。并于 1971 年 3 月开始，在岐阜大学农学部的全面指导下，着手进行实际事务、现场植被调查等正式植被复原（绿化）工作。

作为植被复原（绿化）工作的基本方针，目标是最终在这块土地上将野生植物固定下来，恢复绿色（恢复自然原貌），而绿化初期计划为：1）播种原有植物和替代植物；2）移植或播种当地的野生草木；3）采用当地的野生木本植物。

1971～1972 年是伊吹矿植被复原的试行期，这一时期是在进行实地调查（土壤、气象、植被）建成绿化基地的同时，选择最适合当地的绿化方法和全面实施的时期。在众多研究过的绿化方法中，选择最适合当地的绿化方法或适合种植的植物。在采完区段的坡面，开辟多条小型护坡道作为移栽植物的主要地点，同时栽种灌木或者乔木。另外，确立自己培育绿化苗种的绿化基地的方针。在 1971～1972 年两年间试行的绿化方法，如表 2－2 所示。[1]

---

① 元昭英：《国外几座矿山土地复垦的实践》，《化工矿山技术》1992 年第 5 期，第 59～61 页。

表 2 - 2　伊吹矿试行期的绿化方法及区域

绿化方法	绿化区域
原生植物移植法	IJH1030 ~ 1050m 水平
人工播种法	IJH1030 ~ 1050m 水平
袋式植被法	IH1000m 水平,建筑物北面
铺草皮法	AH
喷撒播种法	ABCDH,H 地区矿山道路
堆土袋法	BH 地区矿山道路 1030 ~ 1050m 水平
植树法	ABD

资料来源:〔日〕日本大阪水泥株式会社伊吹矿山事业所:《伊吹露天矿采完区段的植被复原及矿业环境的改善》,《石灰石》1990 年第 246 期,第 36 ~ 42 页。

试行的各种绿化方法如下。

1) 原生植物移植法

原生植物移植法是将采完区段的坡面修成可以进行绿化的倾斜度（40°左右）,覆盖外运表土后,选择该地段附近的原生植物,在修筑坡面的同时进行移植。1 个台阶高度约 5m,护坡道宽约 50cm,覆土厚度 30 ~ 50cm。原生植物的栽植间隔,垂直方向留 30 ~ 50cm 间隙,水平方向不留间隙。该方法耗费劳力、效率低,但具有移植植物成活率高、随土移植过来的其他植物的根、种子也能发芽等优点。另外,除冬季外其他时间都可以进行作业。

2) 人工播种法

人工播种法是一种与上述原生植物移植法并用的方法,其目的是尽早覆盖地埂间的裸露地,防止霜害和雪害造成的外运表土滑坍。所用种子是前一年从绿化基地采集来的艾蒿、蔓草和芥菜籽等。另外也使用从其他绿化区附近采集的种子。种子被雨水冲到移植草根部和护坡道等处,因此,在这部分有时也采用集中发芽的做法。

以下几种绿化方法是在绿化地段的坡面较陡、修成坡面或外运土困难的地方及砂砾地等地段,使用市场上出售的绿化苗种的试行方法。

3) 袋式植被法

袋式植被法是在坡面的水平方向上开沟,将装好预先配好的土、种子、肥料的种子袋（乙烯网袋）摆在沟内,摆放时种子袋与地面之间不留空隙,压实后用竹签子将种子袋固定在地面上。草种为肯塔基 - 31F、小康草、弯叶画眉草等牧草。现场的发芽率为 70% 左右，绿化后的色调比野生植物淡一些。

4）铺草皮法

铺草皮法是将纤维、种子、肥料及保水材料铺在长 10m、宽 55cm（1卷 5.5m²）、网孔为 3cm 左右的多孔网上，并用竹签子固定在坡面上。草种为肯塔基 -31F、弯叶画眉草。在铺草皮之前需要将场地上的毛石清除，多孔网必须固定得很牢。此法的发芽率为 70% 左右。

5）喷撒播种法

喷撒播种法是用喷撒播种机及水力播种机将混合好的水、纤维、肥料、防蚀材料和种子（肯塔基 -31F、艾蒿、小康草）喷撒到坡面上。如果坡面凹凸不平，喷撒料恐怕会流失。这种方法效率非常高，然而由于播种时间受限制及喷嘴堵塞等原因，所用种子种类也受到限制。

6）堆土袋法

堆土袋法是将装土的草袋子沿坡面向上堆置，草袋子间撒入营草、芒草等草种，然后覆土。依靠自然飘落的草木类种子繁殖野生植物。这种方法效率极低，但尽管是陡坡面，而绿化后的坡面还是稳固的。虽然草袋子两年后腐烂，但由于植物的根系扩张，也未滑坍。此法的成活率为 90% 左右。

7）植树法

植树法是使用绿化基地里的插条法培育的树苗，在修成坡面的护坡道上以 1m 为间隔种植山榛、毛洋槐、萩树和水枹树，同时施加腐殖肥和磷肥，用表土覆盖。

另外，还试行了绿篱法、芒草插穗法、埋干（插条）法等方法。

（2）确立生态修复伊吹矿的方式

1973 ~ 1978 年是伊吹矿生态修复方式确立期，该时期是依据前两年的试行结果，将绿化方法定名为"伊吹"式的确立期，也是确定每年作业规模的时期。根据各种绿化方法的两年试行结果，自然而然地决定了以原生植物移植法与野生植物人工播种法并用为主，其余方法用于特殊区段（陡坡、修成坡面或外运土困难的地方等）的绿化方向。

试行期和这一阶段的绿化区是以该矿投产初期采完的下部区（下部石灰石采场）的采完区段为中心。

（3）上部区绿化

随着上部采场的开采，1979～1987年将绿化范围上移至标高更高的区域（最高标高达到1240m），主要工作面移向上部区。由于相毗邻的滋贺县被指定为自然保护区——山地草甸植物的野生地（花甸子），因此制定了主要采用以前所用的原生植物移植法和野生植物人工播种法的绿化方式，而不采用外来的草科牧草类绿化种子。

（4）明溜槽绿化

明溜槽是在开采原生的山坡矿床和山坡深部埋藏的矿床时采用的溜放矿石和废石的运输沟道。在采场内工作台阶或非工作帮上布置溜放矿石和废石的明溜槽，可以降低固定道路临时道路以及运输线路的投资和维护费，减少动力、燃料和材料的单耗，减少人力并降低其他指标。[①]

从1988年开始，伊吹矿的绿化区已扩大到明溜槽的部分区段。随着环境治理工程的完成，由于向明溜槽放矿的水平从780m水平降到540m水平，所以，确定了包括部分明溜槽在内的该区段的绿化方法。

明溜槽的绿化具有特殊的自然条件：需要在倾斜度很大的坡面上进行绿化；基岩是石灰石岩体，石灰石矿具有特殊的数厘米至数十厘米间隔的节理特点，坡面无法修成陡坡，且明溜槽表面有石灰石附着；晴天使明溜槽产生强上升气流，降雨前产生相反的下降气流，受气流影响明溜槽表面易干燥；冬季有积雪。上述特殊条件的制约，给绿化工作增加了困难，也使植被生长的自然环境较为恶劣。

对绿化坡面、整形方法及绿化方法的研究结果，决定了1个台阶高5m，护坡道宽0.5～0.6m，修整成45°的坡面角。整形后，覆盖约0.2m厚的外运土。由于该地段为急倾斜坡面，所以采用了绿化后植物成活率高、覆土流失少的铺草皮法（网孔为10mm×7mm，网宽1m、长25m，草种为肯塔基－31F、艾蒿等）。

为了确保植物的生长发育，外运土使用混有腐烂树皮、动物粪便等有机物的表土，以增加地力。必要时也施加无机肥料。

作为预防干旱的措施，在790m水平处设有贮水箱，并安装直径为2英

---

① Н. В. Тихонов、李长宝：《溜放矿石和废石的明溜槽在国外露天矿的应用》，《国外金属矿采矿》1983年第8期，第13～15页。

寸（1 英寸 = 25.4mm）的水管，用洒水器或软管喷水。随着作业地点的下降，逐渐延长水管。

4. 伊吹露天矿生态修复效果

伊吹露天矿的植被复原工作从 1970 年实施以来到 1990 年二十年间，矿区采完区段的绿化总面积已经超过 35 万 m²。由于地面裸露面积还很大，绿化区尚未完全恢复自然色，因此伊吹矿的生态治理工作还须持续进行。另外在采矿设施方面，由于建设了 No.3 竖井和平硐、矿山贮矿场（340m 水平）等，明溜槽的使用大大减少，又建了雨水处理设施，现已能够调整外部排水。其结果不但解决了粉尘、雨水冲走矿石等问题，而且还可在明溜槽部分区段进行绿化，目前绿化作业正在进行之中。

（三）神东矿区马家塔露天矿生态开发案例

1. 马家塔露天矿概述

神东矿区是神府东胜矿区的简称，位于陕西省榆林市北部和内蒙古自治区南部，现为我国最大的井工煤矿开采地。神东矿区作为国家能源战略西移的重点建设工程，是我国"八五"期间规划建设的大型煤炭生产基地。矿区总面积约 3418 km²，已探明煤炭储量 356.1 亿吨。

马家塔露天矿地处内蒙古自治区鄂尔多斯市伊金霍洛旗乌兰木伦镇，坐落在乌兰木伦河西岸。1985 年立项筹建，1987 年 3 月 19 日建设指挥部正式成立，同年 9 月 5 日破土动工，正式开始开发建设。1990 年 12 月建成投产移交，是中国神华神东煤炭集团现拥有的 17 个骨干生产矿井群中最早建设的唯一的露天煤矿。马家塔露天矿主采煤层为中下侏罗系延安组，每层平均厚度为 6m。煤种属特低硫、特低磷、不黏结、高发热量的优质动力煤，被专家喻为"环保煤"，在市场上享有很高的声誉。马家塔露天矿基建总投资 3603 万元，设计生产能力 60 万吨/年，平均剥采比 2.12 立方米/吨。井田南北长 4.71km，东西宽 0.69km，面积 1.923km²，探明地质储量 1466 万吨，可采储量 1392 万吨，煤层平均厚度为 6m，属近水平煤层，倾角 1°~3°，是当时国内同类矿井中投资最少、效益最好的露天煤矿。[①] 2003 年初，马家塔露天煤矿接收

---

① 王和平：《马家塔露天煤矿土地复垦与开发》，《露天采矿技术》2006 年第 2 期，第 56~57 页。

了后补连煤矿，对后补连采区进行了 3 个月改造，年生产能力由原 30 万吨提升至 120 万吨，最高生产能力为 167 万吨/年，成为中国露天煤矿建设史上产量增幅最大的矿井。至此，马家塔露天矿拥有马家塔和后补连两个采区。在 2010 年，该露天煤矿实现闭坑。[①]

2. 神东矿区马家塔露天矿生态开发前资源环境分析

（1）地貌条件

神府东胜煤田位于陕西省榆林地区北部和内蒙古鄂尔多斯市东南部接壤地区，北有毛乌素沙地，南有黄土高原。矿区位于黄河中游多沙粗沙区的黄河一级支流窟野河流域上游——乌兰木伦河的沙圪台至马家塔区间。

马家塔露天煤矿井田位于乌兰木伦河古河道二阶台地之上，地层较简单，上部为松散层，主要是第四系风积沙和河道淤积物，直接覆盖于岩石顶板上。马家塔露天煤矿属于黄河流域毛乌素沙地沙漠化风蚀与黄土高原沟壑水土流失水蚀复合交错区域。该地区风蚀沙化严重，水土流失较为凸显，风水构成的复合剧烈侵蚀是这个区域的自然特征。该露天矿区东南邻近黄土丘陵沟壑水土流失区，居于沙漠化与水土流失复合侵蚀的中心地带。

（2）气候条件

马家塔露天矿地处蒙南、陕北接壤地区，内蒙古鄂尔多斯市伊金霍洛旗乌兰木伦镇境内，属于我国典型的大陆性半干旱气候：冬长夏短，冬季寒冷，夏季炎热，年均降水量 357mm，其中 70% 的降水量集中在 7、8、9 三个月，春季 80% 保证率的降水量仅为 12mm；年均蒸发量 2554mm，是降水量的 7.15 倍；年均风速 3.6m/s，年内最大风速 24m/s，年均大风日数 42.2d，沙暴日数 26.7d，年均气温 6.2℃；日均温≥10℃，积温 3000℃，无霜期 140d；光照充足，全年日照时数 2740～3000h。该地区自然侵蚀的特征是冬、春季在西北风作用下，以沙漠化的风蚀沙埋为主，夏、秋季以水土流失形成的水力侵蚀危害为主。[②]该地区植被稀少，水土流失严重，热量资源较丰富，温差大且变化剧烈，沙地广布，松散堆积物丰富，降水虽少但强，冬季

---

① 《神东 30 年：露天煤矿的变迁》，榆林新闻网，2015 年 8 月 31 日，http：//www.xyl.gov. cn/html/news/2015 - 08/185978.html，最后访问时间：2017 年 11 月 24 日。

② 夏素华：《神府东胜矿区马家塔露天矿土地复垦模式及效应》，《能源环境保护》2005 年第 2 期，第 50～52 页。

在西北风作用下，以沙漠化风蚀沙埋危害为主，矿区生态环境系统极其脆弱。

（3）土壤资源

矿区地处草原与森林草原的过渡地带，成土母质主要为沙积物，地带性土壤分布特点为：西北部以淡栗钙土为主，东南部以轻黑护土为主，由于历史的变迁和人类长期经济活动的影响，地带性土壤基本消失，仅在局部地区有零星分布；区内耕作土壤西部以粗骨土、风沙土为主，其次是草甸土、沼泽土和潮土等，东南部主要以棉沙土、黄棉土为主，其次为淤土、红土、黑护土等。区内土壤均较贫瘠，极易沙化，风蚀、水蚀严重。土壤有机质含量低，氮、磷、钾贫乏是共同特征。沟谷两岸的山坡上基岩直接裸露，基本没有土壤发育。土壤机械组成粗，物理性黏粒少，易漏水漏肥。土壤疏松，抗蚀力差，内部多含有钙结核，易遭受流水侵蚀和风蚀。

（4）植被资源

矿区西北部植被是内蒙古草原群落的延伸，由于干旱和风沙的长期侵蚀和影响，地带性草原植被群落逐渐退缩，沙生植被演替而来，区内以耐旱、耐寒的沙生植物、旱生植物为主，呈现稀疏灌丛植被；土壤中的盐碱含量过高造成植物生理干旱，基质流沙引起物理干旱，从而衍生出非地带性的小灌木、半灌木、占优势的沙漠化草原、灌木草原及草甸沙生植被、农业植被、林业植被和水生植被等。矿区内原始植被种类单调，开发以前除当地居民房前屋后栽植的树木外，人工植被很少，植被覆盖率仅3%～11%，其中代表群系为油蒿群系，形成单优势群落。主要伴生植物为1年生杂草类，如狗尾草、猪毛菜及少量的多年生草本植物牛心卜子等，植被类型特点是生长季短、休眠期长、郁闭度差、覆盖度低、植被盖度一般小于20%。

3. 神东矿区马家塔露天矿生态开发措施

（1）土壤复垦规划与实施

马家塔露天煤矿从整体恢复和改善生态环境系统出发，20年来始终坚持"开发建设与环境治理并重"的资源开采方针，成功探索了一条以煤炭开采提供资金保证、开发与治理同步、大面积治理控制小范围沙化为主的环境保护发展道路，取得了良好的生态效益和社会效益。①

① 王德清：《留住水土再生金——神东煤炭集团神东露天矿环境保护与生态建设发展之路》，《中国煤炭工业》2010年第1期，第26～27页。

在开采煤炭的同时，坚持采剥、回填、复垦同步实施，对露采井田进行全面复垦规划设计，按回填、复土、边坡与底坡加固整理等程序统一管理，分期实施。复垦区土壤结构十分特殊，要有相应的技术措施使退化的生态系统恢复到能进行自我维持的正常状态，使其能够按照原来的自然规律进行演替。具体措施包括：加垫泥土防止土壤结构疏松，将红泥和黄泥与原有沙性土混合，增加土壤的黏度，达到保水保肥效果；利用养殖业产生的肥料，改善土壤结构；大面积种草，秋季压青，提高土壤有机质以及微量元素的含量；利用废弃矿坑修建三级氧化塘来处理矿井水及生活污水；植被恢复等。

（2）乔灌草造林复垦

开采之前，通过构建"外围防护圈""周边常绿圈""中心美化圈"，有针对性地加大植被的覆盖密度，增强区域生态功能。这样能够保证在开采过程中矿区的生态环境有足够的能力抵御开采对它的破坏，也有利于后期的再治理。经过预复垦的矿区，进行煤炭开采活动时，环境受破坏程度较小，非常有利于后期的生态治理。[①]

将造林种草地 1~60cm 土层中 1.5cm 的矸石全部清理出来，平整、修垅后栽种乔灌草。乔木造林树种选择油松和杂交杨，油松栽植 3 年生实生苗。造林密度 1665 株/hm²，杂交杨栽植胸径 2.5~3cm 实生苗，造林密度 1665 株/hm²，油松、杂交杨采用春季座底水和"三埋两踩一提苗"的作业方式；灌木栽植抗旱固沙能力强的沙柳，采用"五指条"扦插方式，条长 60~70cm，每穴扦插种条 2 根，造林密度 4995 穴/hm²；饲草主要播种沙打旺与 2 年生草木栖，于雨季前的 5 月下旬或 6 月上旬采用开浅沟播种和覆土方法种植，沙打旺播种量 30kg/hm²，草木栖 35kg/hm²。

（3）农业种植养殖复垦

农业种植分露地大田栽培和大棚保护地两种，先把种植地表 1~30cm 土层内大于 0.5cm 的石粒清理出来，然后改良土壤；露地大田运、垫沙土厚度 30cm，施羊、鸡等沤制过的农家肥 8kg/m²，对大棚保护地 1~35cm 土

层内大于 0.3cm 砂粒清理出来，施沤制过的农家肥 20kg/m²，再深翻土 2
次、平整、修筑席垅。露地大田种植的农作物品种是糜子、荞麦、玉米、豇
豆、葵花、马铃薯、大白菜、豆角；加温大棚保护地种植的蔬菜品种有番
茄、黄瓜、茄子、青椒。养殖采用封闭式工厂化瘦肉猪饲养，封闭式猪舍内
设妊娠舍、母猪舍、分娩舍、保育舍、育成舍，饲料配方喂养。[①]

（4）氧化塘污水处理

按照露天采煤坑建成氧化塘污水处理厂的工艺流程设计，经过回填、垫
底和边坡加固等土建工序，建成含兼性塘（水面、边坡、坝计 13.5hm²）、
好氧塘（水面、边坡、坝计 13.1hm²）、养殖塘（水面、边坡计 11.4hm²）
的三级污水处理厂 1 座，占地面积 38hm²，日处理马家塔露天煤矿和布连塔
煤矿的生活污水和井下水 1000m³。

（5）复垦后的日常管理

复垦工程完成后，公司成立了马家塔复垦管理所，专门负责复垦区的日
常管理工作。最近几年，管理所主要的任务是林木的抚育管理与补植。如
1998 年在路边补种油松，2000 年补种垂柳、龙须柳、沙地柏，还种植了粮
食作物——玉米。2001 年，补种了以油松、樟子松为主的乔木树种及麻黄、
草木樨、紫花苜蓿等草本植物，2002 年和 2003 年栽种侧柏，林中同时撒播
苜蓿、草木樨等草种。

4. 神东矿区马家塔露天矿转型生态开发效果

按照对矿区环境治理的实施方案，矿区生态治理分期分步骤实施，截至
2006 年，复垦面积 1.32km²，其中水域面积氧化塘 0.187km²，建筑面积
0.134km²，成功破解了采煤与脆弱生态环境相互影响的难题。在露天采煤
坑回填、平整后的复垦土地上直接造林种草获得的成效是：乔木造林成活率
86%～97%，保存率 98%～99%；灌木成活率 91%，保存率 99%；种草成
苗率和保存率均是 100%。复垦土地种植的农作物经播种、整地、施基肥、
定植、浇水、追肥和病虫害防治等常规管理，粮豆蔬菜农作物生长发育正
常。复垦封闭式肉猪养殖在育肥期平均增重 0.675kg/d，第 1 年产鲜猪肉
4.5 万 kg，第 2 年产 4.8 万 kg，第 3～5 年（1999～2002 年）年均产猪肉

---

① 康世勇：《马家塔露天矿土地复垦方式探讨》，《露天采煤技术》1998 年第 2 期，第 38、
48～49 页。

6.95 万 kg。土地复垦区氧化塘日处理的 1 万 m³ 污水经内蒙古鄂尔多斯市和伊金霍洛旗二级环保检测站检验，达到向乌兰木伦河排放的环保标准。

（四）满洲里扎赉诺尔矿区生态开发案例

1. 扎赉诺尔矿区概述

扎赉诺尔矿区位于内蒙古自治区满洲里市东南部，呼伦贝尔草原西北部，与俄罗斯相邻。自内蒙古扎赉诺尔煤业有限责任公司 1902 年建矿以来，至今已有 116 年的开发历史，先后经历了中东铁路办矿、沙俄资本家办矿和日伪统治时期，1945 年回归我国管辖，1958 年设立扎赉诺尔矿务局，1998 年由内蒙古自治区管理，1999 年改制为扎赉诺尔煤业有限责任公司，2007 年归属中央直属企业中国华能集团，隶属华能呼伦贝尔能源公司管理。[①] 扎赉诺尔矿区南北长 45km，东西宽 23km，总面积 1035km²，以褐煤为主，年核定能力为 543 万吨，工业煤产品是理想的发电燃料，极具转化和综合利用价值。扎赉诺尔矿区主要为内蒙古东部和东北三省提供资源。矿区下辖灵北、灵东、灵露、灵泉、铁北五个煤矿。其中扎赉诺尔露天矿（由灵泉煤矿开采形成）南北走向长度 4.1km，东西倾斜宽度 2.3km，面积 9.43km²，可采储量为 6453 万吨。2016 年内蒙古满洲里市政府决定对扎赉诺尔露天煤矿进行关停。"扎赉诺尔"在蒙古语中的语意是"海一样的湖"，因矿区位置邻近呼伦贝尔草原和呼伦湖等著名自然风景区，该地区的转型应以优美的自然环境做支撑，因此，矿区开采带来的废弃地生态修复成为亟待解决的问题。

2. 扎赉诺尔矿区转型前可利用资源分析

（1）地貌条件

扎赉诺尔矿区境内为新生代准平原地貌，境内地形和缓、起伏小，低山丘陵之间发育着开阔的盆地，区内地形呈缓波状，西部为低山丘陵，东部低洼平缓，地势东北高而西南低，地面高程为 545～600m。[②] 区内河道均为坡

---

① 吴淑红：《扎赉诺尔露天矿排土场水土保持生态修复中土壤恢复效果研究》，《现代经济信息》2013 年第 7 期，第 227～246 页。

② 尹璐：《扎赉诺尔矿区土地利用格局及其土地退化演变分析》，硕士学位论文，中国矿业大学，2016。

面径流形成，属额尔古纳河流域，主要河道为三级支流，共有达赉湖渔场沟、扎赉敖尔金河、泉水沟三条。扎赉诺尔露天矿地处呼伦贝尔高平原，表层大部分为第四系所覆盖。

（2）气候条件

扎赉诺尔矿区的气候类型为北温带半干旱大陆性气候，冬季寒冷漫长，夏季温暖短暂，春季干旱、多大风，秋季降温急剧、霜冻早。平均日照时间长、降雨集中。1月平均气温 −23.8℃，7月平均气温19.8℃。无霜期102天，年日照时数4453.7~4463.9h。年平均降水量303.2mm，6~8月降水量占全年降水量的77%，年最大降雨量448.9mm，年最大蒸发量1672.5mm。

（3）土壤资源

扎赉诺尔矿区土壤类型主要为暗栗钙土，部分低洼地段为草甸土，暗栗钙土土壤腐殖质层厚30~50cm。有机质含量0.29%~4%，有效磷5.30mg/kg，有效钾10.9mg/kg，碱解氮1.32mg/kg。土壤肥力水平和土地生产能力均较高，保肥及供肥能力较强，属高肥力土壤，对植物的生长有利。矿区土壤母质由冲洪积和湖积物发育而成，质地较粗，细沙、粉沙含量较高，上覆植被一旦破坏，在强劲大风的吹蚀下，易产生土壤风蚀，在降水冲刷下，易产生土壤侵蚀。

（4）植被资源

扎赉诺尔矿区属典型草原植被，天然植被主要有典型草原植被、沼泽植被和草甸植被三类。典型草原植被是本地区地带性特有植被，分布广泛，主要是羊草、大针茅、丛生小禾草等；沼泽植被的建群植物有小叶章、苇、塔头苔草等。草甸植被有芦苇、三棱草等。

3. 扎赉诺尔矿区生态开发措施

（1）井工矿生态修复措施

扎赉诺尔矿区井工矿开采产生的废弃地按沉陷程度和沉陷特点分为地表裂缝、草地沉陷区、季节性积水区和积水区四种。不同类型废弃地的治理应采取不同的措施，同时与当地政府土地利用规划紧密结合，按项目环境评价报告书中的要求，结合不同区域特点，选择科学、合理的生态修复方法。

1）地表裂缝

地表裂缝是煤矿开采造成地表沉陷变形的主要形式，地表裂缝发生在不同沉陷阶段的各种土地利用类型中，它是水土流失、土地利用率降低的主要原因，需要及早发现和处理。扎赉诺尔矿区井工矿的开采使局部地区地表产生裂缝，裂缝宽度 0.2 ~ 0.3m，深度为 2 ~ 18m。[①] 产生的裂缝多具有裂缝窄浅、密度低的特点，属于轻中度沉陷。对于地表裂缝，采取就近人工挖取土直接填充塌陷裂缝的方法进行平整，这种方法工程量小，土地类型和土壤的理化性质基本不变。

2）草地沉陷区

草地沉陷区主要表现为地形倾斜，沉陷边缘裂隙导致的土地利用困难等，部分区域的植被受到影响。裂缝填充处理是塌陷草地治理的主要方式。塌陷严重的草坡地，根据土层的厚度选择不同的修复方式。土地修复后，选择优良的草种，如羊草、冰草、草木栖等，进行草地改良，发展畜牧业。地形改变倾斜区，以保护为主，严禁过度放牧，特别是在土地修复的时期。

3）季节性积水区

每逢雨季，积水区经过长时间积水造成地表植被退化，主要发生在积水区的边缘地带，在枯水期该部分区域外露，由于没有植被生长，在多种外应力作用下，极有可能形成水土流失和土地沙化。采用枯草施加法，直接将枯草埋入或混入土壤中，增加土壤的腐殖质，改良土壤的理化性质，提高土壤的有机质，有利于降低含盐量和酸碱度。随后可以种植羊草、星星草等，加快植物群落的建成。项目区适生植物主要有碱蓬、碱蒿、羊草、披碱草、星星草、虎尾草等。

4）积水区

积水区的形成对矿业废弃地生物多样性增加、调节区域小气候具有积极的作用，另外近年来畜牧业发展迅速，矿区内存在草场过牧、植被退化现象，加之土壤气候的因素，矿区内已产生了部分盐碱地且有向外延伸的趋势。积水区的治理主要考虑积水区域的维护和管理，适当发展水产养殖业，不仅减少了土地退化对矿区经济和生态环境造成的影响，还给当地的居民带来可观的经济收入。

[①] 谢恩浩、王汉福：《扎赉诺尔煤业公司灵东矿采煤沉陷区环境治理分析》，《内蒙古环境科学》2009 年第 2 期，第 90 ~ 92 页。

（2）露天矿生态修复措施

扎赉诺尔矿区由露天矿开采造成的土地损毁和土地压占是导致扎赉诺尔矿区土地荒漠化和土壤侵蚀的主要原因。扎赉诺尔矿区露天矿在闭坑复垦过程中存在着工作帮边坡陡、水土保持困难、周边排土场地形地貌不规则、采坑渗水不易处理等问题。

1）露天排土场

扎赉诺尔矿区的露天排土场主要分布在灵泉矿边界线内。排土场存在的水蚀、风蚀等环境地质现象基本相同，所以每个排土场都要做平台网格蓄水工程，边坡水土保持工程和坡脚防护工程等治理措施，从而防止水土流失，减少风蚀强度，改善矿区生态环境。在每个排土场的顶部平台边缘修筑水土埂，高和顶宽均为 0.5m，梯形断面边坡 1:1.5，内部修筑纵横土埂形成网格。每 $10hm^2$ 土方量 $1207.5m^3$，平台总土方量 6.5 万 m^3。每个排土场平台网格内播种柠条、苜蓿等，并在每块畦田内均匀点播山杏，总面积 $542hm^2$。排土场边坡采取工程措施，排土场边坡一律按 1:1.5 削坡，然后在坡面上沿等高线挖水平坑，水平坑成品字形布设，将有限的水量留在当地，促进生态环境的转变。对受到塘水浸泡的排土场坡脚，一律将坡度放缓到 1:3。对南排土场设计范围内的小型水面，用排放弃土充填压实，按设计继续排放。对较大湖、塘充填或填满压实，或离开水面排放。在每个排土场周边设置防护林带和绿地，以减轻排土场形成的风化扬尘对外部环境的影响。

2）露天采坑

扎赉诺尔矿区露天采坑由灵露煤矿开采形成，采掘场治理措施采取内坡防护，强调放缓坡度并压实，并采取重点地段平整和生物固土措施，防止水土流失。废弃的采掘场采取内坡防护治理措施，将内排放缓坡度为 1:1.5并压实，对重点地段沟岸、沟坡进行必要的整治。对沟岸进行平整，加强植物固土措施，避免冲沟发生。对边坡已形成的较大冲沟，采取平整措施并通过植物固土措施，防止水土流失。采掘场治理工程主要以削坡、回填和平整方式治理，需动用土方量约 3 万 m^3。针对不同坡面，治理过程中因地制宜使用当地植物、种子制成的蒙草植生毯、蒙草生物笆等护坡绿化新型专用技术产品，不仅起到防止水土流失、固坡护坡、提高植物生长率的作用，更是在植物生长的同时，这些护坡绿化新型专用技术产品被降解分化，为小草提供天然养料。在植被恢复后利用矿井水灌溉植被，进行矿井水处理和利用，防止水流淤积造成沉降，可以说是"用生态的方法解决生态的问题"。

3）矸石山

矸石山的治理方法主要是削坡和放缓排放边坡，修水平沟工程，顶部平台建网格及周边埂工程。水平沟、平台、边埂均采取灌草点播、撒播，周边造乔灌带状防风林。从1902年开始到计划经济时期，形成矸石山六座，主要有九号井矸石山、红旗矸石山等。矸石山高度 2 ~ 13m，矸石储量12 万 m^3，占地面积 2.8hm^2。将矸石山上平整后覆土绿化，面积为 0.02km^2，覆土厚 0.1m，覆土 2.8 万 m^2，种植灌木和草，与山顶凉亭相配合，作为休闲场所。

4. 扎赉诺尔矿区生态开发效果

扎赉诺尔矿区经过环境治理恢复后，矿山地质灾害会得到有效控制，从而减少和避免地质灾害和其他灾害所造成的经济损失，使整个矿区的植被覆盖率增加到15% ~ 30%，平均每年可增加牧草地35 万 m^2，矿区林木覆盖不断增加，矿区抗御自然灾害的能力进一步提高，水土流失、土地沙化、土壤盐渍化基本得到控制，生态环境得到明显改善。

（五）模式特点分析

资源型地区矿物开采会对生态环境造成严重的破坏，产生的矿业废弃地如果弃之不管，将会对矿区及周边地区产生更加恶劣的影响。生态修复开发模式是对受到破坏的生态环境进行修复和治理，应用相关治理技术，完成对矿业废弃地的污染及毒性处理、土壤机制改良、植被与生物多样性恢复、工程安全性保障等。

通过分析国外、国内的转型案例，归纳出生态修复开发模式以下特点。

（1）生态效益为首要目的

生态修复开发模式主要突出水土保持、净化环境、调节小气候、洪水调蓄、物种保护等方面的生态功能，通过人工辅助的工程治理和生态修复等措施，对矿业废弃地实施地质环境治理和生态重建，使其依靠生态系统的自我调节组织能力向有序的方向发展。经过生态修复的土地可以为野生生物提供适宜的栖息环境，同时会吸引人们到此活动。该转型模式与其他模式的最大区别在于不以经济收益为主要目的，甚至有时为了地区生态环境和野生生物的保护，会在一定区域内禁止人类活动。

（2）矿区区位条件不佳或可利用资源有限

当矿物开采地区的区位条件不佳，交通不便，经济落后，距离大中型城市较远，无其他特色产业和工业基础，第三产业薄弱，城市发展动力不足等时，这些地区进行产业转型的可利用资源有限，开采区无特殊景观价值，也无法开拓新的接续替代产业，仅通过简单的植被恢复、土地复垦等技术手段达到对矿业废弃地生态环境的修复，恢复开采前的生态环境条件，使矿业废弃地与周边地区达到景观上的协调，同时，对于特殊物种生存地带，应通过建立自然保护区维护该地区的生态环境。

（3）发展工业旅游和接续替代产业的前提条件

矿业废弃地的生态修复开发模式是对矿业废弃地转型的最基本要求。通过生态复绿的办法，利用现有生态修复技术恢复地区生态环境，为后续结合城市发展规划，进行不同产业转型提供基础条件。在生态修复的基础上，根据地区的可利用资源特点和发展规划，发展工业旅游、康养小镇等旅游模式，或通过发展接续替代型产业和新兴产业，实现地区经济的可持续性发展。不同方向的产业转型都必须在恢复该地区的生态环境基础上进行。

二 工业旅游生态开发模式转型案例

（一）英国布莱纳文镇工业旅游生态开发案例

1. 英国布莱纳文镇简介

布莱纳文镇始建于 1787 年，位于南威尔士东北部的产煤区，是英国 19 世纪重要的钢铁和煤炭产地，为英国钢铁和煤矿工业的发展做出了不可估量的贡献。1788 年，一个新的钢铁厂在布莱纳文建立，钢铁业成为当地的支柱产业。布莱纳文工业区在 20 世纪初期还继续投入使用，直到 1904 年才停止铁的生产，20 世纪 80 年代才彻底停止生产。布莱纳文是英国工业革命的发祥地之一，布莱纳文及周围地区的工业遗址，构成了一组 19 世纪英国工业社会经济结构和物质形态的特殊见证。

2. 布莱纳文镇资源环境分析

（1）矿业废弃地

布莱纳文工业遗址占地 32.9 平方公里，这片世界遗产景观中包含众多独立的遗址，其中最吸引游客的是一座 1880 年兴建的煤矿（Big Pit）。布莱纳文工业遗址拥有工业区的一切必要组成部分，诸如矿场、采石场、原始的铁路运输系统、熔炉及工人生活区和工会组织。目前这些矿坑和厂房都已停止生产，成为供后人参观回味的"铁工厂博物馆"。

（2）工业社区

城镇中的工业社区依烟囱广场而建，烟囱广场南侧是 1788 年建成的技术工人住宅；东侧在变成工人住宅之前是公司商店、办公室和管理者住房；北侧为面积最大的工人住宅，楼下房间有两个壁炉，厨房和客厅分设，为方便生活还设置了通往后面的通道入口。此外，让人流连的还有城镇本身的工业时代风貌、建于 1894 年的工人会堂（目前仍用作社区定期集会的场所）、铁匠作坊，以及山地的自然风光。①

3. 布莱纳文镇转型开发措施

布莱纳文镇进行了三轮城镇转型，将资源枯竭型城镇发展为区域性旅游中心城镇，充分发挥旅游业的带动与联动效应，从而获得了更为多元化的经济发展机会，当地社区也因此重现生机与活力。②

（1）工业遗址修复和改造

当地政府于 1984 年将镇边大矿场改造成南威尔士矿业博物馆，并以此为基础，将镇区逐渐发展为 30 平方公里的工业文化主题旅游目的地，包括铁矿石场、石灰岩采石场、煤矿铁炉、砖厂、隧道、蓄水池、露天人工水渠、分散的厂房以及教堂、学校、工人公寓等工业革命时代的实物，集中反映了该工业景观的真实性和完整性。

---

① 朱海玄、马尔科姆·泰特：《基于"史实"的工业遗产信息界定与展示研究——以英国布莱纳文钢铁厂遗址为例》，《新建筑》2016 年第 5 期，第 132 ~ 137 页。

② 齐镭：《资源枯竭型城镇的旅游导向复兴之路》，《中国旅游报》2012 年 12 月 12 日，第 14 版。

（2）工业遗址转型增值

在工业文化旅游取得阶段性成功之后，布莱纳文镇着手进行一系列增值性产业提升：第一，对原本荒芜的尾矿山体进行绿化，积极复原已失去百年的良好生态环境，以适合游客开展更多的户外休闲活动；第二，对列入世界遗产名录的 64 处工业遗址进行整合，串联为一条长 17 公里、中等速度步行需 5～5.5 小时的旅游线路；第三，将部分工业遗址建筑改造为住宿、餐饮、购物和娱乐接待设施，满足游客长时停留和夜间活动需求。

（3）带动周边经济发展

此外，为了充分发挥本地工业文化旅游业发展的引导力，该规划明确提出要制定"被遗忘景致规划"，新规划确定：布莱纳文工业景观世界遗产地合作伙伴管理委员会在各级地方议会及复兴信托委员会的共同协助下，推进本地旅游产业高效有序发展，将更广阔的地区纳入其中，探索这些地区作为本地"缓冲区"的潜力，令其通过分流游客，缓解布莱纳文镇的游客压力，并以此带动周边经济发展。

4. 布莱纳文工业旅游开发效果

2000 年布莱纳文工业景观被联合国教科文组织列入世界文化遗产名录，成为早期工业革命留下的重要遗址。把钢铁厂、矿井变成博物馆，小镇变成风景区，建筑改变用途，废墟变公园，花更少的钱把原有的废旧遗址改造更新。布莱纳文工业遗址作为英国工业革命时期重要的钢铁生产基地，在英国乃至世界范围内都具有重要的历史价值。

布莱纳文工业景观主要由八个部分组成，其中最具代表性的有三个。

（1）布莱纳文镇

布莱纳文镇是威尔士保存最好的"铁城"。在这里可以看到矿工居住的石头和砖砌筑的石板屋顶房，还有原来的教堂和工人大厅（1894 年），为传统社交提供了有力的历史证据。该镇正在实施复兴计划，重拾过去的辉煌，摆脱衰败的传统重工业老区形象。

（2）布莱纳文钢铁厂遗址

自 1789 年开始营业时，布莱纳文钢铁厂跟南威尔士煤矿带的钢铁厂一起构成了当时世界上最现代化的钢铁厂区，极大地提升了铁的产量，使南威尔士成为 20 世纪早期世界最大的钢铁生产地。该钢铁厂是目前同时期保留最好的钢铁厂。

（3）大矿井国家煤矿博物馆

大矿井国家煤矿博物馆位于威尔士南部卡莱纳冯的边缘，是一个工业遗产博物馆，也是英国最主要的矿类博物馆之一。这里曾在英国工业革命期间进行煤矿的开发，现在则作为威尔士的煤矿历史遗迹而得到了保护。游客可以跟矿工一起体验地下煤矿之旅，也可以欣赏地面展示的煤矿遗址。

（二）法国北部－加来海峡大区工业旅游生态开发案例

1. 北部－加来海峡大区简介

法国的原北部－加来海峡大区（以下仍称北部－加来海峡大区）位于法国北部，北与比利时接壤，与英国隔海相望。下辖北部省（诺尔省）和加来海峡省，其首府是里尔。北部－加来海峡大区占地 12414km²，占法国总面积的 2.3%，是法国与英国一衣带水的传统工业区。从 18 世纪初到 20世纪 90 年代，这里就一直是法国煤矿工业重镇。该地区资源丰富，有一条狭长的采矿区，向东西方向延展，素以"城市工业与郊区农业并存"著称。

2. 工业旅游开发可利用资源分析

1720 年，人们发现北部－加来海峡大区蕴藏着丰富的浅层煤矿，从那时起一直到 20 世纪 90 年代，这里就一直是法国煤矿重镇。原本荒无人烟的地方因为采矿活动渐渐热闹起来。这里经历了城镇化的过程，人口激增并逐渐形成了居民区。但原本的自然景观在工业化的发展下，被与日俱增的矿井坑和矿渣堆取代。

（1）矿业开采遗迹

18 世纪至 20 世纪的三百年中，北部－加来海峡大区的景观受到了煤矿开采的显著影响。在超过 120000 公顷的遗址内有 109 个独立组成部分，包括矿井（最早的一个建于 1850 年）及升降设施、渣堆（有些占地达 90 多公顷，高 140 多米）、煤矿运输设施、火车站、工人房产及采矿村庄；村庄又包括社会福利住房、学校、宗教建筑、卫生和社区设施、公司员工、所有人及经理的住宅、市政厅等。

（2）地理位置优越

北部－加来海峡大区位于法国北部，东北部与比利时接壤，西北与英国隔海相望。加来海峡长 30～40 公里，最窄处仅 28.8 公里，大部分水深 24～50m，最深 64m，是连接北海与大西洋的重要通道。西北欧十多个国家的海上航线有许多从这里通过；同时它又是欧洲大陆与英伦三岛之间距离最短的地方。因此海峡的航运十分繁忙，每年通过 12 万艘次以上，1971 年曾达到 17 多万次，货运量 6 亿多吨。两岸有四对渡口可以火车轮渡，1969 年就已达到 87 万辆汽车和 440 万人次。主要港口有多佛尔（英国）、加来和敦刻尔克（法国）。

（3）工业基础雄厚

北部－加来海峡大区是法国重要的工业区之一，早先以冶金和纺织业为主，现已发展成综合工业基地。其铁路器材产量占全国总产量的约 50%，电力生产居全国第二位，印刷业居全国第二位，机械制造位居全国第三，食品业居全国第三。欧洲最大的纺织企业——"霞日"（CHARGEUR）集团生产基地就在该地区。北部－加来海峡大区的对外贸易居法国第三位，次于巴黎大区和罗讷－阿尔卑斯大区。其主要贸易伙伴为比利时、法国、英国。

3. 矿区生态修复与开发历程

从 18 世纪初到 20 世纪 90 年代，北部－加来海峡大区就一直是法国煤矿工业重镇。在 18 世纪至 20 世纪的三百年中，地表的破坏、环境的污染，使北部－加来海峡大区成了法国污染最严重的地方，地貌与景观也受到煤矿开采的显著影响。为恢复当地生态环境，北部－加来海峡大区经历了以下三个阶段。

（1）消除工业遗迹

1968 年，法国政府正式出台法令要求这个地区关闭矿井。一直到 1990 年 12 月 21 日，当地的最后一处煤矿被关闭，但这样的举措并没能弥补昔日繁荣的矿区所遭遇的经济衰退。应对这样的挑战，当地政府的第一个目标就是消除一切旧工业时代的痕迹，让"黑城"华丽转身为"净地"。[①] 在这期间，几百座矿渣堆、采矿场遗址、矿井旧址被炸药炸平，或者被整个运走，尽可能彻底消除工业遗迹。

---

① 《300 年，从"黑城"到"净地"》，潇湘晨报，2012 年 7 月 3 日，http://roll.sohu.com/20120703/n347109 189.shtml，最后访问时间：2017 年 10 月 30 日。

（2）矿区遗迹修复

然而，单纯地否定一切工业遗迹，并没有带来当地经济的复苏。当地一些有识之士呼吁保护这些能代表工业时代"缩影"的旧址，为人们保留历史的记忆，至此，这些老矿井、矿渣堆的纪念意义才渐渐被人们所认识。过去的 15 年里，政府陆续出台政策，保护那些已经与自然融合的矿渣堆和下沉湖，改造利用破败的矿工居民区，复原老矿场用作文化场地或者出租给商业机构。2004 年，位于矿区朗斯市的一处旧矿场变身为一座大型文化景观——卢浮宫朗斯分馆。目前，朗斯已经没有矿井，以服务业为主。

（3）打造矿业文化

2012 年，法国北部 - 加来海峡大区废弃的矿区，因其独特的人文遗产与自然生态和谐融合的现象，被联合国教科文组织（UNESCO）列入世界遗产名录，与埃及金字塔和中国长城并列。UNESCO 评价，这一地区废弃矿区已"有机地进化"成文化景观，地质特点鲜明，是人类行为和自然作用相互影响后留下的独特遗产。世界遗产名录对北部 - 加来海峡大区在矿业遗迹修复的基础上努力打造出的矿业文化给予了高度肯定。

4. 北部 - 加来海峡大区生态开发效果

北部 - 加来海峡大区的采矿盆地（Nord-Pas de Calais Mining Basin）长达 120 公里，包括 87 个矿村、51 个矿渣堆，许多矿渣堆覆盖面积达 90 公顷，高达 140 多米。[①] 此外，这些文化景观还包括特别设计的矿区学校、宗教建筑、卫生设施、公司处所、矿主居所和市政厅等。UNESCO 称，"这一地区展示了欧洲工业化时代的重要历史阶段，以及从 19 世纪到 20 世纪 60 年代的欧洲工业城市的发展过程。这一地区的景观和文化，记录了当年工人们生活工作的状况"。

今天，这些矿渣堆已经变成了新的景观，人们长久以来视为"破坏的符号"，现在也正对自然环境起到积极作用。列入世界遗产名录后，当地那些曾经已废弃的工厂、矿渣堆、矿坑、火车站、矿工村等，成为吸引游客的景点。当地矿业联合会认为，"他们（矿工）留下了遗产，留下了历史的印记。同时，他们也传递给我们一些应该继续发扬的价值。曾经，有

---

① 《世界文化遗产——法国北加莱海峡采矿盆地》，宣讲家网，2014 年 5 月 4 日，http：//www. 71. cn/2014/0504/745329. shtml，最后访问时间：2018 年 7 月 11 日。

人希望抹掉这些工业化的后果；但现在，人们开始学会珍视这种工业化的遗产"。

（三）模式特点分析

工业旅游生态开发模式将矿业废弃地上得到保护的工业遗产、经过艺术重构的后工业景观以及正在运营的各种活的工业企业整合，组成能为人们提供有关工业文明演变历程和发展现状的生动活化的科普教育"矿山公园"或"博物馆"等，将学习参观、科普教育与休闲活动等内容结合起来，在相关产业的带动下塑造具有厚重历史感的城市文化环境，有利于提升地方文化的知名度、美誉度和区域影响力。结合上述案例，主要有以下三个特点。

（1）工业遗址要具有代表性

工业遗址是人类生产力发展进步的重要标志，尤其是具有代表性的工业遗址，更是体现了历史与人文的交融并蓄，在当地社会的发展进程中有着重要的纪念意义。诸如上文提到的布莱纳文镇中的"大矿井"、北部 - 加来海峡大区的矿渣堆等，都生动反映了采矿时期的社会风貌。如今，这些在原有遗址基础上修复的工业遗址不仅保留了当时的历史记忆，还带动了当地旅游业的发展。

（2）生态修复是旅游开发的基础

生态环境是一切发展的"红线"，在"保护生态，修旧如旧，凸显特色"的建设思路下进行的工业遗址改造，应首先进行生态修复。生态修复是工业遗址发展为人文景观的关键一步，通过生态修复将之前矿业开采时期所造成的污染和破坏逐渐恢复到原先甚至是更好水平，既实现了自然环境的恢复和人们生活质量的提高，也为工业遗址在人文景观的修复过程中奠定了良好的基础。

（3）城市近郊地理位置优越

城市近郊通常距离人口密集区不远且环境适宜，区位优势十分明显。矿业废弃地受矿业开采的影响多依城镇而建，处于城市近郊。结合遗留的工业遗迹适当开发和改造成人文景观，用以满足大城市或中心城区人们休闲娱乐的需要。在提高当地知名度的同时，也可以带动附近乡镇的发展，创造城市与乡镇"双赢"的局面。

工业遗址典型、环境优美、交通便利的地区，适合选择生态工业旅游开发模式。工业旅游是一种新型工业遗址经营形式，是在工业遗址的基础上有机地附加了生态旅游观光功能的交叉性产业，是利用工业遗址景观、矿业开采体验、矿工生活体验和矿业城市历程展等模式，吸引人们游览、体验、度假的一种新型旅游方式。

三 生态农业旅游开发模式转型案例

（一）徐州潘安湖矿区开发

1. 潘安湖矿区简介

潘安湖矿区位于江苏省徐州市贾汪区青山泉镇与大吴镇的交界处，是旗山矿和权台矿采煤塌陷形成的。旗山煤矿始建于 1957 年，1959 年建成并投入生产，是全国第一批现代化、高产高效矿井。2008 年，旗山煤矿有职工4500 多人。[①] 权台煤矿建于 1958 年 8 月，1959 年建成投产。为响应国家"去产能"要求，徐州矿务集团权台煤矿于 2013 年关闭，旗山煤矿于 2016年 10 月底关闭，旗山煤矿是贾汪区内最后关闭的一座煤矿，旗山煤矿的关闭标志着贾汪区进入"无煤时代"。[②] 由于潘安湖矿区的煤炭开采活动引起地表塌陷，矿区内形成较大面积坑塘，坑塘面积达到 1.74 万亩，潘安湖采煤塌陷区是全市最大、塌陷最严重、面积最集中的采煤塌陷区域，[③] 塌陷区内积水面积 3600 亩，平均深度 4 米以上。该区域大面积塌陷处的地质情况复杂、地质结构遭到严重破坏，因此地区内土质疏松。[④] 潘安湖矿区与贾汪中心城区、徐州主城区、徐州高铁站等中心区域距离不远，与三条国道相连，西侧是京福高速，有良好的地理区位优势和交通条件。自 2010 年，徐

①《徐矿集团旗山煤矿》，《煤炭科技》2006 年第 4 期，第 2～63 页。

② 贾汪区人民政府：《徐州贾汪的生态实践》，http://www.xzjw.gov.cn/Item/74167.aspx，最后访问时间：2018 年 7 月 11 日。

③《徐州全方位转型：百年煤城迈向服务高地》，第一财经日报，2017 年 10 月 17 日，http://money.163.com/17/1017/06/D0UARA89002580S6.html，最后访问时间：2018 年 7 月 11 日。

④ 郭伟民：《试谈煤矿塌陷区的景观生态恢复与设计——徐州贾汪潘安湖景观生态恢复设计研究》，《科技创业家》2012 年第 19 期，第 219 页。

州开始对潘安湖采煤塌陷地进行综合整治，2011年4月开始建设潘安湖湿地公园景观绿化工程，2012年9月，徐州贾汪潘安湖湿地公园开园迎客。潘安湖湿地公园于2014年全面建成，先后被评为省级水利风景区、国家生态旅游示范区。[①]

2. 生态开发的资源条件分析

（1）地下水资源

潘安采煤塌陷区位于地下水浅、年降水量大的黄淮平原，该地区塌陷导致的积水问题严重，形成了面积大、高度深的大区域积水，积水深度达10米。矿区开采活动引起沉陷导致田面下降，地下水潜水位提升，因此该地区有季节性积水或常年积水现象，采煤塌陷区的大面积水域为潘安湖矿区改造成湿地公园奠定了基础。潘安湖的生态治理充分利用了塌陷产生的湿地资源以及塌陷之后形成的土地特征，节约了开发湿地公园的成本，减少了对正常的农耕土地的征用，避免了对正常土地实施翻土、挖坑等大型工程。

（2）地理位置

潘安湖矿区处于有利地理位置，交通便捷。徐州市潘安湖矿区距贾汪中心城区15公里，距徐州主城区18公里，距徐州高铁站区仅10公里，同时与206国道、310国道、104国道相连，西侧临近京福高速，徐贾快速通道穿越景区，便捷的交通环境为潘安湖矿区的改造奠定基础，为之后潘安湖矿区发展旅游业提供了优势。

（3）文化资源

除了丰富的地下水资源、便捷的交通环境之外，潘安湖矿区还借助地方特色为自身增添文化内涵。潘安湖矿区的临近村庄——马庄的文化特色为具有独特自然性的湿地公园增加了丰富的文化内涵。马庄拥有苏北乡村建筑、文化、民俗特色，该村庄因农村的西洋乐队而闻名，是依靠农民管弦乐队而享誉全国的村庄。除拥有西洋乐队外，马庄还有缝制特色香包的技术，为潘安湖矿区的旅游业提供了文化基础。马庄的"乡村民俗"可以作为潘安湖湿地公园的文化卖点，更能凸显潘安湖湿地公园式、乡村湿地性质的特点。

---

① 《徐州贾汪区潘安湖被评为省级水利风景区》，江苏新闻网，2013年1月31日，http：//www.js.chinanews.com/news/2013/0131/52922.html，最后访问时间：2018年7月11日。

3. 潘安湖矿区生态保护和修复措施

从 20 世纪 80 年代开始该矿区已有农民自发填土造田或挖塘养殖，但其复垦方法单一，工程技术简单。

2000～2008 年，潘安湖塌陷地得到了小规模复垦，部分塌陷地采用挖深垫浅技术，将面积较大的坑塘用于渔业养殖，具有复垦条件的土地得到初步的整治，为潘安湖矿区的下一步发展奠定了基础，此外，受到长期的煤炭开采活动的影响，矿区附近的潘安村、段庄、马庄等自然村落陆续搬迁，这一时期，矿区的利用覆被类型简单，主要是耕地、杨树林以及鱼塘，兼有小块住宅用地及农业生产设施用地。

2008 年以来，潘安湖采煤塌陷湿地进入全面生态恢复阶段，区域生态环境得到巨大改善。在振兴老工业基地过程中，徐州市政府提出将废弃采煤塌陷地兴建成生态湿地公园的思路，预计总投资 2.23 亿，将该地区建成集湖泊、湿地、乡村农家乐为一体的休闲公园。政府综合潘安湖矿区的资源情况，充分利用各种资源对其进行修复。

（1）天然资源的利用

江苏省相关国土资源部门通过调研和现场勘察，针对潘安湖地区塌陷地范围广、深度大的特点，先后完成了潘安湖矿区的水土资源调查、开采沉降预计、矿地一体化信息平台建设、生态修复与重建等，利用土壤重构技术、非充填式复垦技术、地貌重塑及景观再造技术、采空区抗变形技术、开采地表形变预测技术和残余变形分析技术等，建立了生态监测与持续利用野外科学观测研究基地，为潘安湖湿地的建设以及维护提供了科技支撑。[①]

2009 年底，"潘安湖综合整治"土地整理项目在贾汪区启动，项目强调改造过程中强化综合整治，实现"三生"协调。项目实施过程中同步推进山体、水体、农田、道路、林地和城乡居民点、工矿用地等综合整治，以"宜农则农、宜居则居、宜生态则生态"为治理方针，以"综合整治"为核心，以"基本农田再造、采煤塌陷地复垦、生态环境修复、湿地景观建设"为建设模式，制定因地制宜、分类实施的整治方案，促进采煤塌陷区的协调发展。

---

① 李钢：《建议将潘安湖项目列为采煤沉陷区综合治理示范区》，人民网，2017 年 12 月 26 日，http://js.people.com.cn/n2/2017/1226/c360300－31074783.html，最后访问时间：2018 年 7 月 11 日。

  项目利用采煤塌陷形成的开阔水面，同步展开基本农田整理、采煤塌陷地复垦、生态环境修复和湿地景观开发。随后又在项目区内建起"黄淮海采煤塌陷地土地利用野外科学观测基地"，主要解决"采煤矿区土地资源修复科技"的问题，该基地不但直接指导本地的生态恢复工程，而且对周边同类地区的生态恢复工作也起到了非常重要的示范作用。潘安湖矿区的治理内容包括土地平整、农田水利工程、道路工程和防护林工程。经过紧张的前期施工，先后开挖护坡 1.9 万米，开挖斗沟 1 万余米，种植防护林木 4 万多株。[①] 通过"挖深填浅、分层剥离、交错回填"为核心的土壤重构技术，对采煤塌陷破坏的土壤进行重构，恢复土地生态调节功能。针对塌陷面积广、沉降程度深等特点，科学规划田、水、路、林、村和桥、涵、闸站、渠，形成湖面 6500 亩、湿地 3500 亩，并且复垦高标准农田 10000 多亩，使得人均耕地增加 0.27 亩。[②]

  潘安湖采煤塌陷区综合整治工程总投资 1.71 亿元，通过科学规划、规模复垦，有效增加了可用耕地面积，同时拓展了地区经济发展的可用地空间。

  （2）便捷的交通环境

  潘安湖矿区便捷的交通环境为该地区改造成湿地公园、发展旅游业提供了较大优势，把采矿废弃地改造成旅游景点，不但要针对矿区的开采情况进行必要改造，还要结合矿区的位置情况来判断改造之后是否具有发展前景，能否为当地创造更多的效益。潘安湖矿区所处的位置充分说明，该地改造成湿地公园具有一定可行性。

  （3）文化资源的辅助

  通过马庄与潘安湖湿地公园两者之间的资源共享、优势互补，形成"共谋双赢"的发展方式。依托湿地公园的旅游资源，马庄可作为旅游者的主要消费场所，从旅游区开发中直接受益，将餐饮、娱乐类的重点旅游项目安排在马庄，有利于提高马庄村民经济生活水平，促使马庄品牌升值，其民

---

① 黄越、徐苏卫等：《徐州市政协建言加快采煤塌陷地复垦治理》，《江苏政协》2011 年第 9 期，第 16 页。

② 王克：《江苏徐州贾汪区抬田增绿、因水成湖，再造生态环境看煤矿塌陷区如何变成城市后花园》，《中国经济周刊》2015 年第 47 期，第 60～61 页。

俗文化得以发扬光大。对潘安湖湿地公园而言，其需要地方特色来塑造自身文化内涵，马庄的"乡村民俗"可以作为潘安湖湿地公园的文化卖点，将更加突出潘安湖的"乡村湿地"特质，[①] 实现了湿地自然性和文化性的完美结合。

4. 潘安湖矿区生态开发效果

潘安湖南湖项目占地约 3880 亩，其中水域面积约 1810 亩（含湿地面积 303 亩），陆地面积约 2070 亩。根据景区的主要功能可分为休闲体验区、宣教展示区、管理服务区，以及用于恢复湿地主要生态功能、改善湿地生态类型的湿地恢复区、湿地保育区五部分。按照地理位置可将景区分为北部生态休闲区、中部湿地景区、西部民俗文化区、南部湿地酒店配套区和东部生态保育区五个部分。图 2-1 和图 2-2 是潘安湖矿区生态修复后的效果图。

图 2-1 潘安湖矿区修复后效果图（一）

资料来源：笔者拍摄。

---

① 叶东疆、占幸梅：《采煤塌陷区整治与生态修复初探——以徐州潘安湖湿地公园及周边地区概念规划为例》，《中国水运》（下半月）2011 年第 9 期，第 242～243 页。

图 2－2　潘安湖矿区修复后效果图（二）

资料来源：笔者拍摄。

开发建设湿地公园不仅是人们对环境问题的补偿，也是人们提高生态环境质量的有效途径。湿地是水体系统和陆地系统的过渡，在水分、养分、有机物、沉淀物、污染物的运移中处于重要地位。同时借助湿地的生物多样性，还能起到调节大气、蓄洪防旱、净化环境的效果，科学地保护资源不但能促进采煤塌陷地整治和生态修复，而且能为城市排污解毒。潘安湖矿区经过修复之后，在生态环境、农业生产条件等方面取得显著开发效果。

（1）生态环境得到优化

潘安湖一期工程完工后，湿地总面积约 $3.34 \times 10^6 \, m^2$，湿地率高达71.5%，其中湖泊占比约43.71%，占地面积约 $2.04 \times 10^6 \, m^2$，河流占比为6.43%，占地面积约 $9.77 \times 10^5 \, m^2$，林地面积占比21.93%，占地面积约 $1.02 \times 10^6 \, m^2$，潘安湖湿地主要来源于深度塌陷区演变为的湖泊，轻度塌陷区演变为的水田。湿地生态系统内植物有乔木 16 万棵，灌木及地被 100 万 m^2，水生植物 98 万 m^2。动物生态系统中的动物有刺猬、野兔等哺乳类 12种，池鹭、鸿雁、针尾鸭等鸟类 209 种，乌龟、中华鳖、壁虎等爬行类 13

种，银鱼、青鱼等鱼类 44 种。[①]

（2）农业生产条件明显改善

潘安湖矿区利用废弃的煤矿塌陷区建成湿地公园，打造江苏省最大的人工生态园，并且将湖泊、湿地与农家乐结合，成为产业性娱乐休闲公园。整治湖区面积达 6000 余亩，建设高标准农田面积 1 万余亩，新增耕地面积 530 余亩，新建各类干支管 25.1 公里，排涝主沟 0.81 公里，新建农沟 18.26 公里等。潘安湖的综合整治明显改善了项目区农业生产条件和生态环境，降低了农业生产成本，提高了耕地质量与产能，为农民生产生活提供了便利，实现了土地综合整治。老工业矿区生态环境恢复与重建工作取得了良好的效果。

（3）打造矿区生态修复样板

兴建湿地公园的方式实现了潘安湖矿区塌陷废弃地的整治和再利用，不但减少了农田的征用面积，降低了征地费用，而且充分利用了塌陷地的地形地貌特征，减少了土地的翻、挖和再整理，极大降低了湿地公园的建设成本，潘安湖矿区的治理面积达到 1.74 万亩，形成水面 6000 亩，复垦土地 8600 亩，净增耕地 523 亩，净增建设用地及其他用地 2277 亩。整治后的潘安湖风景区周边将成为"田成方、路成网、灌得顺、排得畅"的高效农业区，潘安湖成为全国采煤塌陷治理、资源枯竭型城市生态环境修复再造的样板。

（4）就业率提升，居民回迁

随着潘安湖矿区环境的不断改善，在贾汪区实施的新农村建设活动中，湖畔小区一期建筑面积达到 80000 ㎡，并且有 700 多户周边村庄的居民陆续回迁。潘安湖独特的景致以及高效的城市化管理水平，使得湖边集中居住的居民越来越多。2015 年初政府又开工进行湖畔小区二期的建设，本次建筑面积达到 120000 ㎡。西段庄村原来位于潘安湖区域采煤塌陷地，全村 1500 余户，2014 年整体搬迁到靠近权台矿旧址的湖畔花园一期、二期，以及城区老矿街道五号井社区，这里大约安置了 600 户西段庄的居民，楼房规划整齐，楼间距大，采光充足，道路硬化和绿化与城里的小区没有什么区别，活

[①] 刘秋月、王嵘等：《徐州市潘安湖煤炭塌陷区湿地生态治理》，《江苏科技信息》2016 年第 27 期，第 52～54 页。

动室、阅览室、娱乐室等一应俱全。①

潘安湖的 12 座岛屿、16 座码头、36 座桥梁、10 处环湖市民广场等景观充分展现了潘安湖改造的成果。潘安湖一个景区就解决了当地 2000 人的就业问题。② 2012 年 7 月，潘安湖管理处党工委以新组建的潘安湖建设发展公司、潘安湖旅游公司、物业公司、市政园林公司、资产经营公司、投资管理公司等各公司为载体，积极吸纳广大村民参与潘安湖的建设和运营管理，组织项目区内三批近 1500 名失地农民代表赴西溪、溧湖湿地及城区安置房参观学习，实现村民互动发展。截至 2012 年，已完成五批近千名失地农民劳动技能培训。项目区已使用村劳动力 2000 余人，各种机械 351 台，有效解决了各村劳动力就业问题。③ 2018 年 6 月 22 日，贾汪区人社局联合潘安湖街道办事处在马庄村神农广场开展"走进潘安湖"煤矿失业人员暨被征地农民专场招聘会，为当地百姓提供就业岗位。招聘会吸引了众多潘安湖辖区内的村民参加，当天上午现场咨询人数达 1000 余人，200 多人达成初步就业意向。④

（5）旅游业带动地区经济发展

潘安湖矿区改造前，贾汪没有旅行社也留不住游客。改造之后，潘安湖塌陷地已成为高优农业区、浅水种植区、深水生态湖和生态孤岛，构建了以"山为骨、水为脉、林为表、田为魂、湖为心"为核心的国土生态安全体系，推动了山、水、林、田、湖、草的土地综合整治工作，取得了显著社会效益、经济效益和生态效益。自潘安湖湿地公园建成开园以来，带动了矿区周边几十公里范围内的经济发展。湿地公园年均接待游客总量高达 200 余万人次，2016 年由潘安湖景区带动产生的综合旅游收入达到了 16 亿元。⑤ 截

---

① 《异地搬迁、精准脱贫，看"贾汪样板"的美好生活》，徐州日报，2018 年 7 月 4 日，http：//m. cmstop. cms. cnxz. com. cn/p/18685. html，最后访问时间：2018 年 7 月 11 日。

② 《人民日报称赞过的潘安湖这次又是全省第一》，搜狐网，2018 年 6 月 11 日，http：//www. sohu. com/a/235167079_ 393178，最后访问时间：2018 年 7 月 11 日。

③ 《潘安湖风景区实现新跨越》，徐州日报，2012 年 7 月 19 日，http：//epaper. cnxz. com. cn/xzrb/html/2012 - 07/19/content_ 58886. htm，最后访问时间：2018 年 7 月 11 日。

④ 贾汪区人民政府：《岗位送到家门口就业服务暖人心》，2018 年 6 月 28 日，http：//www. xzjw. gov. cn/Item/78731. aspx，最后访问时间：2018 年 7 月 11 日。

⑤ 《空中看徐州：贾汪你变了！每年 600 万"外来客"，到这里来看什么?》，淮海网，http：//www. huaihai. tv/special/xwzt/2017zt/kzkxz/folder2561/2017 - 10 - 05/531669. html，最后访问时间：2018 年 7 月 11 日。

至 2017 年 12 月，已有国家 4A 级景区 4 家、3A 级景区 1 家，四星级乡村旅游示范点 11 家。潘安湖湿地公园每年吸引国内外游客 400 万人次。许多失业的矿工和外出打工的百姓纷纷回乡从事休闲农业和乡村旅游，收入明显提高。

生态环境的改善，使生态休闲农业与旅游业相伴而兴。潘安湖湿地成功创建国家 4A 级景区、国家湿地公园、国家级水利风景区、国家生态旅游示范基地、国家湿地旅游示范基地，成为淮海经济区一颗璀璨的生态明珠。贾汪区在改变生态的实践中走上生态旅游的道路，先后建成卧龙泉生态博物园、墨上集民俗文化园、茱萸养生谷、龙山温泉等多个生态休闲项目，唐耕山庄、织星庄园等农家乐项目也具有明显的地方特色，大洞山风景区、紫海蓝山薰衣草庄园等景点也已成为周边百姓休闲度假的首选。

结合潘安湖湿地公园的建设，当地引进了一批知名地产企业，旨在将贾汪区打造成集旅游、养老、科教、居住为一体的新型城镇化生态居住区，促进塌陷地整治、产业振兴和城镇化建设三位一体，有效推动贾汪区资源枯竭城市成功转型。

（二）陕西潼关小秦岭金矿国家矿山公园

1. 潼关小秦岭金矿简介

潼关小秦岭地区，埋藏有金、银、铅、石墨、大理石等多种矿物，尤其以金矿分布广、储量丰富、开采历史久远而闻名。由于近数十年的高强度开采，潼关黄金资源面临枯竭。截至 2010 年，金矿山 500m 以上以浅开拓水平为主的矿体基本采罄，只有边角处尚存部分残遗矿体，保有资源量仅有 7 吨。经国务院批准，2011 年潼关县被列入全国第三批 25 个资源枯竭型城市，该地区资源枯竭后的可持续发展问题已刻不容缓。

2. 潼关小秦岭金矿生态开发前可利用资源及条件

（1）区位条件优越，交通便利

潼关县地扼秦、晋、豫三省要冲，素以"关隘重地""三秦锁钥"著称。今日潼关，是晋、陕、豫金三角的中心地带，经济发展日新月异。陇海、同蒲铁路交会于此，郑西高铁、西潼高速、310 国道和 101 省道等穿境而过，地理位置优越，交通便捷。潼关地处西安、太原、洛阳三大城市经济辐射圈中心，是贯通华北、中原的交通要道，也是新欧亚大陆桥的必经之地，关中天水经济区的东翼桥头堡，中东部产业的转承点，经济区位优越。

（2）矿业遗迹丰富、典型

潼关小秦岭金矿矿业遗迹资源丰富、典型。其中，珍稀级遗迹两处，分别是潼峪金矿矿床地质遗迹和 401 矿洞采掘生产遗迹。潼峪金矿矿床的工业类型在小秦岭地区具有很强的代表性，而且在我国岩金矿床中也有相当的典型性，是我国重要的矿产地质遗迹。它的开发利用，对于科研、教学和潼关金矿区深部勘查等，都具有重大价值和指导意义。401 矿洞采掘生产遗迹，系开采 Q401 矿脉所形成的，采空区规模宏大，洞内的运输、供电、通风等生产系统保存基本完好，同时洞内巷道、矿柱、矿房、炮眼等生产遗迹众多，这些遗迹经过合理的组织开发便可作为潼关黄金业历史的见证。

（3）旅游资源类型丰富多样

潼关小秦岭金矿除了矿山遗迹外，其他类型的旅游资源也丰富多样。以佛头崖自然生态景观区为代表的自然风景优美、宜人，可因地制宜，塑造典型的自然景观带，打造方便游人休闲放松的旅游游憩区。以禁沟十二连城、烽火台为代表的战争文化景观也在附近，可打造禁沟户外竞技拓展区，使游人在这里能够深刻体会战争文化的古今交融。以佛头山佛教文化为代表的宗教文化景观让人体会到超脱世俗的淡然，可以佛教文化为核心，打造佛头山宗教旅游区。

3. 小秦岭金矿国家矿山公园生态开发措施

（1）地质环境恢复治理

由于潼关矿山地质环境问题众多，已被国土资源部列入《全国矿山地质环境保护与治理规划》。2012 年 5 月，《财政部国土资源部关于下达矿山地质环境治理示范工程 2012 年启动资金预算的通知》（财建〔2012〕145号）下达了 1 亿元的工程启动资金。2012 年 6 月，潼关县人民政府委托西安地质矿产研究所编制了《陕西省潼关金矿区地质环境治理示范工程实施方案》，并经省国土资源厅审查通过。该方案规划工程总投资 3.5 亿元，治理工程分三期实施，以最终实现当地生态环境恢复的目的。

（2）科学布局园区功能区

矿山公园规划为"一心、两轴、三带"的总体格局。"一心"为游客服务中心，分布在规划的园区门口，主要包括矿山博物馆、综合服务中心、停车场等。"两轴"为黄金旅游休闲服务轴和秦风古韵风光轴，主要沿园区的两条河流——潼峪河和蒿岔峪河河岸分布。在黄金旅游休闲服务轴上分布着黄金小镇商业娱乐展览区、黄金矿山博物馆、黄金矿洞探秘展示区。在秦风古韵风光轴上主要分布着禁沟烽火台战争文化景观区、地质生态环境恢复区和秦风古韵餐饮休闲区。"三带"为黄金探秘休闲带、生态恢复旅游带以及历史文化展示带，沿 401 矿洞遗迹分布。

（3）重视与人文景观的融合

在潼关小秦岭金矿国家矿山公园规划范围内，人文景观主要包括佛头山佛教文化景观、禁沟战争文化景观、以"潼关背芯子"为代表的民俗文化景观和以西马吉王氏古民居为代表的关中民居文化景观。在潼关小秦岭金矿国家矿山公园建设中，通过整合这些人文景观，进而丰富矿山公园的旅游类型。以佛头山佛教景观为例，在整合佛头山佛教文化景观时，依托园区原有的佛头山寺及佛头山景观，建设一个佛头山宗教旅游区。该功能区主要工程有改造扩建现有佛头山禅寺，修建朝圣台、观圣台等观景平台，新建改造佛头山景观等，并修建黄金大道景观步道连接，以此来打造宗教旅游路线。

4. 小秦岭金矿生态开发效果

（1）矿区环境明显改善

近五年来，累计投入资金 13.2 亿元，实施了潼关金矿区地质环境、重金属污染治理、峪道清渣等十多个生态治理项目，治理河道 25.2 公里，新增耕地 1600 亩、建设用地 1360 亩，投入 1.38 亿元，实施企业废水回收等节能减排工程 40 余项，矿区环境得到明显改善。

（2）打造 5A 级国家矿山公园

矿山公园规划面积 19.33 平方公里，目标定位为国家 5A 级景区，矿山公园对于潼关矿山遗迹保护，重建矿山地质、生态环境，促进潼关经济转型和县域经济发展具有重要意义。项目建成后，可实现年利润 2500 万元。

（3）带动周边经济发展

潼关向以美食著称，红烧黄河鲤、潼关肉夹馍等特色美食享誉四方。当地居民开设的农家乐、渔家乐遍布矿山公园，吸引了本地及周边大量游人前来休闲娱乐，观光旅游。通过工业旅游实现了周边经济的协同发展，目前农家乐等形式的个体产业已成为潼关旅游发展和农民增收的主要渠道。

（4）黄金产业体系日趋完善

潼关公司中深部整装开发完成投资 12 亿元，4 个斜坡道掘进 5 万余米。天和苑黄金精炼公司、西潼峪尾矿科技示范园建成投产。全国有名、西北第一的潼关首饰城改造提升全面完成，金银饰品经营户达 115 家，百爵珠宝、老庙黄金、西安金店、老凤祥银楼等距落户于此。潼关小秦岭金矿国家矿山公园逐渐形成了集生产、加工、零售于一体的黄金产业体系。

（三）唐山市开滦国家矿山公园

1. 唐山矿业公司简介

唐山矿业公司位于河北省唐山市区，隶属开滦（集团）有限公司，自 1878 年开采已有 140 多年的开采历史，被称为"中国第一佳矿"。唐山市地处内蒙古－大兴安岭褶皱系和华北地台两个大地构造处，具有良好的地质成矿条件，矿产资源丰富，煤矿开采也由市中心向西南郊延至丰南区。近年来，唐山矿业公司的原煤产量保持在 350 万吨/年左右，精煤产量约 150 万吨/年，每年为开滦集团贡献 5 亿多利润。目前，唐山矿业公司的矿区面积约占 55.0101km^2，共有 7 块生产区域：老生产区、北翼区、西翼区、南翼区、东翼区、岳胥区及京山铁路煤柱区，其中老生产区内因矿产资源枯竭、环境污染等而停止开采的井下采矿区及井上部分工作区均已修复、改造成开滦国家矿山公园。

2. 可利用资源和条件分析

（1）矿业废弃地

2004 年 11 月，国土资源部下发了《关于申报国家矿山公园的通知》（国土资发〔2004〕256 号），有条件的资源枯竭型矿区可申报建设省级或国家级矿山公园。在政策支持下，开滦集团对唐山矿区内的废弃矿地进行修复，修建成开滦国家矿山公园，总规划面积占到 70 万 m^2，具体废弃矿区有 A 区一号井下开采区、A 区部分井上锅炉厂房、原储煤场、煤炭运输铁轨等。

（2）地理位置

唐山矿部分废弃矿地位于唐山市路南区新华东道，地处唐山中心地带，而唐山东隔滦河与秦皇岛市相望，西与天津市毗邻，南临渤海，北依燕山隔长城与承德市相望，地处交通要塞，是华北地区通往东北地区的咽喉地带。铁路、高速公路、港口交织成网不仅成为唐山市经济贸易发展的重要条件，也为唐山矿销售、运输煤炭提供便捷。

（3）文化资源

唐山拥有丰富多彩的地域文化和深厚的文化底蕴，涵盖了唐山近现代工业文化、地震文化、红色文化、传统戏曲文化等，被称为"中国近代工业的摇篮"。在唐山，诞生了中国第一座现代化煤井、第一条标准轨铁路、第一台蒸汽机车，其工业发展形成了唐山专属的煤矿文化、铁路文化、钢铁文化等，共同构成了唐山宝贵的工业文化资源，其中开滦煤矿文化当属唐山工业文化的代表。

近年来，唐山市政府大力发展丰厚的工业文化产业，先后编制了《唐山市"十三五"文化发展规划纲要》《唐山城市主题文化发展战略规划》等战略性规划，提出"十三五"期间要以"文化立市"战略为引领，把发展文化产业作为助推资源型城市转型升级的突破口，加快推进文化产业与三大产业深度融合、互动发展，突出工业文化特色，努力将文化产业打造成唐山国民经济支柱产业。针对市区工业文化产业带，政府大力支持延续唐山近代工业文化根脉，集中整合市中心区域的开滦、启新水泥厂等工业旧址，延长工业文化产业链。唐山市政府对工业文化的重视为开滦唐山矿的废弃矿地改造提供了良好的文化基础。

（4）旅游资源

唐山的旅游资源丰富体现在两方面。一是政府对旅游业发展的支持。《2018 年唐山市政府工作报告》提出，促进旅游业快速发展，助推城市转型升级。唐山是中国近代工业发展的摇篮之一，是一座具有百年历史的重工业城市，城市转型中可深入挖掘工业文化这一新资源，把工业旅游作为转型发展的一个支点，以特色工业文化旅游重塑资源型工业城市新形象。二是唐山旅游景观多样，可吸引大量旅客，如清东陵、金沙岛、月坨岛、青山关、滦州古城、抗震纪念馆、开滦国家矿山公园等。2017 年，唐山市旅游接待人数达 5602.96 万人次，同比增长 25.07%。[①] 唐山丰富的旅游资源为唐山废弃矿地的修复、改造提供了转型基础。

---

① 《2017 年全省旅游经济运行情况》，河北省旅游发展委员会，2018 年 3 月 6 日，http：//www. hebeitour. gov. cn/Home/ArticleDetail，最后访问时间：2018 年 7 月 27 日。

3. 唐山矿转型措施

开滦集团充分利用矿区遗址、区位条件、文化旅游等资源，借鉴欧洲工业转型经验，采取复合型旅游业开发策略，实现资源枯竭、环境污染的唐山矿区向蕴含丰富的煤矿工业文化的矿山公园转型改造。图2-3为开滦国家矿山公园和开滦矿山博物馆。

（a）开滦博物馆　　　　　　　（b）国家矿山公园

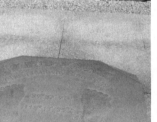

（c）开滦博物馆　　　　　　　（d）开滦博物馆

图2-3　开滦国家矿山公园和开滦矿山博物馆

资料来源：笔者拍摄。

（1）资源循环利用

充分利用唐山矿的废弃矿区资源，向公众展示煤炭的由来、开采遗址等。如在保留井下采矿区原貌基础上修建休闲娱乐吧、节能环保展示厅、4D影厅、地质世界等游览区，让游客在独特的井下采矿区体验煤炭文化的独特魅力。同时，充分利用唐山的文化旅游资源，打造唐山专属的煤矿文化旅游景区，在实现重工业向旅游业转型的同时促进唐山旅游业发展，带动唐山经济转型。开滦集团抢抓新机遇发展煤炭工业旅游，助推煤炭工业转型升级。自 2005 年以来，开滦集团着力打造了一批煤炭、铁路等工业旅游项目，重点推出开滦博物馆、三大工业遗迹、中国机车铁路源头游、复原中国第一辆蒸汽机车（"龙"号蒸汽机车）等，依托中国第一条准轨铁路（唐胥铁路），连接起唐山一系列特色工业旅游资源，如南湖生态风景区、启新水泥博物馆、唐山陶瓷文化创意产业园、唐山工业博物馆，使开滦国家矿山公园及唐山工业遗址形成"工业文化产业＋旅游业"模式。

（2）欧洲工业之路借鉴

"欧洲工业遗产之路"的开发保护经验，对开滦集团保护、开发煤炭工业遗产具有极其有益的指导和借鉴意义。在煤矿旧址景观改造中，学习"欧洲工业之路"的成功经验，激发开滦煤矿旧工业资源的开发，同时激活唐山市工业遗址的开发保护，便于工业开发与保护的产业化、规模化和生态化。[①] 梳理唐山工业发展历程可以看到开滦煤矿开发的一系列辐射作用，如铁路修理厂、唐山机车厂、林西洗煤厂、启新水泥厂、陶瓷厂及纺织厂都因开滦煤炭而兴建。

借鉴欧洲国家煤炭工业转型经验，如学习德国鲁尔区的成功改造经验，在区域整治过程中，通过促进鲁尔区内产业结构多样化，鼓励发展教育科研，治理生态环境污染，将工业文化、教育、劳动力、地理资源、区位条件等条件转化为发展优势。利用博物馆、工业遗址、休闲娱乐、区域一体化等开发模式，促成开滦集团生态环境和产业结构的更新和持续发展。

（3）复合型旅游业开发策略

综合考虑唐山市的矿产资源、文化旅游资源、地理位置及唐山矿区工业生产现状，开滦集团利用废弃矿区实现煤炭工业向旅游业转型，修建以"煤文化"为核心的文化主题创意产业园，结合煤炭文化、采矿旧址、创意小品发展多样化的复合型旅游业。依靠开滦深厚的煤文化底蕴、唐山矿工业旧址及唐山丰富的文化旅游资源，复合型旅游业开发可从专题博物馆模式、工业遗产旅游模式和创意产业模式进行开滦国家矿山公园的修建、设计、布局。[②]

---

① 马中军：《开滦煤矿工业遗产景观营造》，《工业建筑》2017 年第 5 期，第 52 ~ 55、61 页。

② 杜青松：《基于循环经济的煤矿类矿山公园建设模式研究》，博士学位论文，中国地质大学，2011。

1）专题博物馆模式

在唐山矿内的废弃区域修建的开滦博物馆，由著名展览专家、清华大学洪麦恩教授进行布局设计，充分展示了煤的生成与由来以及唐山矿的采煤史。建筑面积约 7400m² 的开滦博物馆，展陈主题为"黑色长河"，共有 47 件一级文物，72 件二级文物，326 件三级文物，上万件馆藏珍品，包括五个专题系列。第一系列"煤的史话"，展现了煤炭的生成、演化过程和煤田勘察、开采知识；第二系列"洋务运动与中国近代煤炭工业兴起"，展示了洋务运动与中国近代煤炭工业的兴起与艰辛曲折的发展过程；第三系列"一座煤矿托举起两座城市"，展示了唐山因煤兴市、秦皇岛因煤建港的历史；第四系列"他们特别能战斗"，体现了开滦工人在各个不同历史时期表现出来的"特别能战斗"精神；第五系列"百年基业长青"，展示了开滦集团改革开放以来锐意进取、实现百年基业长青的辉煌成就。

开滦博物馆是具有专题特点的新生事物，博物馆的设立、定位、收藏以及建筑等都体现了开滦集团的企业文化和发展历程，将保存和积累的煤炭文化遗产通过博物馆这一载体向社会展示，宣传煤文化。富有"煤文化"特色的开滦博物馆向公众展示了煤炭工业文化，提升了开滦集团的企业形象，并实现了旅游、娱乐、休闲等功能，同时为我国博物馆事业的发展增添一抹亮色。

2）工业（遗产）旅游模式

开滦唐山废弃矿区内的储煤场、锅炉厂房、井下采矿区、煤炭石堆、采矿设备、煤炭运输铁轨及其他生产相关的活动场所均属煤炭工业遗产。在经济转型和产业接续时期，开滦集团利用采矿作业旧址发展煤炭工业遗产旅游，从而带动唐山旅游业发展，使旅游业成为唐山市工业转型的重要支点。

开滦国家矿山公园坐落在唐山矿 A 区工业广场，由 32 个单项工程组成，包括博物馆、井下探秘游、中国第一佳矿、百年达道、中国第一条准轨铁路、洗煤生产流程观光等，分为矿业文化博览区、矿山遗迹展示区、安全文化体验区、井下探秘区四个部分。矿山遗迹展示区由唐山矿一号井、百年达道、老风井、中国第一条准轨铁路、"龙"号蒸汽机车等矿业遗迹、大型洗煤厂以及按相关技术要求设置的标识性说明系统组成，部分展示区见图2-4和图2-5。井下探秘区是在井下半道巷重现开滦从原始到现代采煤工艺和生产设备的演变

图 2 - 4　中国第一佳矿

资料来源：笔者拍摄。

图 2 - 5　百年达道

资料来源：笔者拍摄。

过程，让人感受到煤炭开采的内涵与魅力。将已做保护的工业遗址、重构后的工业景观及正在运营的工业企业整合，构成关于工业文明演变历程及发展生动化科普教育的博物馆或展厅（见图2-6）。

图2-6　开滦矿山博物馆井下采矿区

资料来源：笔者拍摄。

3）创意产业模式

利用开滦国家矿山公园近代工业博览园内原有旧厂房，改造成具有独特风格的创意园，每年可安排若干次工业题材的创意展览和举办一些与工矿生活紧密联系的交流、交易活动。通过对老厂房加以改造，使之成为时尚休闲创意园区，展示了开滦集团利用工业（遗存）资源发展文化创意产业的创意。如开滦国家矿山公园中的图腾和"无名创意"（见图2-7和图2-8）。从唐山地域民俗文化入手，以工人生活文化为主线展开设计，通过对现有建筑、场地进行功能重组，增加交互式体验，创造公共休憩空间，使矿山工业文化与休闲乐趣结合。

4. 开滦国家矿山公园开发效果

开滦国家矿山公园从2007年底开始筹建，2008年10月建成预展，2009年9月对社会开放。于企业自身而言，开滦国家矿山公园的建成，代表着开滦集团实现了重工业生产向旅游业发展的成功转型，同时优化了矿区的生态环境。于唐山市政府而言，开滦集团修建矿山公园改善了市区的环境污染情况，推动了工业旅游发展，同时向外宣传了唐山独特的煤炭文化，为唐山的经济发展、环境优化都做出了重要贡献。

图 2 - 7　开滦国家矿山公园中的图腾

资料来源：笔者拍摄。

图 2 - 8　"无名创意"

资料来源：笔者拍摄。

（1）促进生态环境建设

开滦唐山矿对废弃矿区采取生态修复与景观再造措施，以环境恢复和治理为切入点，一定程度上，有利于唐山市环境污染的治理，促进唐山市低污染的生态环境建设。据统计，2017年唐山市空气质量综合指数7.96，同比下降了3.90%；二氧化硫年均浓度值为40微克/立方米，达到国家标准，同比下降了13.0%；PM2.5年均浓度值为66微克/立方米，同比下降了10.8%，较2013年下降了42.6%，超额完成国务院"大气十条"提出的到2017年下降33%的任务。[①]

（2）推进旅游业转型

自开滦国家矿山公园对社会开放以来，年均接待游客达7万人次。2017年11月14日，全国旅游资源开发质量评定委发布公示，推出十个国家工业遗产旅游基地，而开滦国家矿山公园包括在其中，成为河北省唯一一个上榜旅游景点，为唐山增添国家级工业旅游新名片。2018年1月27日，开滦国家矿山公园、中国铁路源头博物馆均入选中国第一批工业遗产保护名录，为唐山再添辉煌。

开滦国家矿山公园的建设为唐山市输入了一种新的公园模式，担负了恢复唐山矿区环境、保护开滦矿业遗迹以及推动开滦集团和唐山市可持续发展的任务，实现了"绿色矿业"的发展目标。作为旅游产业中的新生事物，它将先期矿业的末端与旅游业链接，使资源枯竭型地区生命周期得以延续，实现由"末端治理"向"清洁生产"转化，不仅为唐山矿和唐山市留下了煤矿文化记忆，也是中国工业文明的一个缩影。

（3）推广工业文化

开滦国家矿山公园是开滦集团向文化产业转型的一颗硕果，对外开放不到十年，就入选"国家工业遗产旅游基地""中国第一批工业遗产保护名录"。开滦国家矿山公园着重突出煤炭文化，结合现代化生态修复技术、矿业遗迹保护利用和现代艺术与文化创意，彰显着开滦集团为国民经济、社会发展、生态建设做出的巨大贡献。同时，开滦博物馆、井下探秘游、三大工业遗址、中国音乐城等景观也突出了唐山市专属的"三种文化""五条

---

① 唐山市环境保护局：《2017年唐山市环境状况公报》，2018年6月7日，http://www.tshbj.gov.cn，最后访问时间：2018年7月27日。

根脉":煤文化、地震文化、安全文化;悠久的古代采煤历史文化根脉、中国近代工业文明根脉、中国北方工人运动的根脉、震惊世界的唐山大地震的文化根脉、人类抗御煤矿自然灾害的根脉。为唐山工业旅游发展再添光彩。

(4)带动地区经济发展

在开滦集团文化产业发展"三大实施步骤"中,2011~2012年为"开创发展期",旨在完成项目建设,并向社会开放;2013~2015年为"丰富发展期",进一步提升开滦的工业文化旅游;2016~2020年为"提升发展期",主攻开滦集团的文化休闲、旅游、商业开发发展,形成新的经济增长级,产生的经济效益也将在这几年逐步显现。① 开滦国家矿山公园的建设实现了"变废为宝",将煤炭采选过程中探、采、选、加工等活动留下的遗迹、遗址进行开发利用,为科普教育、科研活动提供场所,充分利用唐山矿的废弃矿地和矿地的废弃矿段,形成经济效益,树立全新的唐山形象。

四 接续替代型工业 + 新兴产业开发模式转型案例

资源型地区矿业废弃地在经过土地复垦、生态修复后除了进行生态旅游开发方向的产业转型外,也可根据矿区本身特点及周边城市发展情况,利用其原有的优势资源及优势产业发展接续替代型工业和比较有竞争力的新兴产业,由原来资源采掘和初加工为主导的劳动力密集型和资金密集型重工业生产模式,向高加工度化的技术密集型和高新技术支持下的工业生产模式转化。这种转型发展模式不仅能进一步优化第二产业的内部结构,而且同时兼顾生态环境保护和社会利益维系。其依托于城市自身优势的、与城市功能和生态环境相协调并能吸纳更多劳动力就业的工业在资源型城市中也具有较大的发展空间。德国鲁尔工业区、法国洛林矿区,还有中国的湖北黄石、淮南矿区和徐州矿区都是这种转型发展模式的成功案例。

---

① 孙劲:《开滦国家矿山公园:传统企业的文化转型》,《现代物流报》2012年2月20日,第B10版。

（一）德国鲁尔工业区

鲁尔曾经是世界上最著名的工业区之一，其煤炭钢铁总采掘量曾占原联邦德国的80%。从20世纪60年代开始，鲁尔区积极探索产业转型，取得了很好的效果，现在已成为世界各地其他资源型地区矿业废弃地实现产业转型经常借鉴的成功案例。

1. 鲁尔区产业转型前的工业基础及可利用资源

20世纪五六十年代，煤炭的采掘成本与日俱增，石油能源的价格却相对低廉。这给煤炭开采及钢铁产业带来了严重危机。鲁尔区作为重要的煤钢聚集区，其产业结构单一的弊病逐渐显现，采煤、钢铁、化工等行业发展开始停滞，失业和环境污染问题日益严重，鲁尔区不得不开始积极谋求转型发展。而后来的鲁尔区之所以能够成功实现转型，也得益于它本身具有的雄厚工业基础和丰富的可利用资源。

（1）雄厚的工业基础

鲁尔区从19世纪上半叶就已经开始进行煤矿开采和钢铁生产活动，有着将近200年的工业历史。其工业发展不仅是德国发动两次世界大战的物质基础，战后也在西德的经济快速恢复中发挥了重大作用，而且对欧洲邻国的发展起到了巨大的促进作用，以"德国和欧洲工业的心脏"而久负盛名，现在仍在德国经济中占有很大分量。随着煤炭资源利用和钢铁产业的发展，鲁尔工业区逐渐形成了一个以采煤、钢铁、化学、机械制造等重工业为核心，部门结构复杂、内部联系密切、高度集中的地区工业综合体。[①]其钢铁产量始终占全国的70%～80%。除了机械制造业、氮肥工业、建材工业和其他化工产业外，为大量产业工人服务的轻工业，如啤酒工业、服装业、纺织业等也发展迅速。总的来说，雄厚的工业基础有力促进了鲁尔区的转型发展。

（2）丰富的煤炭资源及人力资源

作为鲁尔区工业发展的基础，该地区有着丰富的煤炭资源，其煤炭开采量也始终占到全国开采量的70%～80%。而且鲁尔区的露天煤矿丰富，煤

---

① 尹牧：《资源型城市经济转型问题研究》，博士学位论文，吉林大学，2012。

种全、品位高，为优质硬煤田。除此之外，该地区景色秀丽，气候宜人，一直以来是适宜人类生产和生活的宜居地区。由于其工业发展历史较长，这里一直聚集着来自周边地区的大量劳动者。尤其在鲁尔区的南部，稠密的交通网和工厂、住宅交织在一起，在埃姆舍河和鲁尔河之间的地区形成了连片的城市带，成为鲁尔地区人口最为密集的人类活动区。大量的人力资源为矿区的转型发展提供了源源不断的劳动力，使鲁尔区不仅发展成为一个生产中心，也逐渐成为一个庞大的消费中心。

（3）优越的区域位置和便利的交通

鲁尔区自古以来就是连接欧洲大陆的中心区域，位于欧洲南来北往的重要交通路口。其距离欧洲主要经济发达国家的工业区较近，在逐渐发展中一直处于欧洲经济最为发达的核心区域。虽然鲁尔区地处内陆，但由于区域内河流水系众多，除了自然河流外，还有沟通利珀河、鲁尔河、莱茵河和埃姆斯河的四条运河，有着极其方便的水运条件。除此之外，区域内铁路网密度较大，多东西走向，巴黎通往东欧和北欧的铁路也从该区穿过。其中哈根是德国最大的货运编组站，是区内及其他工业区联系的纽带。区内公路四通八达，从德国西部通往柏林和荷兰的高速公路均从中穿过。优越的地理位置和便捷的交通有力地促进了工业区与欧洲共同体成员国之间的经济贸易往来。

（4）丰富的工业遗迹及自然景观

鲁尔工业区在早期有多达 200 万工人在从事采矿、炼焦、炼钢、机械制造等工业生产。发达的能源、化工和纺织业带动周边区域的城市发展，一条世界罕见的工业城市带逐渐在利珀河和莱茵河沿岸形成。因此，长期的城市工业发展给该区域留下了矿井、高炉、烟囱、铁路、厂房、涵洞、电塔、桥梁、水坝、油罐、灯塔、水塔等丰富的工业遗迹。而且该地区自然地理条件优越，山峦、湖泊、森林、峡谷、运河、沼泽等与工厂、住宅等工业区融为一体。丰富的自然景观和多样化的工业遗迹在欧洲乃至世界其他地方都很难看到。[①] 其中在 20 世纪上半叶以先进高效和优质高产的生产而闻名世界的采煤场和炼焦厂，后来逐渐成为整个鲁尔区最具价值的工业遗产地。如此丰富的工业遗迹成为鲁尔区转型发展独一无二的资源优势。

---

① 《鲁尔：重工业区改造的典范》，扬州网，2013 年 2 月 3 日，http：//www. yznews. com. cn/ yzwb/html/2013 - 02/03/content_ 476490. htm，最后访问时间：2018 年 7 月 13 日。

2. 鲁尔区产业转型资金来源分析

（1）转型资金来源

鲁尔区的产业转型主要分三步。一是改造提升传统产业，最先完善基础设施建设。自 1968 年起，鲁尔煤矿企业就对矿区进行清理整顿，引入高新技术提高开采机械化水平，同时，政府投入大量资金改善鲁尔区的交通设施，成立高校和科研机构。二是政府大力扶持新兴产业，增加鲁尔区资金和技术的流入。1979 年，北威州规定：新兴企业落户，将给予大型企业 28% 的经济补贴，给小型企业 18% 的经济补贴。三是丰富鲁尔区的产业结构。发挥鲁尔区内不同地区的区域优势，发展各具特色的优势行业，如杜伊斯堡发挥港口优势而成为对外贸易中心。总的来说，在鲁尔区的转型过程中，德国政府和欧盟等组织的政策和资金支持起到了很大作用，改造提升传统产业、培育发展接续替代产业又为丰富和优化鲁尔区产业结构提供了有力支撑。

1）德国政府的财政政策支持

具体而言，德国政府对鲁尔区煤矿企业的财政政策支持，包括煤炭价格补贴、税收优惠、投资补助、政府收购、矿工补助、限制煤炭进口、环保资助、技术研究与开发补助等。

①煤炭价格补贴是财政支持的核心，每销售一吨煤，煤炭企业将获得约 200 马克的财政补贴。1996～1998 年这三年，联邦政府分别对主营煤炭产业的鲁尔集团补贴了 104 亿、97 亿和 85 亿马克。

②税收优惠允许煤炭企业加快折旧，以便于促进企业合理化生产，具体还包括对煤炭企业所得税给予豁免、退还或扣除等优惠。

③投资补助是出于煤矿行业的生产合理化、提高劳动生产率等目的给予煤炭企业一定投资补助。1966～1976 年政府拨款 150 亿马克资助煤矿集中改造，1996～1998 年联邦政策给予主营煤炭业的鲁尔集团的补贴就达到 286 亿马克。

④政府收购是为了保证能源供应的稳定，由政府出面收购一定量的国产硬煤作为国家储备，收购费用由联邦政府和州政府共同承担。

⑤矿工补助主要是养老保险、失业保险等补贴，1996 年，给鲁尔区的退休金补助高达 125 亿马克。

⑥限制进口主要针对欧盟以外的国家，实行进口煤炭配额制。1986～

1990 年的进口配额是 3100 万吨/年，1991～1995 年的进口配额是 3900 万吨/年。

⑦环保资助。为治理鲁尔区内环境，德国政府设立了环保资助基金，联邦政府分担 2/3，州政府分担 1/3。

⑧技术研究与开发补助。对批准立项的研究与开发项目，联邦政府和州政府都投入了大量资金。

⑨除上述政策外，联邦和州政府还颁布了一项特殊政策，该政策为期三年。一是由德国联邦协调银行为企业发展提供 9 亿马克的低息贷款；二是对于企业来说，每创造一个就业岗位就奖励 5 万马克；三是政府完全承担工人的转岗培训费用。50 岁以上的职工仍保留任用，继续在原岗位工作。州政府投资 50 亿马克成立环境保护机构对环境污染严重的工业区进行统一规划治理。

自 1968 年以来，联邦、州、地方三级政府直接用于鲁尔区工业园区建设、产业投资促进、劳动力培训、技术中心兴建等经济振兴的投资超过 200 亿欧元，并同时带动了高达数倍的私人投资。

2）欧盟等其他组织的政策、资金支持

①欧盟资助。为了实现区域内整体的均衡发展，欧盟委员会已经制定了相关的资金支付机制和项目配套制度。从 20 世纪 90 年代开始，北威州便利用欧盟的援助资金顺利实施了《鲁尔地区结构改造计划》。1994～1996 年，欧盟持续实施了"六年规划"，对区域内的"欠发达地区"进行资助，实现产业开发、区域发展和人力资源开发等事业，后又制定了 2007～2013 年"七年支出规划"，并于 2007 年已经开始实施。这些计划对于促进鲁尔区就业、扶植中小企业技术开发、完善区内基础设施等具有重要的作用。据统计，仅在 1989～1999 年，欧盟便资助了北威州一共 21.8 亿马克资金。在"七年支出计划"中，欧盟总预算约合 2600 亿欧元，其中有 10% 用于北威州的各项建设。

②鲁尔区风险基金会资金支持。在改造中，鲁尔区注重加强科研界和经济界的合作，为了尽快实现产学研一体化，缩短产品从科研到产品的路径，提高科研成果转化率，降低科研转化成本，鲁尔区政府专门成立了"鲁尔区风险基金会"和新技术服务公司，为中小企业提供资金和咨询支持。

③鲁尔区土地基金会（又称"不动产基金"或"地产基金"）资金支持。在改造过程中，为了能较好地利用土地，配合改造的顺利进行，鲁尔区于1980年成立了"鲁尔区土地基金会"，筹集了5亿马克土地资金用于收购企业关、停、并、转之后闲置下来的土地。然后进行翻新改造出租或出售给私人公司，用以发展商贸服务或建立科研中心等，联邦政府将所得收入再投到其他新的项目中去，来进行滚动发展。① 在该基金会成立的30年间，土地利用费中有82.5%用于购买土地，其余的用在了建设清理上，而整顿好的土地中，商业用途大概占了60%，绿化和休闲地占了35%，剩下的5%用作了居民住房。②

④金融渠道筹资。鲁尔工业区转型的资金支持还有一部分来源于金融渠道。一是金融组织为吸引外资进行的贷款或资助。政府会给新成立的企业提供32%左右的贷款。二是通过组建州发展管理公司，通过发行土地发展基金债券进行资金筹集。③

3. 产业改造和培育

（1）改造提升传统产业

从20世纪60年代开始，德国政府开始陆续优化、重组、整合鲁尔区煤炭企业。1969年，鲁尔区26家煤炭公司联合成立了鲁尔煤炭公司（RAG），根据市场供需状况，主动配合政府的煤炭产业调整策略，科学规划煤炭产业布局，整合压缩过剩产能，提高生产集约化程度，实现煤炭开采全面机械化，从而促进了工作效率提高，使生产成本降低，极大提升了鲁尔区煤炭产业的市场竞争力。此后十年间，鲁尔区的煤炭企业压缩至29个，单个企业煤炭产量每月增加近千吨，企业生产效率大幅跃升，煤炭工业实现复兴。同时，钢铁工业也在进行设备技术的更新改造，实施企业大型化战略，鼓励兼并重组，进行企业内外调整。④

---

① 郑亦工：《德国专家介绍鲁尔区土地治理经验》，《山西经济日报》2012年11月20日，第4版。
② 毋春生：《资源枯竭型城市改造中的政府作用研究》，硕士学位论文，西北大学，2012。
③ 彭华岗、侯洁：《德国资源型城市和企业转型的经验及启示》，《中国经贸导刊》2002年第19期，第42～43页。
④ 段康：《资源型城市生态化转型发展的问题与对策研究》，硕士学位论文，西北农林科技大学，2017。

（2）培育发展接续替代产业

鲁尔区依托当地便捷的交通路网、巨大的市场资源和丰富的社会劳动力，通过配套实施各种资金补助政策，为高新技术企业的发展提供了坚实的资金支撑，促进了现代物流、节能环保和生物医药等新兴产业向鲁尔区加速集聚，这一时期鲁尔区的企业增加数量和幅度均远超德国同期平均水平。鲁尔区亦将文化旅游产业作为发展亮点，开辟了一条饱含文化气息和工业遗存的"工业文化旅游"之路，极大改善了城市内部功能和对外形象。随着鲁尔区的产业发展重心转向以特色旅游为主的第三产业，以现代商贸、特色旅游为支柱的产业体系得以建立，鲁尔区的产业结构成功实现优化升级。

4. 转型效果

四十余年的改造使鲁尔区已经发生了翻天覆地的变化，无论是城市面貌、宜居程度，还是产业发展方面，鲁尔的转型发展都取得了巨大的成功。1990 年美国华盛顿人口危机委员会对 100 个特大城市的产业和人口密集区的生活质量进行了综合评估研究，结果显示，鲁尔区位列第二名。

1）中小企业发展迅速，服务业发展势头良好，传统产业的生产效率大大提高。政府重点支持橡胶、手工业、化工、工艺品制造、微电子等行业 100 人以下的中小企业，增加了鲁尔区的经济活力。产业转型优化升级同时使鲁尔区服务业发展进入快轨道，转型之后大约有 40% 的劳动力从传统的煤炭、钢铁行业转到了服务业。目前，整个鲁尔区已有高达 63% 的劳动力在从事服务业。[①] 传统行业经过技术改造升级后，虽然提供的就业岗位减少了，但生产效率都得到了很大提高，同时，大幅度减少了城市污染，改善了生活环境。

2）环境治理卓有成效。无论是山川河流，还是房屋建筑，在经过多年的土地修复和改造美化后都焕发了新的生机。鲁尔河及其支流过去是工业的排污水道，现在已是碧波荡漾。连绵不断的绿色地带使鲁尔区从一个老工业城市蜕变成一座花园城市。而废弃的老工业建筑物等都得到了最充分的利用，矿区在生态环境治理的基础上进行景观重塑，形成了独具特色的工业遗产旅游胜地。鲁尔新区已建成多达 22 个博物馆和展区。许多的大型游憩公园、博物馆等休闲旅游空间分别以各具特色的工业遗址为主题构成了一条几

---

① 陈国堂：《德国鲁尔老工业区的改造》，《中国发展观察》2005 年第 9 期，第 32～34 页。

乎覆盖整个鲁尔区的"工业遗产之路"。

3）科技教育文化事业全面发展。优美宜人的居住环境也从很大程度上促进了鲁尔区科技教育文化事业的全面发展。目前，鲁尔区已设立26个技术咨询部门、15所高等院校，学生总计达14万人。同时许多大企业总部设立于此，600多家企业、机构扎根在各类技术园区。除此之外，工业遗址旅游文化也带动着文化艺术蓬勃发展。除了种类多样、各具特色的艺术性景点和博物馆，鲁尔区还成立了15个交响乐团，建设了12家市立剧院，增添了许多其他文化艺术中心。文化艺术的浓厚氛围更促进了整个鲁尔地区的经济发展和生活质量的提高。北威州科学部部长把鲁尔的转型方向概括为"是一个正在从工厂带变为思想库带的改变"。[①]

（二）法国洛林工业区

1. 法国洛林工业区简介

洛林大区位于法国东北部，欧洲的中心地带，与德国接壤，人口有230万左右，面积23500km^2，包括默兹、摩泽尔、默尔特－摩泽尔、孚日四省。主要城市有梅斯、南锡等，是法国人口较为稠密的大区之一。洛林处于米兰－伦敦经济的中心地带，是法国与其他欧盟国家连接的重要通道。早期的洛林是一个比较落后的贫困地区，但随着铁矿、煤矿资源的开采，从19世纪末开始，洛林地区逐渐成为欧洲重要的工业区。该地区煤炭资源和铁矿资源较为丰富，传统支柱产业为铁矿、煤矿和纺织业。但伴随着资源的消耗、市场的变化、技术的落后等多种因素的出现，洛林的传统工业在经历了发展和衰落后，也同样面临着产业接续替代的经济转型问题。[②]

2. 洛林工业区产业转型前的工业基础及可利用资源

能源革命的冲击使基地规模大、服务单一的洛林工业区逐渐跟不上市场经济的发展趋势。从20世纪60年代开始，洛林工业区进入了漫长的产业转型期。在这个过程中，洛林地区良好的工业发展基础及丰富的矿产资源等对产业转型成功起到了很大的促进作用。

---

① 《德国鲁尔地区"经济转型"的启示》，中国青年网，2015年6月9日，http://news. youth. cn/gj/201506/t20150609_ 6733282. htm，最后访问时间：2018年7月14日。

② 边莉：《中国资源型城市经济转型问题研究》，博士学位论文，辽宁大学，2011。

（1）良好的工业基础

从 16 世纪开始，洛林的钢铁工业就开始出现，到第一次工业革命的时候有了快速的发展，在这个阶段该地区的煤铁资源得到了充分利用。二战结束后，煤炭工业更是成为洛林地区能源工业的重中之重，为战后重建提供了充足的能源支撑。同时，由于生产集中、联合企业发展以及专业化生产的发展，该地区钢铁、煤炭的冶炼与开采和纺织业等传统产业又得以迅速崛起。经过不断的发展，洛林工业区在 20 世纪 50 年代发展成为法国煤炭和铁矿开采加工为主导的重工业基地之一。[①]

（2）丰富的煤矿资源和铁矿资源

前文已经提到，煤矿资源和铁矿资源是支撑洛林工业发展的基础，其煤矿储量非常丰富，占到全国总储量的 50% 以上，铁矿储量达 60 亿吨，占法国铁矿资源总储量的 80% 以上。其中为保障国家重建的能源供应而组建的洛林煤炭公司控制着洛林地区的煤炭生产，提供了法国最大的煤炭产量。[②]煤炭、钢铁工业依托资源优势飞速发展，产品供不应求。正是丰富的煤矿和铁矿资源才使得洛林地区很早即已发展成为法国煤炭和铁矿开采加工为主导的重要工业基地。

（3）优越的地理位置，便利的交通

洛林地区地处欧洲心脏地带，地理位置较好，历来是欧洲主要交通枢纽之一。区域内铁路、公路网密集，来往欧洲其他各大城市方便快捷。马恩－莱茵运河、马斯河、摩泽尔河等河流流经区域内大部分地区，水陆交通也较为发达。同时，洛林地区原有的经济及工业基础使得该地区与外界联系密切，通信网络发展较好。如此优越的地理条件使洛林地区成为发展高新技术产业、开发高端制造业的理想之地。[③] 洛林地区也成为法国最早实施产业转型的地区。

3. 洛林工业区产业转型措施及效果

（1）产业转型措施

1）成立专门产业转型机构，加强工业区生态治理。洛林在转型初期的

---

① 宋冬林等：《东北老工业基地资源型城市发展接续产业问题研究》，经济科学出版社，2009。

② 吴欣、邵丹锦：《洛林区的彩色城市》，《风景园林》2010 年第 2 期，第 188～189 页。

③ 周淑景：《法国老工业基地产业转型及其启示》，《经济研究导刊》2009 年第 32 期，第 45～49 页。

1963 年成立了国土整治与地区领导办公室，全面领导该地区的产业转型。在后期又成立了洛林工业促进与发展协会，将煤矿的产业转型纳入了国家土地利用和地区规划的范畴中。转型期间，洛林地区迅速进行工业区的生态修复，解决了旧矿区的环境污染、土地破坏等问题，并重新利用闲置场地在原矿区建设了超市、居民住宅小区、工厂等。同时，加强废弃工矿业厂房的改造治理，为城市营造绿地，美化环境。

2）资金政策支持，促进经济转型。为促进经济平稳转型，解决资金不足的问题，洛林地区制定了一系列财政补贴和奖励制度。一是政府设立专项基金为落后地区建厂提供补贴等各种优惠资助，促进落后地区发展。二是针对企业技术改造成立专门基金进行支持。自 1979 年起，法国政府筹集了 30 亿法郎补助金和贷款，成立了有影响力的工业专项基金，该基金在很大程度上有力地促进了洛林地区的产业转型。三是通过制定金融和财政优惠政策吸引大量外资企业来洛林投资建厂，在解决资金问题的同时，创造更多的就业岗位。

3）扶持中小企业，进行劳动力职业技术培训。国家专门修建了针对中小企业发展的创业园区，同时提供生产设备、厂房、技术咨询等，为中小企业发展提供各种各样便捷的服务。除此之外，由于洛林地区的工人都长期从事煤炭、钢铁、纺织等传统行业，大多以体力劳动为主，一时难以满足产业转型后现代高新技术产业对于劳动力的需求，洛林地区还分门别类地建立了技术培训中心，用来培训产业转型中大量面临失业的工人，促进劳动力的重新就业，维护社会的稳定。技术培训后，洛林 90% 的培训工人重新找到了理想的工作。

4）改造传统产业，鼓励创新并大力扶持新兴产业。对于生产成本较高、污染较严重的传统企业，洛林采取彻底关闭的政策，同时支持其他现有产业部门及企业积极采用高新技术，提高企业生产效率。为吸引国内外投资，洛林新建了许多高新技术产业基地，重点发展生物制药、电子技术、环保机械制造业和汽车等新兴产业。总的来说，洛林地区产业转型的目标就是根据世界科技的最新发展状况，大力促进产业结构优化升级，以发展新兴产业和高新技术产业。同时，洛林地区积极发展新能源，将核电这种清洁能源作为主要能源。

（2）产业转型效果

尽管花费了较大的转型成本，但经过三十多年的经济转型，洛林整个地区由衰退走向了新生，转型成效显著。原来的工业污染地变成了蓝天绿水、环境美丽的工业新区，今天的洛林已成为法国吸引国内外投资的最主要的地区。[①]

1）中小企业发展较好，外来投资快速增加。通过洛林当地企业创业园区和各种资金优惠政策的帮助，洛林地区中小企业迅速发展，各行各业创业投资迅速增加。在洛林地区注册的全部企业中91%是10人以下的小企业，这些企业不仅解决了大量的失业人员的就业问题，还进一步维护了社会的稳定。截至2000年底，外商一共在洛林地区投资建立了412个企业，解决了65311人的就业问题。洛林地区的投资占到了法国总外来投资的一半。外来投资的增加使洛林地区产业发展越来越走向国际化。

2）城市面貌得到改善。在矿区生态修复与城市社会发展相结合的目标下，洛林政府积极加强环境污染治理，改善城市生活环境。经过有效整治，原有的工业污染地变成了一个个安居乐业的自然和谐之地，到处是欣欣向荣、满目葱绿的景象。现在的洛林已经完全抹去了原有旧矿区的痕迹，随处可见的是漂亮的新建厂房、清澈的河流、优美典雅的建筑、大型娱乐中心等。优美舒适的生活环境更加促进了大量外来人员到洛林地区进行投资、创业，洛林的经济活力也更进一步被释放。

3）产业结构得到优化升级。在1975年，处于转型初期的洛林有39%的就业人员从事传统工业产业，46%的员工从事第三产业。而到了1997年，传统工业就业人数所占比例下降到24%，第三产业从业人员的比例则增至67%，产业转型效果比较明显。另外，电子、汽车等新兴产业取代了传统的煤炭和铁矿开采业，截至2000年，汽车工业、汽车制造业产值已占国民生产总值的30%左右，生物制药、计算机、环保、电子等高新技术产业产值占地区经济总量的15%以上，已成为洛林地区的支柱产业。

（三）湖北黄石

1. 黄石矿区简介

黄石位于湖北省东南部，长江中游南岸，总面积4583km²，常住人口246.55万人。[②] 从黄石城市发展的起源开始，矿产资源便是黄石产生与发展的

[①] 李成军：《煤矿城市经济转型研究》，博士学位论文，辽宁工程技术大学，2005。

[②] 《黄石概述》，黄石市人民政府网，2017年12月3日，http://www.huangshi.gov.cn/gkxx/，最后访问时间：2018年7月16日。

命脉所在。虽然在全国范围内来看，黄石地区的矿产资源储量并不是很多，但是在长江流域，黄石属于铜、铁、煤等各类矿产资源集中分布、储量较为丰富的地区，素有"江南聚宝盆"之称，一直是我国华中地区重要的原材料工业基地、全国六大铜矿生产基地和全国十大铁矿生产基地，建市以来累计向国家提供近80万吨铜精矿、2亿吨铁矿、6000万吨原煤、5.6亿吨非金属矿。[①]

黄石从近代以来一直是传统的重工业城市。20世纪90年代以前，依靠丰富的矿产资源和完备的重工业体系，黄石的城市规模和工农业产值一直稳居湖北省第二位。然而90年代以后，黄石市的铁矿石等矿产产量逐年下降，国内外市场供需形势发生变化，钢铁、有色冶金等资源型产业逐渐衰退，黄石的发展也进入了衰退阶段。2009年，黄石被国家列入第二批转型试点城市，开始积极探索产业转型发展，目前已形成黑色金属、有色金属、机械制造、建材、能源、化工医药、食品饮料、纺织服装等八个主导产业集群，走出了一条特色的绿色经济发展之路。

2. 黄石产业转型前可利用资源及现状

黄石"以矿立市、以矿兴市"，几千年生生不息的矿冶之火，铸造了黄石"矿冶文明之都"的辉煌，但工矿业的快速发展也使其走向了"矿竭城衰"的边缘。工矿业废弃地破坏、环境污染、产业结构调整、产业转型等是黄石面临的亟待解决的问题。虽然转型不易，但雄厚的工业基础、得天独厚的矿产资源、矿业遗迹和自然资源等为黄石产业转型发展提供了有力保障和优越条件。

（1）黄石产业转型前发展现状

黄石长期大规模、高强度的采矿、冶炼等工业在推动城市发展的同时，也给黄石带来了千疮百孔的生态创伤。过度开发利用使曾经丰富的矿产资源日渐枯竭，曾经的青山绿水被废弃的矿井、裸露的天坑替代，黄石也成为"废都"。2008年，黄石向国务院申报"资源枯竭型城市"的报告中显示，市区142家矿山企业中有22家已相继闭坑，33家非金属矿山关停，17家无法正常生产，亟待关闭。在现存生产的70家矿山中，生产服务年限不足10年的占50%以上。[②]

---

① 黄石市城市规划设计研究院：《黄石市历史文化名城保护规划（2011~2020）》，2016。
② 梁馥梓艺：《韧性视角下的资源枯竭型城市基础设施更新策略研究》，硕士学位论文，华中农业大学，2017。

除了资源枯竭，长期无休止的矿产资源掠夺，给这座城市带来了巨大的生态赤字。在生态治理、产业转型之前，黄石地区遗留了 400 多个开山塘口、300 多座矿山、150 多座尾矿库、几十万亩工矿废弃地和大面积湖泊污染。大冶铁矿亚洲第一天坑排放出 3 亿多吨的废石，形成了占地面积达 400 万平方米的废石场，这里几乎寸草不生，生态环境遭到严重破坏。黄石矿区土地复垦和生态修复工作十分严峻，资源日渐枯竭与经济发展后劲不足的矛盾加剧，结构性污染突出，生态破坏严重，生态修复、环保治理欠账多等问题，逐渐成为黄石发展的桎梏。

（2）可利用资源和条件

1）雄厚的工业基础

黄石因矿立市，以冶兴市，矿产开采与加工历史悠久，工业文化底蕴深厚，从商周铜都到汉宋铁镇，从近代铁港到现代钢城，工业文明从古至今贯穿黄石历史发展的整个脉络。解放初期，国家在黄石大力投资新建了有色金属公司，扩建了大冶铁矿，改建了大冶钢厂等，带动了黄石火力发电厂、源华煤矿公司、华新水泥厂等企业的重组或改建，促使黄石逐渐发展成为华中地区重要的重工业城市，形成了以煤炭工业、钢铁工业、有色冶金工业和水泥工业等矿冶为中心，能源、建材配套发展，较为齐全的工业门类体系，为共和国国民经济建设和国防建设做出了巨大贡献。因此，黄石近现代工业发展史上出现了大冶铁厂、大冶铁矿、大冶有色、华新水泥、袁仓煤矿、源华煤矿等一系列工矿业发展典型。

2）悠久的矿冶文化，珍贵的工业遗址

从千年"青铜故里"到"钢铁摇篮""水泥之乡"，再到新中国成立后的"大冶工矿特区"，自青铜文明发现以来，黄石地区的矿冶文化就生生不息。经过千年矿冶文化的发展，黄石保留了一条完整的工业文明发展脉络，城市带有浓重的工业历史印记。在黄石保留的大量工业遗产中，既有大型矿山遗址点、古代矿冶采掘点等矿采遗址，如在大冶市金湖街道发现的铜绿山古矿冶遗址是中国商朝早期至汉朝的采铜和冶铜遗址。又有近代的民族工业和新中国成立后的矿冶工业所遗留下来的工业遗产，如汉冶萍煤铁厂矿旧址、华新水泥厂遗址等。还有因厂配套建设的工人居住区、运矿路线等遗址。作为华夏青铜文化的发祥地之一，黄石的工业遗址反映了我国工业时代的历史进程，是一个时代的印记，是不可多得的宝贵财富。

3）交通发达，区域位置优势明显

作为湖北省重要的沿江开放港口城市，优越的滨江水运条件、区域性铁路物流节点、重要公路运输枢纽是黄石地区城镇发展的独特条件与动力根源。在长约76.87km的长江干线上分布着黄石市城区港区、棋盘洲港区、阳新港区和大冶港区四个港区，水运能力较强。主要铁路线路包括武九铁路、武黄城际铁路，主要铁路客运站4个（黄石站、黄石北站、大冶站、阳新站），货运站13个。主要高速公路包括大广（G45）、沪渝（G50）、福银（G70）、杭瑞（G56）四条国家高速公路和蕲嘉省级高速公路（S78），形成了"壬"字形高速公路主骨架，[①] 交通极为便捷。

4）优越的自然地理条件

黄石属于亚热带季风气候，四季分明，夏季时常下雨，雨量充沛。平均气温为17℃，1月和7月平均气温分别为3℃、31℃；年均降水量为1383mm。黄石地处湘鄂赣交界处的幕阜山北侧，为幕阜山向长江河床冲积平原的过渡地带，由于中间地势低，南部和北部地势高，整体形态与盆地相近，辖区内多低山丘陵，河流湖泊纵横，平原、湖区、山地、山间盆地、溶岩等多种地形地貌并存，形成黄石"水中有山、山中有水"的地貌特点，依山襟江，内嵌湖泊，景色秀丽。大别山山脉位于黄石北部，许多河流由此发源流入长江，为周边的黄石、鄂城等地提供了充足的淡水资源。

3. 黄石产业转型措施及效果

（1）产业转型措施

1）生态立市，促进绿色低碳发展

自开始进行产业转型以来，黄石首先树立了生态立市的发展理念，其先后投入近百亿元资金，逐步抚平矿业开采、冶金产业等留下的生态伤痕，加强城市生态环境治理。同时，在城市生态建设的基础上，近年来，黄石积极调整能源结构和产业结构，将低碳产业作为产业发展的重点，[②] 发展低碳经济，明确了"即使重化工业，也要低碳运行"的目标。首先关停了一批污染重、

---

① 《黄石市交通运输概述》，黄石人民政府网（www. huangshi. gov. cn/hsgk/jtys/），最后访问时间：2018年7月16日。

② 朱丽艳：《生态黄石半边湖色半边山》，《中国环境报》2011年5月25日，第4版。

效益低、能耗高的落后生产能力和工艺,加快其他传统产业低碳化改造,通过技术改造、新产品研发,厚植传统支柱产业新优势。其次引进了一批高效益、低排放、低能耗的优势产业,稳住了黄石工业绿色转型的底盘。

2)以工业遗址带动旅游产业发展

工业遗址文化贯穿黄石城市发展的始终,也是黄石推进产业转型升级,促进经济增长的动力和源泉。依托其丰富的工业遗址资源,黄石以供给侧改革为动力,整合资源,产旅融合,通过不断创新模式,打响工业文化品牌,构建了一条完整的矿冶文明链、工业生产链、全域旅游链,以工业旅游新发展为全国同类老工业城市树立了标杆,做出了示范。其中正在规划建设的重点工业旅游项目有特色青铜文化小镇项目、东钢工业文化创意产业园、铁山矿冶文化旅游小镇等。另外,黄石先后还积极筹措举办以工业文化旅游为主题的国际矿业文化旅游节、矿博会,有力带动了地区的经济增长。

3)主动承接产业转移,加快产业结构优化升级

在矿区产业转型发展的道路上,黄石首先依托本地高品位铜矿的资源优势,借助武汉、深圳等地的科研实力,积极主动承接发达地区产业转移,以创新发展为动力,大力培育优势产业,重点发展高端装备制造业、电子信息产业等先进产业,超常规发展新兴产业。[1] 同时,着眼于城市转型工业升级,先后投资600多亿元引导和支持有色金属、建材、黑色金属等传统产业改造升级,延长产业链,大力发展生产性服务业、现代服务业和清洁能源产业,优化发展环境。由企业独自发展向产业集群发展转型、由原材料产品向中高端产品转型、由要素驱动向创新驱动转型、由传统产业向新兴产业转型,从根本上促进了黄石产业结构优化升级。

(2)产业转型效果

近年来,黄石把产业转型作为"生态立市、产业强市"的根本,以工业遗址旅游引领城市绿色转型,推动工业由制造向创造、由高碳向低碳发展,逐渐走出了一条生态环境改善、人与自然和谐、产业结构优化的具有黄石特色的生态产业发展之路。

1)产业结构明显优化,新兴产业发展加快。目前,黄石黑色金属、有

---

① 涂明:《承接产业转移加快黄石转型》,《黄石日报》2015年10月21日,第5版。

色金属、建材等传统产业已实现两位数增长。电子信息、生物医药、汽车制造等新兴产业增长均超过80%。全市8家企业进入全省百强,数量居全省第二位。^① 其中沪士电子、欣兴电子、宏广电子等一大批国内外龙头企业相继落户黄石。项目全部建成投产后,黄石市将成为全国第三大PCB产业聚集区。PCB产能将达到每年2000万m^2,预计"十三五"期末可实现年产值1000亿元。另外,英利太阳能集团拟投资4.7亿元在铁山工矿废弃地建设的光伏发电站预计未来将有力促进该地区清洁能源发展。

2)旅游产业成为强有力的新经济增长极

凭借全国独有的工业旅游项目,以五大工业遗址为依托,融合红色旅游、乡村旅游、宗教文化旅游等,黄石的旅游发展驶入了"快车道"。2016年,超过1880万人次游客到黄石旅游,同比增长18.7%,实现旅游收入117.5亿元。其中以大冶铁矿的露天采场为基础打造的国家矿山公园已成为国家4A级旅游景区。该矿坑最大落差444m,坑口面积达108万m^2,被称为"亚洲第一天坑",2016年接待游客达10万人次。而且近几年,公园的收入每年以20%的速度增长。除了工业旅游外,其他类型的旅游业发展良好,"中国最美工业旅游城市"已成为黄石新的城市名片。^② 图2-9为湖北黄石国家矿山公园。

图2-9 湖北黄石国家矿山公园

资料来源:笔者拍摄。

---

① 雷巍巍:《黄石强力打造产业转型升级示范区》,《湖北日报》2018年6月7日,第1版。
② 魏昊星:《黄石:工业旅游助推产业转型》,《中国经济时报》2017年11月23日,第1版。

3）生态环境改善，绿色低碳发展效益明显

自"生态立市"以来，为产业转型升级，黄石强制关闭了"五小"企业 367 家，同时累计投入近百亿元，实施"治山、治水、治土、治气"四治工程，造林绿化土地 49.6 万亩，生态修复开山塘口 327 个，复垦绿化工矿废弃地 9000 亩，[①] 今天的黄石景色秀美、城市亮丽，尤以"半边湖色半边山"的自然景色闻名，吸引了大量国内外企业竞相投资。同时，在绿色低碳产业发展方面，2009~2011 年，黄石引进总投资 60 多亿元的重点低碳项目 70 个，低碳经济发展取得了一定的成效。全市已初步形成了以新能源、新材料、现代商贸物流、休闲旅游为重点的低碳产业体系，[②] 走上了一条特色的绿色经济发展之路。图 2-10 是进驻黄石开发区的部分企业。

图 2-10　进驻黄石开发区的部分企业

资料来源：笔者拍摄。

（四）淮南矿区

1. 淮南矿区简介

淮南矿区位于华东经济发达区腹地，地处华东地区安徽省北部，淮河中下游。矿区总面积约 3000km²，包括淮南市潘集区全区、谢家集区、田家奄区、八公山区、凤台县、寿县、颍上县、亳州市利辛县、阜阳市颍东区、蚌

① 易木生：《产业转型，助推黄石"换道超越"》，《黄石日报》2016 年 9 月 12 日，第 1 版。
② 罗炜：《低碳产业助推黄石经济转型》，《黄石日报》2010 年 9 月 10 日，第 1 版。

埠市怀远县的部分地区。矿区内煤炭储量丰富、煤质优良，是华东地区重要的能源基地，目前拥有煤炭储量 121 亿吨，是黄河以南最大的一块整装煤田。目前该矿区有 10 对矿井，生产能力 6000 多万吨，国家批准资源量 285 亿吨，是全国十四个亿吨级煤炭基地和六个大型煤电基地之一。

淮南市是随着煤炭生产的发展而形成的，城市和矿区功能混为一体是淮南城市的一个基本特征。城市的发展因煤炭生产发展而不断推进，但同时煤炭生产的负面影响也对城市的发展形成了较大的制约，城市发展与矿区建设之间的矛盾也日益尖锐。

2. 淮南矿区产业转型前可利用资源及现状

因矿而生的城市，也承受着煤炭生产带来的负面影响，如环境污染、土地破坏等。淮南矿区原有老矿区经过多年的开采后，煤炭资源已经开始枯竭，并形成了大面积的土地塌陷区，不仅丧失了煤炭生产的价值，同时，也对当地的自然生态环境和经济社会发展产生了较为严重的影响。因此，对于淮南矿区来说，进行矿区资源枯竭区综合整治和利用，积极谋求产业转型发展是扩大城市发展空间、改善地区经济发展质量的必然要求。

（1）淮南矿区采煤塌陷区情况

多年来高强度、大规模煤炭开采造成淮南矿区出现大面积的采煤塌陷区。截至 2015 年底，矿区存在塌陷坑 20 余处，最大塌陷深度达 22m。多次重复塌陷造成多处塌陷地已连成一体，而且地面塌陷形状多呈不规则状，塌陷深度不同，形成了连续的大面积塌陷区域。总体上塌陷区多为不规则的长条状，呈西北－东南向展布。塌陷区分布与采煤工作面分布一致，边缘地表呈阶梯状倾斜，倾斜方向指向塌陷中心，地形坡度一般大于 10°。[1] 淮南地处淮河中游，整体地势低洼，水系发达，天然洼地多，地面标高 20m 以下的洼地面积就有 132km²。目前采煤塌陷面积已达 166.9km²，由于矿区潜水位高，塌陷区与洼地易于积水，形成面积较大的水体塌陷区。预计到 2020 年，该矿区蓄水容积可达 6.8 亿～7.5 亿 m³，2030 年蓄水容积

① 张品楠、祝愿：《淮南煤矿矿区矿山地质环境问题及影响因素分析》，《安徽地质》2017 年第 2 期，第 134～137 页。

可达 10.8 亿～12.0 亿 m^3。淮南矿区煤层具有分层的特点，属煤层群开采，所以大部分采煤塌陷区尚未沉稳，增加了塌陷区治理的难度。图 2－11 为淮南潘谢矿区沉陷与积水现状图。

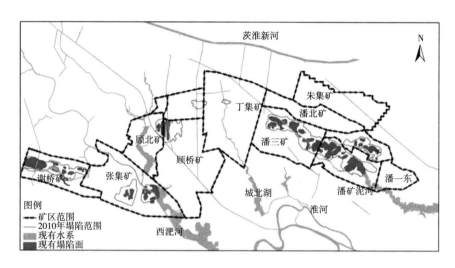

图 2－11　淮南潘谢矿区沉陷与积水现状

资料来源：淮南矿业集团公司提供。

（2）淮南矿区产业转型可利用资源

1）经济发展水平较高，工矿业基础较好

由于淮南地区具有极其丰富的煤炭资源储量，在淮南城市发展的历史过程中，煤炭工业生产的兴起和发展极大促进了城市的发展，所以其城市化水平较高，高于安徽省的平均水平。其各项社会事业围绕为煤炭工业服务，先有矿后有市，市矿功能空间合一，城市与矿产业的发展密不可分是淮南城市发展的基本特征。在工矿业发展方面，一直以来，煤炭、电力和煤化工是淮南矿区的三大支柱产业，为该地区经济的增长和社会的发展奠定了坚实的基础。[①] 除此之外，早在新中国成立初期，淮南市就陆续建设了皖淮机械厂、纺织厂等 45 家国有大中型工业企业，为我国早期工业发展做出了突出的贡献。

---

① 赵静、焦华富：《基于集群视角的煤炭城市产业转型研究——以安徽淮南市为例》，《地域研究与开发》2006 年第 5 期，第 58～62 页。

2）自然地理环境优越

淮南矿区位于安徽省北部的淮河两岸，属于华北板块南缘，东起郯庐断裂带，西至阜阳断层，北接蚌埠隆起，南与老人仓－寿县断层和合肥坳陷相邻。其所在城市淮南市是沿淮城市群的重要节点，是合肥都市圈带动沿淮、辐射皖北的中心城市及门户，素有"中州咽喉，江南屏障"之称。[①] 该地区在气候分布上属于暖温带和亚热带的过渡地带，年平均气温较高，为16.6℃。整个地区淮河以南为丘陵岗地，淮河以北为广袤平原，优越的地理环境，形成优良的气候环境。淮南是"二十四节气"诞生的地方，农业资源丰富，宜稻宜麦，特色农产品质优价廉，优质果蔬四季不断。

3）水系发达，水资源丰富

淮南矿区位于中国东部、淮河流域中段，地表为淮河冲积平原，地势平坦。受黄河夺淮入海影响，矿区内水系发达、地势低洼，天然洼地及河流湖泊较多，面积较大。目前，矿区范围内地面标高 20m 以下的天然洼地为 132 km²。一般地表下沉 1.5m 即出现积水，因此该矿区又属于高水位矿区。区内洼地、塌陷区和河流水系相互交织，形成了大面积的常年积水区，积水较深，蓄水容积较大，储水量极其丰富。西淝河洼地积水面积约 91km²，最大蓄滞库容 3.9 亿 m³。预计到 2030 年，将形成西淝河片、永幸河片和泥河片共三片塌陷洼地，采煤塌陷洼地总面积为 331km²，最大蓄滞库容为 10.05 亿 m³。

3. 淮南矿区产业转型措施及效果

（1）产业转型措施

1）加强组织领导，完善制度建设。国家和地方两级政府高度重视淮南矿区采煤塌陷区的治理工作，先后出台了一系列政策。淮南矿业集团专门成立了资源环境管理部，基层单位成立了资源环境科，配备环境保护和治理专职管理人员。各基层矿井均建立了环境监测化验室，负责常规水质监测。目前，配备环保专、兼职管理人员，环保设施运行和监测化验人员共 290 人，形成了上下责任明晰的环保管理和监测责任体系。同时，根据国家省市环保工作新变化、新要求，建立健全了《淮南矿业集团环境保护监督管理办法》

---

① 《淮南概况》，淮安人民政府网，http：//www. huainan. gov. cn/4998669. html，最后访问时间：2018 年 7 月 16 日。

《淮南矿业集团环境保护目标管理考核办法》等环保制度。

2）着力进行生态保护和修复。为了最大限度地避免因矿区开发引发的地质灾害，减少对土地资源的影响和破坏，减轻对地形地貌景观的影响，淮南通过开展矿山地质生态恢复和环境治理工作，以矿区自然生态环境与周边生态环境相协调为目标最大限度地修复生态环境。同时，设立了矿井水资源保护与利用、煤矿塌陷区综合治理与生态修复、固废无害化处理及粉尘防治共三个研究所，组建了一个煤矿生态环境保护国家工程实验室为生态修复提供技术支持。总的来说，淮南的修复和保护方针是：因山造景，因水造景，因势造景，返璞归真，体现自然美。不超越发展阶段，从煤矿城市和煤矿企业的实力出发，从煤矿居住人群的实际需求出发，在环境修复的同时，城市基础设施建设同步到位。

3）依托政府及引导社会力量实施综合治理项目。政府已启动的项目主要有十涧湖国家湿地公园、淮西湖采煤塌陷区综合治理项目等，淮南市采煤塌陷区综合治理"十三五"规划项目主要有淮南市蔡家洼采煤塌陷区综合治理工程（逍遥湖生态公园）、淮南市鸿烈湖采煤塌陷区综合治理工程、袁庄采煤塌陷区综合治理工程、花家湖采煤塌陷区生态修复项目、凤台县采煤塌陷区地质环境治理工程等。淮南矿区还与东辰创大公司合作，对潘一矿采煤塌陷区进行综合治理。从 2009 年开始，在优先考虑生态原则的前提下，遵循"宜林则林、宜水则水、宜耕则耕"的环境修复理念，兼顾经济效益，将煤矸石排放与生态环境修复同步进行，把采煤塌陷区综合治理与发展循环经济相结合，创造独具特色的综合治理模式，探索出一条可持续发展的循环经济产业链。

4）建设"引江济淮"工程配套调蓄水库。由于淮南地下有 20 多米厚的黏土层，地表水不易渗漏，作为工程蓄水点，结合国家已立项建设的"引江济淮"工程，淮南矿业集团考虑将淮南潘谢采煤塌陷区及天然洼地加以利用，建设引江济淮配套调蓄水库——平原水库，利用沿淮天然洼地和采煤塌陷两大有利条件，结合区域内众多水系，建成具有灌溉、饮水、减洪、除涝、生态功能的淮南潘谢矿区蓄洪与水源工程。平原水库的建设，不仅具有减洪、除涝等功能，水库建设还可以利用国家库区移民搬迁政策，获得政府资金支持，既有效推动塌陷区的村庄搬迁，也为企业塌陷区治理解决部分资金短缺的问题。目前，水库建设已得到淮南市政府批准，正报省政府批复。

5）发展清洁能源，建设光伏发电项目。2015年，安徽省积极探索水面光伏发电，促进两淮采煤沉陷区绿色发展，组织编制了《两淮采煤沉陷区国家先进技术光伏示范基地规划》，规划2016~2018年建设320万千瓦水面光伏电站。[①] 淮南矿区遵循设计规划，积极吸引投资，充分利用工矿业废弃广场及采煤塌陷区水面大力发展光伏发电项目。目前，淮南矿业集团利用废弃工业广场土地已建成李一、孔李光伏发电项目，投资建设规模为24MW光伏发电站，总投资2.2亿元。顾桥煤矿在采煤沉陷区形成的水面上建设了全球最大、由阳光电源股份有限公司承建的150MW水上漂浮光伏电站项目。目前，该项目已完成大部分投资建设。此项目成功运营，将会兼顾社会效益和经济效益，对地方经济、社会稳定发展，自然环境改善具有重要意义。

（2）产业转型效果

淮南矿区采煤沉陷区经过十几年生态修复和治理，现已初具成效，利用矿业废弃地及塌陷水域建设的光伏发电项目等也取得了很大的社会效益和经济效益。

1）城市生态环境得到改善。通过对资源枯竭矿区的综合治理，淮南资源枯竭矿区面貌焕然一新，土地得到开发利用，区域价值重新得到体现，淮南城市土地利用水平和城市经济质量得到很大提高，报废矿井沉陷区变成了一个集"山、水、林、居"为一体的、优美宜人的生态乐土。老龙眼水库生态修复区、洞山山林生态修复区、大通湿地生态修复区三个"精品区"已成为淮南市民休闲娱乐的好去处。城市形象得到很大改善，城市更具魅力，也吸引了更多的外来投资，淮南成为一个富有魅力的投资乐土。

2）接续替代产业得到发展。泉大资源枯竭矿区生态修复项目区周边地块已成功开发了生态新城绿茵里、松石居、水云庭、清水湾等众多房地产项目。潘一矿采煤塌陷区生态修复项目共投资5280万元，治理面积3000亩，已建成集"湿地生态、果木种植、家禽养殖、休闲度假"为一体的产业业

---

① 《安徽省探索水面光伏发电促采煤沉陷区绿色发展》，中安在线网，2016年3月30日，http：// ah. anhuinews. com/system/2016/03/30/007283822. shtml，最后访问时间：2018年7月15日。

态，探索出了一条废弃矿区可持续发展的循环经济产业发展模式。这些产业在带来经济效益和生态效益之外，还产生了良好的社会效益。通过公司加农户的农业经营模式，推进现代生态农业的综合开发，不仅增加了就业机会，而且保障了失地农民的收入来源，解决了失地农民生活出路和居住搬迁问题。图2－12为潘一创大生态园一角。

3）清洁能源产业效益明显。李一、孔李矿光伏发电项目，装机容量达2.36万千瓦，[①] 目前已并网发电，日发电量10万千瓦·时。在潘集区采煤塌陷区、废弃地和河湖滩地发展的渔光互补、农光互补等多种新型光伏业态项目全部建成以后，年发电量约1.5亿千瓦·时清洁电力，在发电效益上，相当于支撑国家17.64亿元的GDP，年营业额约1.2亿元，年纳税约2500万元。[②] 顾桥水面漂浮光伏电站项目，装机容量150MW，是纯水面开发项目（见图2－13）。该项目全部投用后，年均可生产洁净电能15375万千瓦·时，产值约1.2亿元。根据电力折标系数估算，平均每年可减少使用5.38万吨的标准煤，减少13.53万吨的 CO_2 排放量。该项目有偿使用村民土地，一定程度上提高了村民收入水平，同时解决了部分农村剩余劳动力的就业问题。

图2－12　潘一创大生态园一角

资料来源：笔者拍摄。

---

① 《光伏电站落户淮南矿业塌陷区》，安徽网，2016年5月25日，http://www.ahwang.cn/city/hn/fouce/20160525/1523845.shtml，最后访问时间：2018年7月16日。

② 《安徽淮南潘集全球最大水面漂浮光伏电站六月竣工》，北极星太阳能光伏网，http://guangfu.bjx.com.cn/news/20180428/894836.shtml，最后访问时间：2018年7月17日。

图 2 – 13　顾桥水面漂浮光伏电站项目

资料来源：笔者拍摄。

（五）徐州矿区

1. 徐州矿区简介

徐州矿区位于江苏省西北部，与鲁南、皖北、豫东相邻，是徐州煤田的一个组成部分。徐州煤田包括徐州矿区和丰沛矿区两个组成部分，其东起徐州市贾汪区，西至苏皖边界，总面积 2094 km²。徐州矿区范围涉及铜山区、徐州市九里区、贾汪区和徐州经济技术开发区，总面积达 1400km²，总人口约为 42 万人。矿区内煤炭资源丰富，可开采煤层为 1、2、3、7、8、9、17、20、21 煤，煤层最厚达 6.7m，最薄可采煤层为 0.5m，采深从 – 500m 至 – 1200m 不等，是全国重要的煤炭基地之一。徐州煤矿开采历史悠久，至今已有 120 多年的开采历史。20 世纪 80 年代，徐州矿区内分布着几十座上百万吨的大型煤矿，小煤矿更是星罗棋布。作为全国 95 个地级老工业基地之一和江苏省唯一的煤炭生产基地，几十年来，徐州矿区为江苏和徐州的经济发展做出了巨大贡献。

2. 徐州矿区产业转型前可利用资源及现状

随着煤炭资源的日渐枯竭，徐州矿区煤炭采掘业辉煌不再，长期的煤炭开采不仅给徐州造成了严重的重工业污染，而且散落在徐州周边大小不一的塌陷地也使整个矿区变得满目疮痍，徐州的社会、经济、生态安全问题越来越突出，针对矿区塌陷情况，合理利用废弃矿区塌陷区的有效资源进行矿区生态治理和产业转型迫在眉睫。

（1）徐州矿区采煤塌陷地情况

徐州矿区经过长年的煤矿开采，区内存留着大面积的采煤塌陷地，主要分布在徐州市贾汪区、铜山区、九里区、沛县和徐州经济开发区五个县区。从总体分布区域来看，徐州矿区采煤塌陷地主要分布在徐州主城区周边的城乡接合部。该区域生态环境较为脆弱且社会复杂因素较多，而且由于采煤塌陷地数量庞大，随着城市的发展，城区面积不断扩大，采煤塌陷地逐渐和城区连接起来，形成对徐州城区半环绕的格局，给城市的健康稳定发展带来了一系列问题。截至 2009 年，徐州矿区内有不同程度的塌陷地 16133hm^2。其中，已成功治理 4517hm^2，仅占总量的 28%，其余部分中，土地未沉稳3065hm^2，占 19%，沉稳未治理和已治理但由于各种原因需要二次治理的分别为 6776hm^2 和 1775hm^2，所占比例分别为 42% 和 11%。除此之外，煤矿开采每年仍将有 330hm^2 新增塌陷地。[①] 另外，徐州矿区及周边大多属于高潜水位地区，一般地表以下 1～1.5 m 即可到达潜水位，在地表塌陷达到一定程度后，会形成大面积的连片积水区。据统计，徐州矿区采煤塌陷地有 15%左右的区域是常年积水区，有 30% 左右属于季节性积水区。由于采煤前缺乏合理的处理及规划措施，大量采煤塌陷地处于植被破坏、生态污染的荒废状态。

（2）徐州矿区产业转型可利用资源

1）交通便利、区域位置优越。徐州矿区所在城市徐州市处于苏、鲁、豫、皖四省交界区域，"东襟淮海，西接中原，南屏江淮，北扼齐鲁"，素有"五省通衢"之称。在全国区域经济格局中，其处于东部沿海开放和中西部开发的连接带、长江三角洲与环渤海湾两大经济板块的接合部。区域内京沪、陇海两大铁路在此交汇，京杭大运河依城而过，高速公路四通八达，北通京津，南达沪宁，西接兰新，东抵海滨。从古至今，一直都是全国连接东西南北经济的节点和重要的水陆交通枢纽。

2）完整的产业体系、良好的经济市场。徐州工业经济起步较早，其依托煤炭产业发展，在早期已经具备较为完整的工业体系。采矿、装备制造业、煤电产业、煤盐化工等重工业一直是支撑徐州经济发展最主要的工业产

---

① 林祖锐、常江：《城乡统筹下徐州矿区塌陷地生态修复规划研究》，《现代城市研究》2009年第 10 期，第 91～95 页。

业。同时，食品及农副产品加工业、冶金及建材产业等也在徐州国民经济发展中起到了举足轻重的作用。工业的良好发展带动了整个徐州地区经济的腾飞。徐州工业经济基础不仅为煤炭产业的转型提供了广阔的市场，同时也为该矿区产业产型提供了各行各业经营发展的信息、人才等条件。总体来说，作为待转型发展的老工业基地，徐州完整的产业体系、良好的经济市场为各种产业的转型发展提供了坚实支撑。

3）丰富的矿区塌陷地土地资源。煤炭区废弃地按生态影响类型可以划分为生态破坏区和生态影响区。生态破坏区是指地表土地受到直接破坏较难以利用的区域；生态影响区是指生态系统间接受到煤炭塌陷影响的区域。无论生态破坏区还是生态影响区，对于矿业废弃地的重新开发利用来说，都是潜在的可利用土地资源。对于存在大量采煤沉陷地的徐州矿区，通过对沉陷稳定的地块进行煤矸石填充、土地平整化及地基压实坚固可以获得大量可利用土地资源。根据生态影响分析，到 2010 年，徐州矿区存在已利用、可利用和未稳沉土地分别为 6.6 万亩、20.9 万亩和 4.5 万亩。[①] 根据对徐州煤炭区废弃地分片区地理区位、土地利用现状和社会经济发展效益评价，这些土地资源在矿区产业转型中可以得到充分利用。

3. 徐州矿区产业转型措施及效果

（1）产业转型措施

1）政府积极扶持，加强国际合作。为解决采煤塌陷废弃土地问题，徐州国土资源局首先提出了"矿地统筹"的发展理念，该理念的提出为徐州市产业转型发展提供了充足的土地资源，为后续矿业废弃地生态修复与环境保护、基础设施建设、产业结构调整、科技成果转化等方面奠定了坚实基础。另外，徐州还学习借鉴国外资源型矿区产业转型成功经验，积极寻求国外合作。2009 年 1 月，徐州政府与德方签署了共建徐州生态示范区项目框架协议。该协议的签订不仅给徐州在改造老工业区、修复生态环境、升级传统产业等领域提供了丰富的成功经验，同时也为德国北威州企业参与、投资

---

① 拾少军：《煤炭区废弃地土地再利用模式与低碳效益研究》，博士学位论文，南京大学，2010。

中国生态环保建设提供了平台。①

2）重视生态修复，打造旅游城市。鉴于徐州矿区采煤塌陷地数量较多、面积较大，徐州在采煤塌陷土地的治理上不仅注重物理形态的恢复，也更加重视对生态的恢复，特别是对大气、水环境、土壤环境的生态修复。除此之外，在土地修复、生态治理的基础上，徐州还充分利用工矿废弃地、塌陷地等区位和自然资源条件进行景观再造，充分挖掘其旅游潜力，把采煤塌陷区打造成国家旅游景区，发展旅游业。遵循这个思路，徐州先后建设了九里湖、潘安湖、珠山宕口遗址公园等示范工程，积极组织培训原住址的农民从事旅游服务业，转变了经济发展方式，带动了地区经济发展。

3）建设工业园区，推动产业结构优化升级。徐州煤矿废弃区的土地资源尤为宝贵，徐州通过矿与城的联动，把转型点动起来，并给予一定的特殊政策扶持，建设煤炭企业转型特色工业园区等，引导煤炭企业以技术创新推动产业结构调整，以产品结构调整带动管理创新和产业创新，通过发展循环经济，延长产业链，孕育和发展新产业，完成煤炭产业的接替与转型。② 与此同时，发展新兴工业园区和现代服务业园区，全力发展新兴产业，占领服务业高地，积极构建具有全球知名度的装备与智能制造基地、新能源产业基地，在推动现代服务业发展上，重点突破现代物流、金融服务、服务外包三大产业，全面推动产业结构优化升级。

（2）产业转型效果

从"一城煤土半城灰"到"一城青山半城湖"，徐州，这座百年煤城，近年来通过采煤塌陷区治理，大力实施产业、城市、生态转型，实现了生态环境由灰到绿、城市功能由弱到强、人民生活由安居到宜居、产业层次由低到高、经济总量由小到大的华丽转变。

1）采煤塌陷地治理效果显著。在徐州市"矿地统筹"发展理念的引领下，徐州积极加强采煤塌陷地的治理，采取了包括工矿废弃地的复垦利用以及采矿区直接建设再利用等措施。从 2008 年到现在，徐州市区通过

---

① 《徐州全方位转型：百年煤城迈向服务业高地》，第一财经网，2017 年 10 月 16 日，https://www.yicai.com/news/5355881.html，最后访问时间：2018 年 7 月 16 日。

② 陈引亮、朱亚平等：《徐矿集团的矿区工业生态经济建设与可持续发展》，《采矿技术》2006 年第 3 期，第 78～82 页。

复垦置换和建设利用，盘活了 15 万亩采煤塌陷地，为徐州矿区经济建设提供了丰富的土地资源和充分的发展空间。如果按徐州市人均耕地为 0.91 亩来算，现在徐州已经有 15 万左右的农民在原有的塌陷地上从事服务业等其他产业。同时，"矿地统筹"的发展理念也使徐州市主城区面积从原来的 120 km² 扩大到现在的 285 km²，实现了生态效益和经济效益的双赢。

2）生态环境得到改善，旅游服务业蓬勃发展。积极的土地修复和生态环境治理使徐州的城市面貌大为改善，徐州先后获得了"国家森林城市""国家生态园林城市"等荣誉称号。作为贾汪区的一张亮丽名片和徐州"后花园"。江苏省单体投资最大的一宗土地整理项目——潘安湖湿地公园景区已经成为第 13 批国家级水利风景区。同时，充分利用塌陷修整区发展的温室大棚、养鱼、食用菌等农业观光项目实现了近两万人就业，旅游业逐渐成为徐州经济增长的新亮点。自 2010 年以来，徐州旅游收入年均增长 16.4%。另外，生态环境的极大改善也在徐州转型发展、招商引资、吸引人才方面发挥了重大作用。

3）矿区产业结构得到优化升级。目前，徐州矿区已基本完成衰退产业退出和新兴产业接替的目标，装备制造业、能源产业和旅游业等各类接续产业渐具规模。如贾汪区利用 5000 亩工矿废弃地和采煤塌陷地先后建设了贾汪电厂、东方热电厂、森宇钢铁等接替产业项目，创造了可观的经济效益和社会效益。[①] 同时以景区旅游为重点带动的现代农业、餐饮业等大规模产业服务链为周边 3000 多名村民提供了创收增收机会。而泉山经济开发区作为徐州采煤塌陷区上拔地而起的新的经济技术开发区，目前已引进上市企业 7 家、重大产业和功能性项目 15 个，包括通用航空制造产业园项目、徐州综合物流园项目、永嘉科技园项目、永宁汽车博览园项目等，总投资额达 206 亿元，新增就业岗位 17400 个。[②] 泉山经济开发区也成为徐州矿区转型升级的典范。

---

① 《贾汪区采煤塌陷地治理经验做法及思路》，贾汪区人民政府网，2017 年 12 月 27 日，https://www.xzjw.gov.cn/Item/71129.aspx，最后访问时间：2018 年 7 月 18 日。

② 王琼杰：《矿地融合：矿城转型升级的徐州实践》，《中国矿业报》2017 年 6 月 30 日，第 1 版。

（六）　模式特点分析

如前文所述，从国外的德国鲁尔、法国洛林工业区和国内的淮南、徐州矿区产业转型成功案例中可以看出，对于矿业废弃矿地的产业转型发展，各地区产业转型发展过程及措施虽不尽相同，但整体都是在废弃地的生态修复和治理改造的基础上，政府合理规划和引导进行产业转型。从实施措施来看，一是利用遗留工业遗迹及采煤塌陷地等资源，因地制宜发展各种类型的旅游产业，二是依托原有工业基础及优势产业，大力发展接续替代型工业和新兴产业。具体来说，它们又都是从与时俱进的动态产业架构入手，针对不同产业的发展情况来进行轻重缓急的战略性安排，以传统产业内的企业改造和转型及发展高新技术产业为重点，以科技进步、技术创新及其成果的应用为支撑，实现产业能级及其结构的提升，最终形成整个区域经济与产业的快速、高效、可持续发展的格局。

总结国内外这四个地区的产业转型模式，初步得出以下特点。

（1）生态修复治理为先

德国鲁尔区、法国洛林工业区和湖北的黄石矿区在进行产业转型之前，首先注重对城区面貌的改善和治理，使满目疮痍的工业区变成了宜居的旅游区。而淮南、徐州矿区更重视采煤沉陷区的综合治理和合理利用，让塌陷地重新恢复往日生机。对于资源枯竭型矿业废弃地来说，其无论采取哪种生态修复治理方式，都是该地区实施产业转型、促进区域经济良好发展的第一步，也是为转型做好充分准备、打好坚实基础的一步。生态修复治理后，不仅大量宝贵的土地资源可以重新得到合理利用，而且环境改善、城市宜居将吸引更多的人在该地区投资、就业，进一步为产业转型发展提供长足动力。

（2）合理利用资源优势

由于资源型矿业废弃地在基础条件、区位优势、资源禀赋等方面存在差异，资源型矿业废弃地实现产业成功转型不是千篇一律，也不能一蹴而就。应根据各工矿区及周边城市经济发展特点，有效、合理地利用其优势产业及资源，发挥废弃地最大潜力与价值，助推该地区产业结构快速优化和升级，为经济发展注入新鲜动力。如德国鲁尔和湖北黄石在重点发展其他新兴产业的同时，利用丰富的工业遗迹着重发展工业旅游，取得了很好的效果。国内淮南、徐州矿区另辟蹊径，加强采煤沉陷区修复治理，也探索出一条生态观光旅游和清洁能源发展之路，充分显现出良好的生态效益、经济效益和社会效益。

（3）矿、城统筹协同转型发展

分析前文国内外产业转型成功案例，不难发现，在讨论矿业废弃地产业转型问题上不能单独研究矿区，而应将矿区与城市作为一个关联体进行探讨。德国鲁尔区是这样，中国的湖北黄石和淮南矿区也是如此。历史上有大多数工业城市都是因矿而生，但矿区与城市的发展却是相对独立、相互作用的。政府追求城市经济发展，企业追求短期效益，而居民追求的是舒适的居住环境。[①] 长期的利益矛盾逐渐导致地区经济结构发展失调，生态环境遭到破坏。所以，关于矿业废弃地的产业转型，应更多地发挥当地城市或周边城市政府的主导作用，将矿区纳入城市中远期规划发展中，实现矿区和城市统筹协同发展，构建生态经济绿色发展之路。

[①] 罗萍嘉、刘茜：《徐州市"矿·城"协同生态转型规划策略研究》，《中国煤炭》2017年第12期，第5~10、15页。

第三章 我国煤炭主采区典型省区矿业废弃地生态开发模式分析

本章第一部分主要介绍五大煤炭主采区的划分、五大分区原煤产量及煤炭开采状况;第二部分介绍了矿业废弃地产业转型的研究方法及体系构建;第三部分以五大煤炭主采区典型省份为代表,分析研究了矿业废弃地产业转型的不同模式。

一 煤炭主采区五大分区概况

(一)煤炭生产区域划分

煤矿在我国 28 个省(直辖市、自治区)、1264 个县均有分布,占我国县级行政区划的 44.2%。按照以下三个原则对我国煤炭生产区域进行划分。1)开采地质条件相似性原则。通过对中国地质构造背景及其对煤田地质特征的控制作用分析,找寻区划单元的相似性。2)煤矿灾害基本特征一致性原则。分析、总结各主要矿区灾害发生的起因,找寻其内在联系,主要煤矿灾害特征基本一致。3)行政区划原则。根据综合开采地质条件、主体采煤技术、实际灾害状况、市场供给能力和行政区划等因素,将全国划分为晋陕蒙宁甘区、华东区、东北区、华南区和新青区五大产煤区。[①]

根据国土资源部《2017 年矿产资源报告》,截至 2016 年底,按照我国

---

① 谢和平、王金华等:《煤炭开采新理念——科学开采与科学产能》,《煤炭学报》2012 年第 7 期,第 1069~1079 页。

煤炭资源分布的五大区进行统计，我国新增煤炭查明储量 606.8 亿吨，煤炭查明资源总储量 15980 亿吨，增长了 2.0%。[1] 根据国家统计局、中国煤炭工业协会相关资料，整理得到 2016～2017 年五大产煤区原煤产量，如图 3－1 所示。由图可知，2016～2017 年全国 28 个省份（不含港澳台）煤炭产量为 647158 万吨，晋陕蒙宁甘区占比最大，生产原煤 468867.9 万吨，达到 72.45%。华东区、华南区、新青区和东北区产量分别为 88453.9 万吨、33770.5 万吨、34030.6 万吨和 22035.1 万吨，分别占全国总产量的 13.67%、5.22%、5.26% 和 3.40%[2]。

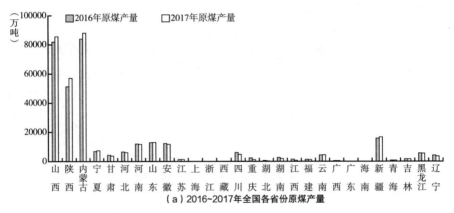

（a）2016~2017年全国各省份原煤产量

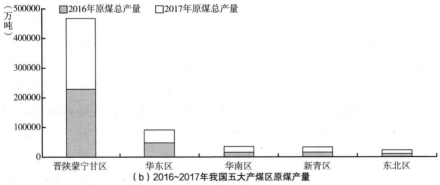

（b）2016~2017年我国五大产煤区原煤产量

① 中华人民共和国自然资源部：《中国矿产资源报告 2017》，2017 年 10 月 17 日，http：//www.mlr.gov.cn/sjpd/zybg/2017/201710/t20171017_1629179.htm，最后访问时间：2018 年 7 月 4 日。

② 国家统计局：《分省年度数据》，http：//data.stats.gov.cn/easyquery.htm？cn＝E0103，最后访问时间：2018 年 7 月 4 日。

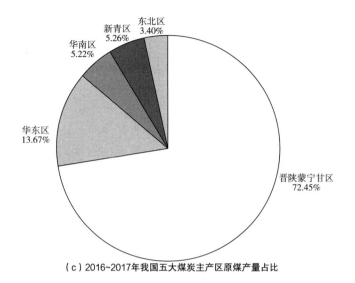

（c）2016~2017年我国五大煤炭主产区原煤产量占比

图 3－1　2016～2017 年五大产煤区原煤产量

资料来源：根据国家统计局、相关资料整理而得。

（二）五大分区煤矿开采情况

1. 华东区——限制开采区

华东区查明煤炭资源量 1191.35 亿吨，由于近几十年来的大规模开采，华东地区的浅部煤炭资源已近枯竭，煤炭开采逐渐向深部延伸，许多大型矿区的开采或开拓延伸的深度目前均已超过 800m，部分矿井甚至超过 1000m。我国目前采深超过 800m 的 111 对深部煤矿中，华东区占 82 对。由于深部巷道地应力高、采动影响强烈，随着开采深度的增加，冲击地压、煤与瓦斯突出等动力问题频发，[①] 突水及顶板灾害更趋严重。华东区已被列为我国煤炭限制开采区域，2014 年华东区煤炭产能为 7.65 亿吨，2015 年原煤产量为 5.76 亿吨。

2. 晋陕蒙宁甘区——重点开发区

晋陕蒙宁甘区煤炭资源具有三大优势——数量多、质量好、条件优，是

[①]　袁亮、张农等：《我国绿色煤炭资源量概念、模型及预测》，《中国矿业大学学报》2018 年第 1 期，第 1～8 页。

我国煤炭资源的富集区、主要生产区和调出区。该区查明煤炭资源量8947.74亿吨,目前已利用资源量2581.84亿吨,尚未利用资源储量中勘探资源量为1548.69亿吨,详查资源量为2356.50亿吨。2014年该区产能为32.78亿吨,2015年产量为26.1亿吨。

晋陕蒙宁甘区致灾因素少,但部分区域存在高瓦斯突出煤层。其中石炭—二叠纪主要煤矿区瓦斯含量及矿井瓦斯涌出量较高,侏罗纪、三叠纪瓦斯含量较低。随着开采深度的增加,瓦斯突出矿井会相应增多。同时,该区处于我国北部干旱半干旱地区,降雨量少,水资源相对匮乏,环境容量较小。植被覆盖率高的区域高强度的煤矿开发,导致地表沉陷、耕地退化、水体污染等危及矿区生活的问题,煤炭资源的开发破坏了原有的地下水分布体系,给生态环境治理修复带来巨大的困难。

3. 东北区——收缩退出区

东北地区经过一个多世纪的高强度开采,现保有煤炭资源赋存条件普遍较差,开采深度大,很多矿井瓦斯、水、自然发火、冲击地压等多种灾害并存,治理难度大,东北区煤炭开采处于收缩退出区。2014年东北区产能为2.65亿吨,2015年产量为1.65亿吨。

从市场供应主体分析,东北地区煤炭市场供应主体除了本地煤炭企业外,还有来自内蒙古东部、俄罗斯远东地区、朝鲜等外部市场的优质煤炭;从市场需求看,东北地区产业过去以重工业为主,煤炭消耗量大,在经济放缓的大背景下,粗放式经济结构正谋求产业转型,对煤炭需求量必然降低。[①]

4. 华南区——限制开采区

华南区保有资源量1115.52亿吨,绝大多数分布于川东、贵州和滇东地区。该区煤炭资源赋存条件普遍较差,尽管经过多年的整顿关闭,小煤矿仍然较多,绝大多数矿井无法达到安全生产机械化开采程度的要求。2014年该区产能为6.8亿吨,2015年产量为1.85亿吨。

5. 新青区——资源储备区

新青区煤炭资源丰富,该区煤炭资源保有量2517.38亿吨,绝大多数煤

---

① 蓝航、陈东科等:《我国煤矿深部开采现状及灾害防治分析》,《煤炭科学技术》2016年第1期,第39~46页。

炭资源分布在北疆地区，北疆煤炭保有量 2097.85 亿吨，占比 83.33%。在"十二五"期间新疆被确定为我国第 14 个集煤炭、煤电、煤化工为一体的大型综合化煤炭基地。新疆地区的准东、三塘湖、淖毛湖、大南湖、沙尔湖、野马泉等大煤田多为巨厚煤层赋存条件，青海地区煤田多赋存于青藏高原冻土环境，部分煤田还和三江源、湿地等保护区重叠。2014 年新青区产能为 3.8 亿吨，2015 年产量为 1.44 亿吨。

新青区工业基础薄弱，煤炭资源就地利用难度大，外运距离长、成本高，该区地处我国北部干旱半干旱生态大区，降雨量少，植被率极低，水资源极其短缺，生态环境恶劣。在目前我国煤炭产能已经过剩的背景下，作为资源储备区暂缓开发。

二 研究方法与体系构建

(一) 研究方法

1. 因子分析和主成分分析法

因子分析（Factor Analysis）的基本思想是根据相关性大小把原始变量分组，每组变量代表一个基本性结构，这个结构就称为共因子。[1] 然后，从研究相关矩阵内部的依赖关系出发，把一些具有错综复杂关系的变量（指标）归结为少数几个综合因子，是一种多变量统计分析方法。[2]

主成分分析法是霍特林在 1933 年提出的，它主要是利用"降维"的思想来对变量进行处理，在实际科学研究中会出现变量繁多而且具有相关性的问题，主成分分析法通过一定的方法将较多的变量转化成少数几个综合性的新变量，从而使问题得到解决，对于这些新的变量或者指标，我们称为主成分。[3]

---

[1] 孟凡宇、吴群英：《辽宁城市发展的因子聚类分析》，《现代经济》2007 年第 8 期，第 43 ~ 45 页。

[2] 杨坚争、郑碧霞等：《基于因子分析的跨境电子商务评价指标体系研究》，《财贸经济》2014 年第 9 期，第 94 ~ 102 页。

[3] 彭宇文、田珂源：《基于全局主成分分析的湖南省各地级市经济增长质量评价》，《湖南工业大学学报》（社会科学版）2018 年第 4 期，第 14 ~ 18、50 页。

（1）因子分析的相关概念

1）因子载荷

在因子变量不相关的条件下，a_{ij}就是第 i 个原始变量与第 j 个因子变量的相关系数。a_{ij}绝对值越大，则 X_i 与 F_i 的关系越强。

2）变量的共同度（communality）

也称公共方差。X_i 的变量共同度为因子载荷矩阵 A 中第 i 行元素的平方和 $h_i^2 = \sum_{j=1}^{k} a_{ij}^2$，可见，$X_i$ 的共同度反映了全部因子变量对 X_i 总方差的解释能力。

3）因子变量 F_j 的方差贡献

因子变量 F_j 的方差贡献为因子载荷矩阵 A 中第 j 列各元素的平方和 $S_j = \sum_{i=1}^{p} a_{ij}^2$，可见，因子变量 F_j 的方差贡献体现了同一因子 F_j 对原始所有变量总方差的解释能力，S_j/p 表示了第 j 个因子解释原所有变量总方差的比例。

（2）因子分析的基本步骤

1）确认待分析的原始变量是否适合作因子分析；

2）构造因子变量；

3）利用旋转方法使因子变量具有可解释性；

4）计算每个样本的因子变量得分。

（3）因子分析的数学模型

数学模型（x_i 为标准化的原始变量；F_i 为因子变量；$k < p$）

$$\begin{cases} x_1 = a_{11}f_1 + a_{12}f_2 + a_{13}f_3 + \cdots + a_{1k}f_k + \varepsilon_1 \\ x_2 = a_{21}f_1 + a_{22}f_2 + a_{23}f_3 + \cdots + a_{2k}f_k + \varepsilon_2 \\ x_3 = a_{31}f_1 + a_{32}f_2 + a_{33}f_3 + \cdots + a_{3k}f_k + \varepsilon_3 \\ \cdots\cdots \\ x_p = a_{p1}f_1 + a_{p2}f_2 + a_{p3}f_3 + \cdots + a_{pk}f_k + \varepsilon_p \end{cases} \tag{3-1}$$

也可以矩阵的形式表示为：

$$X = AF + \varepsilon \tag{3-2}$$

其中，F：因子变量；

A：因子载荷阵；

a_{ij}：因子载荷；

ε：特殊因子。

（4）主成分分析的基本步骤

1）将原始数据标准化；

2）计算变量间简单相关系数矩阵 R；

3）求 R 的特征值 $\lambda_1 \geqslant \lambda_2 \geqslant \lambda_3 \geqslant \cdots \lambda_p \geqslant 0$ 及对应的单位特征向量 μ_1，μ_2，μ_3，$\cdots$，μ_p；

4）得到：$y_i = u_{1i}x_1 + u_{2i}x_2 + \cdots + u_{pi}x_p$。

（5）因子变量的命名解释

1）发现：a_{ij} 的绝对值可能在某一行的许多列上都有较大的取值，或 a_{ij} 的绝对值可能在某一列的许多行上都有较大的取值。

2）表明：某个原有变量 x_i 可能同时与几个因子都有比较大的相关关系，也就是说，某个原有变量 x_i 的信息需要由若干个因子变量来共同解释；同时，虽然一个因子变量可能能够解释许多变量的信息，但它只能解释某个变量的一小部分信息，不是任何一个变量的典型代表。

3）结论：因子变量的实际含义不清楚。通过某种手段使每个变量在尽可能少的因子上有比较高的载荷，即在理想状态下，让某个变量在某个因子上的载荷趋于1，而在其他因子上的载荷趋于0。这样，一个因子变量就能够成为某个变量的典型代表，它的实际含义也就清楚了。

2. 灰色关联分析法

关联度是事物之间、因素之间关联性大小的量度。它定量地描述了事物或因素之间相互变化的情况，即变化的大小、方向与速度等的相对性。如果事物或因素变化的态势基本一致，则可以认为它们之间的关联度较大，反之，关联度较小。对事物或因素之间的这种关联关系，虽然用回归、相关等统计分析方法也可以做出一定程度的回答，但往往要求数据量较大，数据的分布特征也要求比较明显。而且对于多因素非典型分布特征的现象，回归相关分析的难度常常很大。相对来说，灰色关联度分析所需数据较少，对数据的要求较低，原理简单，易于理解和掌握，对上述不足有所克服和弥补。[①]

[①] 赵国瑞、崔庆岳等：《基于广义灰色关联度和 TOPSIS 模型的院校评价因素分析》，《齐齐哈尔大学学报》（自然科学版）2018 年第 5 期，第 78~81 页。

灰色系统理论是我国著名学者邓聚龙教授1982年创立的一门新兴横断学科，以"部分信息已知，部分信息未知"的小样本、贫信息不确定性系统为研究对象，主要通过对部分已知信息的生成、开发，提取有价值的信息，实现对系统运行行为的正确认识和有效控制。灰色关联分析法是灰色系统理论中用来进行系统分析、评估和预测的方法，是根据行为因子序列的微观或宏观几何相似程度来分析和确定因子间的影响程度或因子对主行为的贡献测度。[①]

灰色关联分析法一般包括下列计算步骤。[②]

（1）确定比较数列（评价对象）和参考数列（评价标准）

设评价对象为 m 个，评价指标为 n 个，比较数列为 $X_i = \{X_i(k) \mid k=1, 2, \cdots, m\}$；$i=1, 2, \cdots, m$；参考数列为 $X_0 = \{X_0(k) \mid k=1, 2, \cdots, n\}$。

（2）指标值的无量纲化处理

由于各因素各有不同的计量单位，因而原始数据存在量纲和数量级上的差异，不同的量纲和数量级不便于比较，或者比较时难以得出正确结论。因此，在计算关联度之前，通常要对原始数据进行无量纲化处理。其方法包括初值化、均值化等。

1）初值化。即用同一数列的第一个数据去除后面的所有数据，得到一个各个数据相对于第一个数据的倍数数列，即初值化数列。一般地，初值化方法适用于较稳定的社会经济现象的无量纲化，因为这样的数列多数呈稳定增长趋势，通过初值化处理，可使增长趋势更加明显。比如，社会经济统计中常见的定基发展指数就属于初值化数列。

2）均值化。先分别求出各个原始数列的平均数，再用数列的所有数据除以该数列的平均数，就得到一个各个数据相对于其平均数的倍数数列，即均值化数列。一般说来，均值化方法比较适合于没有明显升降趋势现象的数据处理。

（3）计算灰色关联系数 ξ

$$\xi_{ik} = \frac{\min\limits_i \min\limits_k |X_0(k) - X_i(k)| + \xi \max\limits_i \max\limits_k |X_0(k) - X_i(k)|}{|X_0(k) - X_i(k)| + \xi \max\limits_i \max\limits_k |X_0(k) - X_i(k)|} \qquad (3-3)$$

---

① 杜栋、庞庆华等：《现代综合评价方法与案例精选》，清华大学出版社，2008，第111~139页。

② 刘思峰、谢乃明：《灰色系统理论及其应用》，科学出版社，2008，第44~71页。

式中，ξ是分辨系数，这里取 ξ = 0.5。利用公式计算关联系数 ξ_{ik}（i = 1，2，w，m；k = 1，2，$\cdots$，n），得关联系数矩阵 E。

$$E = \begin{bmatrix} \xi_{11} & \xi_{21} & \cdots & \xi_{m1} \\ \xi_{12} & \xi_{22} & \cdots & \xi_{m2} \\ \vdots & \vdots & \ddots & \vdots \\ \xi_{1n} & \xi_{2n} & \cdots & \xi_{mn} \end{bmatrix} \qquad (3-4)$$

公式 3 - 4 中，n 为数列的数据长度，即数据的个数。从几何角度看，关联程度实质上是参考数列与比较数列曲线形状的相似程度。凡比较数列与参考数列的曲线形状接近，则两者间的关联度较大；反之，如果曲线形状相差较大，则两者间的关联度较小。因此，可用曲线间的差值大小作为关联度的衡量标准。

（4）计算单层次的关联度

考虑到各指标的重要程度不一样，所以关联度计算方法采用权重乘以关联系数的方法，根据变异系数法得到某一层的各指标相对于上层目标的优先权重为：

$$W = (w_1, w_2, \cdots, w_n) \qquad (3-5)$$

公式 3 - 5 中，$\sum_{k=1}^{i} W_k = 1$ 表示该层中的指标个数，则关联度的计算公式是：

$$R = (r_i)_{1 \times m} = (r_1, r_2, \cdots, r_m) = WE \qquad (3-6)$$

（5）计算多层评价系统的最终关联度

对一个由 L 层组成的多层评价系统，最终关联度的计算方法为：将第 k 层各指标的关联系数进行合成，得它们属于的上一层即 k - 1 层各指标的关联度；然后把这一层所得到的关联度作为原始数据，继续合成得到第 k - 2 层各指标的关联度，以此类推，直到求出最高层指标的关联度为止。

（6）根据关联度排出关联序，然后评价分析。

3. 聚类分析法

系统聚类法（Hierachical Clustering Methods）是目前人们使用最多的一种聚类方法。该方法的基本思想是：距离较近的样本先聚成类，距离较远的后聚成类，这个过程一直进行下去，最终每个样本总能聚到合适的类中。[①]

（1）样本的系统聚类过程可以分为以下几个步骤

1）假设总共有 n 个样本，将每个样本各自定义为一类，共有 n 类；

2）选定计算样本之间距离的方法，根据所确定的样本距离公式，把距离较近的两个样本聚合为一类，其他的样本仍各自聚为一类，共聚成 n - 1 类；

3）选定计算类之间距离的方法，将距离最近的两个类进一步聚成一类，共聚成 n - 2 类；

4）以上步骤一直进行下去，最后将所有的样本全聚为一类。

为了直观地反映以上的系统聚类过程，可以把整个分类系统画成一张谱系图，由于最终形成的谱系图形似大树，也被称为树状图，它是进行后续分析的重要依据。

（2）主要算法原理

K-means 算法：K-means 算法接受输入量 k；然后将 n 个数据对象划分为 k 个聚类以便使得所获得的聚类满足，同一聚类中的对象相似度较高，而不同聚类中的对象相似度较小。聚类相似度是利用各聚类中对象的均值所获得的一个"中心对象"（引力中心）来进行计算的。K-means 算法的工作过程说明如下。

1）从 n 个数据对象中任意选择 k 个对象作为初始聚类中心；而对于所剩下其他对象，则根据它们与这些聚类中心的相似度（距离），分别将它们分配给与其最相似的（聚类中心所代表的）聚类。2）计算每个所获新聚类的聚类中心（该聚类中所有对象的均值）；不断重复这一过程直到标准测度函数开始收敛为止。一般都采用均方差作为标准测度函数。

K-medoids 算法：选取一个叫作 mediod 的对象来代替上文所述的中心的作用，这样的一个 medoid 就标识了这个类。计算步骤如下。

1）任意选取 k 个对象作为 medoids（O_1，O_2，…，O_i，…，O_k），以下是循环的。2）将余下的对象分到各个类中去（根据与 medoid 最相近的原则）。

---

① 公丽艳、孟宪军等：《基于主成分与聚类分析的苹果加工品质评价》，《农业工程学报》2014 年第 13 期，第 276～285 页。

3）对于每个类（O_i）中，顺序选取一个 O_r，计算用 O_r 代替 O_i 后的消耗——E（O_r），选择 E 最小的那个 O_r 来代替 O_i，这样 k 个 medoids 就改变了，下面就再转到步骤 2）。4）这样循环直到 k 个 medoids 固定下来。这种算法对于脏数据和异常数据不敏感，但计算量显然要比 k 均值要大，一般只适合小数据量。

4. 熵权法

熵最先是由克劳德·艾尔伍德·香农引入信息论之中进行应用的，熵值理论反映了信息所携带的信息量的大小，可以用来评定各指标在整体中的重要性，某项指标重要性越大，则表明其对决策的作用越大。该方法如今已经在各类工程技术、社会经济、生物学等多个领域内得到了非常广泛的应用。熵权系数法是由各指标分值构成的判断矩阵来确定指标权重的一种客观方法，是一种多目标决策的有效方法，可以综合考虑到多种因素，充分利用评价对象的固有信息，该方法的计算结果更加合理、客观。熵权法的缺点是缺乏指标与指标之间的横向比较，权重依赖于样本，在应用上受限。[①]

（1）熵权法的计算过程

1）数据标准化

标准化公式：

$$X_{norm} = \frac{X - X_{min}}{X_{max} - X_{min}} \tag{3-7}$$

2）求各指标的信息熵

根据信息论中信息熵的定义，一组数据的信息熵：

$$E_j = -\frac{\sum_{i=1}^{n} p_{ij} \times In\, p_{ij}}{In(n)}\, ，其中\, P_{ij} = \frac{X_{ij}}{\sum_{i=1}^{n} X_{ij}} \tag{3-8}$$

---

① 杨力、刘程程等：《基于熵权法的煤矿应急救援能力评价》，《中国软科学》2013 年第 11 期，第 185～192 页。

3）确定各指标权重

根据信息熵的计算公式，计算出各个指标的信息熵为 E_1 , E_2 , E_3 , $\cdots$, E_k 。通过信息熵计算各指标的权重：

$$W_i = \frac{1 - E_i}{k - \sum E_i}, (i = 1, 2, 3, \cdots, k) \tag{3-9}$$

（2）熵权法的作用

1）用熵权法给指标赋权可以避免各评价指标权重的人为因素干扰，使评价结果更符合实际，解决了现阶段的评价方法存在指标的赋权过程受人为因素影响较大的问题。

2）通过对各指标熵值的计算，可以衡量出指标信息量的大小，从而确保所建立的指标能反映绝大部分的原始信息。

（二）数据来源和指标体系构建

1. 数据来源

相关数据主要来源于各省市统计年鉴，以及各省市《2016年国民经济和社会发展统计公报》。对于不同量级或单位的数据，为不影响结论的客观性，本研究首先对数据进行标准化处理。

2. 城市发展水平分类方法

（1）城市发展水平指标体系构建

城市发展水平是衡量一个地区经济、文化等综合实力及现代化水平的重要标志。城市发展水平不同，城市周边关闭或废弃矿井的开发利用方式也不同。

城市发展水平可以由多方面来体现，国内外学者对城市经济发展状况的评价指标体系进行了大量研究，但由于城市经济发展情况本身具有复杂性，相关研究还有待深入。[①] 本研究在遵循客观性、科学性、可搜集性的基础上，分别从经济发展、社会发展和产业发展、教育投入、医疗投入和政府效率等方面，提出了由3个控制层、14个指标层构成的废弃矿地

[①]　丁烨：《基于因子分析和聚类分析的我国各地区城市发展水平研究》，《上海对外经贸大学学报》2015年第5期，第90～96页。

周边城市发展水平评价指标体系（见表3-1）。结合所分析省市的具体特点，在进行城市发展水平评价时，在表3-1的基础上，指标略有调整。

表3-1　城市发展水平评价指标体系

目标层	一级指标	二级指标	
城市发展水平评价指标体系	社会发展	X_1	人口密度(人/平方公里)
		X_2	城镇化率(%)
		X_3	城镇在岗职工平均工资(元)
		X_4	城镇居民养老保险参保比率(%)
		X_5	从业人员占比(%)
	经济发展	X_6	人均生产总值(%)
		X_7	人均固定资产投资(万元/人)
		X_8	城镇居民可支配收入(元)
		X_9	农村居民可支配收入(元)
		X_{10}	人均社会消费品零售额(元/人)
	产业发展	X_{11}	第三产业占比(%)
		X_{12}	工业增加值增速(%)
	教育投入	X_{13}	人均教育费用支出(元/人)
	医疗投入	X_{14}	每万人拥有卫生机构床位数(张)
	政府效率	X_{15}	公共预算支出占生产总值比重(%)
		X_{16}	公共预算收入占生产总值比重(%)

（2）控制层权重划分

由于每个控制层内的指标不同，需考虑各控制层权重大小，熵权法能够客观地反映各项指标值的变化差异程度，为综合评价提供必要的权重系数，评价结果具有较强的可信度。

首先，对各因子进行无量纲化处理，本研究采用极差标准化法，公式如下：

$$X'_{ij} = \begin{cases} (X_{ij} - X_{jmin})/(X_{jmax} - X_{jmin}) & \text{正效应} \\ (X_{jmax} - X_{ij})/(X_{jmax} - X_{jmin}) & \text{负效应} \end{cases} \quad (3-10)$$

式中 X'_{ij} 为标准化后的指标值，X_{ij} 为未处理的原始指标值，X_{jmax} 为标准化处理前某指标的最大值，X_{jmin} 为标准化处理前某指标最小值。在数据的标准化处理完成后，根据信息熵的定义，计算第 j 项控制层的熵值：

$$E_j = -(1/\ln m) \sum_{i=1}^{m} P_{ij} \ln P_{ij}, \text{其中}, j = 1,2,3,\cdots,n,\cdots \qquad (3-11)$$

式中，m 为参评城市数量，n 为评价指标个数，$\ln$ 为自然对数，P_{ij} 的计算公式如下：

$$P_{ij} = X_{ij} / \sum_{i=1}^{m} X_{ij} \qquad (3-12)$$

其中，X_{ij} 为标准化后的指标数据，若 $X_{ij} = 0$，则 $P_{ij} = 0$。为避免公式无意义，定义 $P_{ij} = 0$ 时，$\lim_{P_{ij} \to 0} P_{ij} \ln P_{ij} = 0$，可知，$0 \leqslant E_j \leqslant 1$。之后，通过计算最终得到每个评价控制层的信息熵。计算控制层指标权重，首先利用上文计算出的控制层熵值得出相应的差异性系数，根据定义，差异性系数计算公式如下：

$$G_j = 1 - E_j \qquad (3-13)$$

则第 j 项控制层指标的权重为：

$$W_j = G_j / \sum_{j=1}^{n} G_j \qquad (3-14)$$

得到各控制层指标的权重系数。将各控制层指标的权重系数与各控制层指标排序结果进行加权求和，即得对应项指标的权重系数。公式如下：

$$S_i = \sum_{j=1}^{n} W_j X_{ij}, \text{其中}, i = 1,2,3,\cdots,m,\cdots \qquad (3-15)$$

式中，S_i 为第 i 个城市的集约利用评价值，X_{ij} 为标准化后的第 i 个城市第 j 项指标值，W_j 为对应项指标的权重系数。

（3）基于聚类分析的城市发展水平分类

聚类分析是按照数据本身的结构特征对数据进行分类的一种探索性统计方法。聚类分析的原则是同一类中的个体有较大的相似性，不同类中的个体差异较大，其实质就是按照距离的远近将数据分为若干个类别，使得类别内数据的"差异"尽可能小，类别间"差异"尽可能大。[①]

---

① 张文彤、董伟：《SPSS 统计分析高级教程》，高等教育出版社，2004，第 236~237 页。

3. 可利用资源的识别与潜力评价

矿业废弃地资源识别与潜力评价的指标体系分为三级指标，详见图 3 - 2 和表 3 - 2。

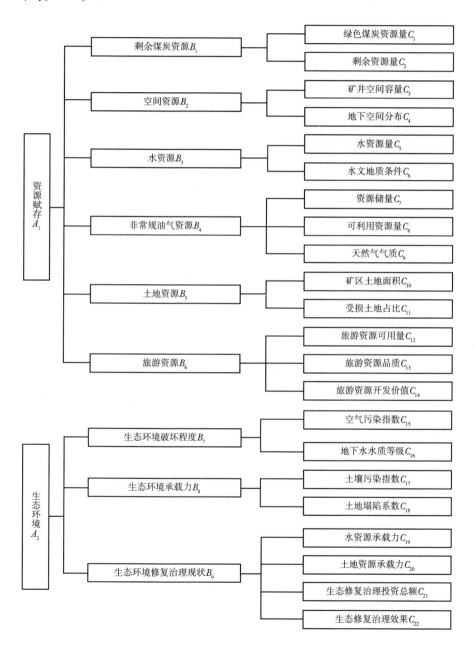

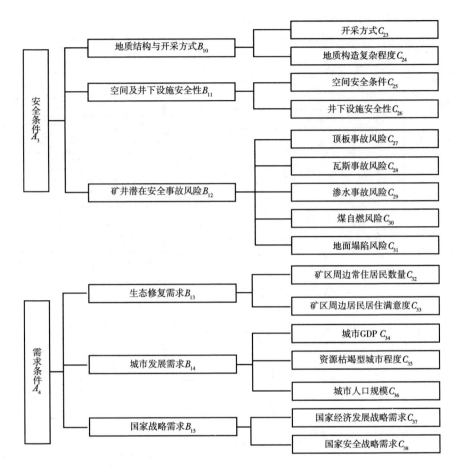

图 3 – 2 矿业废弃地资源识别与潜力评价的指标体系

表 3 – 2 矿业废弃地资源识别与潜力评价

一级指标	二级指标	三级指标	数据采集项
资源赋存	剩余煤炭资源	剩余煤炭资源量	
		煤质	□无烟煤　□烟煤　□褐煤
		埋深（m）	
	非常规油气资源	可采资源量（亿吨油当量）	
		资源质量（天然气、石油资源）	□气质一类/API≥33.1□二类/33.1＞API≥22.3□三类/API＜22.3

126

续表

一级指标	二级指标	三级指标	数据采集项
资源赋存	水资源	矿井涌水量 m³/d	
		矿井水类型	□洁净矿井水 □含悬浮物矿井水 □高矿化度矿井水和酸性矿井水 □特殊污染型矿井水
	土地资源	矿区面积(km²)	
		土地塌陷系数(公顷/万吨)	
	空间资源	地下空间容积(万 m³)	
		地下空间资源质量	□岩土性能好,空间分布集中,开发难度低 □岩土性能一般,空间分布均匀,开发难度一般 □岩土性能差,空间分布分散,开发难度大
	旅游资源	资源要素价值	□观赏游憩使用、历史文化科学艺术价值高,景观珍稀奇特程度、规模、丰度和概率及完整性的评级为高 □评级为较高 □评级为一般 □评级为较低
		资源影响力	□世界范围内知名 □全国范围内知名 □省的范围内知名 □地区范围内知名
生态环境	生态环境破坏程度	积水情况	□无积水 □季节性积水 □常年积水
		土地污染指数	
		水质等级	
		空气质量指数	
	生态环境承载力	生态环境承载力水平(评估生态系统对人类活动的最大承受能力)	□大 □较大 □一般 □较小
	生态环境治理现状	矿山环境治理保证金累计缴存额(万元)	
		土地复垦率	
安全条件	开采方式及地质结构	开采方式	□露天开采 □露天井工联合开采 □井工开采
		地质构造复杂程度	□简单 □中等 □复杂 □极复杂

一级指标	二级指标	三级指标	数据采集项
安全条件	空间及井下设施安全性	空间安全条件	□露天矿边坡稳定性系数 >1.35(井工矿采空区稳定性高,地标移动量小而连续,下沉 <200mm,倾斜 <3%,水平变形 <2%) □1.30 <露天矿边坡稳定性系数 <1.35(井工矿采空区稳定性较高,地标移动量较大而连续,下沉 <300mm,倾斜 <6%,水平变形 <4%) □1.25 <露天矿边坡稳定性系数 <1.30(井工矿采空区稳定性较低,地标移动量大而不连续,下沉 >300mm,倾斜 >6%,水平变形 >4%)
		设施安全条件	□设施稳定性好,设备报废年限≥设计使用年限的60% □稳定性较好,报废年限为设计使用年限的[30% ~60%) □稳定性一般,报废年限为设计使用年限的[10% ~30%) □稳定性较差,报废年限 <设计使用年限的10%
	矿井潜在安全事故风险	煤矿事故灾害数量(件/年)	
		百万吨死亡率	
需求条件	生态修复需求	矿区位置	□城市中心 □近郊中心 □远郊中心
		矿区周边居民居住满意度	
	城市发展需求	城市GDP	
		城市规模	
		煤炭资源枯竭程度(资源枯竭程度系数指资源储量占累计查明储量的比重)	□资源枯竭系数≥80% □80% >资源枯竭系数≥60% □60% >资源枯竭系数≥40% □资源枯竭系数 <40%
	国家战略需求	国家经济发展战略需求、国家安全战略需求	□高 □较高 □一般 □较低 □高 □较高 □一般 □较低

三 典型省区矿业废弃地生态开发模式分析

我国政府制定了一系列法律法规来保障矿业废弃地产业转型工作的开展。1989 年实施的《土地复垦规定》使我国矿业废弃地生态修复工作开始走上法制化道路,明确了"谁破坏、谁复垦"的原则。1998 年国土资源部成立，使我国矿业废弃地生态修复工作更加规范化。2011 年实施《土地复垦条例》，对《土地复垦规定》中不再适用于市场经济发展的条款进行了修订，使相关法律法规更加完善。2013 年国务院发布《全国资源型城市可持续发展规划（2013 ~ 2020 年）》，作为指导全国各类资源型城市可持续发展与产业转型工作开展的依据。[①] 从 1989 年至今，我国对于资源型城市矿业废弃地生态修复与产业转型颁布了众多法律法规，如表 3 - 3 所示，这些法律法规的引导和保障作用使我国矿业废弃地的生态环境恢复与产业转型取得了显著成果。

表 3 - 3　我国矿业废弃地产业转型相关法律法规及实施时间

类型		政策文件
法律		《中华人民共和国矿产资源法》(1986,2009 年最新修订)
		《中华人民共和国土地管理法》(1987,2004 年最新修订)
		《中华人民共和国环境保护法》(1989,2015 年最新修订)
		《中华人民共和国水土保持法》(1991,2011 年最新修订)
		《中华人民共和国煤炭法》(1996,2016 年最新修订)
		《中华人民共和国水法》(2002,2016 年最新修订)
行政法规		《土地复垦规定》(1989,2011 年废止)
		《国务院关于全面整顿和规范矿产资源开发秩序的通知》(2005)
		《国务院关于促进资源型城市可持续发展的若干意见》(2007)
		《国务院关于印发全国主体功能区规划的通知》(2010)
		《土地复垦条例》(2011)
		《中共中央国务院关于全面振兴东北地区等老工业基地的若干意见》(2016)
部门规章	财政部	《关于逐步建立矿山环境治理和生态恢复责任机制的指导意见》(2006)
	国土资源部	《矿产资源规划管理暂行办法》(1999)
		《农业部综合开发土地复垦项目管理暂行办法》(2000)
		《关于加强生产建设项目土地复垦管理工作的通知》(2006)
		《关于加强国家矿山公园建设的通知》(2006)
		《关于组织土地复垦方案编报和审查有关问题的通知》(2007)
		《矿山地质环境保护规定》(2009,2015 年修正)
		《国土资源部关于贯彻落实全国矿产资源规划发展绿色矿业建设绿色矿山工作的指导意见》(2010)
		《土地复垦条例实施办法》(2012)

---

① 中华人民共和国中央人民政府：《国务院关于印发全国资源型城市可持续发展规划（2013 ~ 2020 年）的通知》，http://www.gov.cn/zwgk/2013 - 12/03/content_ 2540070. htm。

类型		政策文件
部门规章	国土资源部	《国土资源部关于开展工矿废弃地复垦利用试点工作的通知》(2012) 《节约集约利用土地规定》(2014) 《历史遗留工矿废弃地复垦利用试点管理办法》(2015) 《关于加强矿山地质环境恢复和综合治理的指导意见》(2016) 《国土资源部办公厅关于做好矿山地质环境保护与土地复垦方案编报有关工作通知》(2016)
	环保总局	《矿山生态环境保护与污染防治技术政策》(2005) 《关于开展生态补偿试点工作的指导意见》(2007)
	国家发展改革委	《关于支持老工业城市和资源型城市产业转型升级的实施意见》(2016) 《老工业城市和资源型城市产业转型升级示范区管理办法》(2016) 《国家发展改革委关于加强分类引导培育资源型城市转型发展新功能的指导意见》(2017)
规划		《全国土地利用总体规划纲要(2006~2020年)》(2008) 《全国矿产资源规划(2008~2015年)》(2009) 《全国土地整治规划(2011~2015年)》(2012) 《全国资源型城市可持续发展规划(2013~2020年)》(2013)
标准		《中华人民共和国行业标准〈土地复垦技术标准(试行)〉》(1995,2013年废止) 《中华人民共和国土地管理行业标准　土地复垦质量控制标准》(2013)

资料来源：根据各相关部委发文统计、整理。

　　矿业废弃地生态修复的管理机构在《土地复垦条例》中明确，由国务院国土资源部主管部门负责全国的土地复垦监管工作，县级以上地方人民政府国土资源主管部门负责本行政区域内的土地复垦监管工作。矿业废弃地土地复垦工作的开展由国土资源部与国家发展改革委、财政部、城乡规划部、铁道部、交通部、水利部、环境保护部、农业部、林业部等多个部门协调配合、指导监督，最终由国土资源部、环境保护部、农业部、林业部等部门验收。[①]

　　本章基于全国五大煤炭主采区的划分，选取各区关闭煤矿较多且具有代表性的省区，结合关闭矿井周边城市发展水平和特点，辨识矿业废弃地可利用资源及发展潜力，综合运用经济学和统计学分析方法，定量分析并提出矿业废弃地产业转型模式，以期为我国关闭矿井及周边土地资源再利用和产业

---

　　① 邓小芳：《中国典型矿区生态修复研究综述》，《林业经济》2015年第7期，第14~19页。

培育提供理论和实践参考。本章对典型省份矿业废弃地转型模式进行分析，华东区关闭煤矿数量较多、退出产能占比较大，故选择河北、河南、安徽、江西四个省份进行研究，晋陕蒙宁甘区选择山西省和内蒙古自治区，东北区选择黑龙江省，华南区选择四川省进行研究，由于新青区关闭煤矿数量较少，本部分暂未涉及。

（一）华东区

1. 河南省

河南省推动供给侧结构性改革政策实施两年来，积极推进煤炭行业化解过剩产能工作，按照部署，截至 2018 年底，河南省计划关闭退出产能 6254 万吨，涉及矿井 256 座（后调整为 258 座），需安置职工 13.63 万人，全省煤炭产能将压减到 1.6 亿吨/年以内。[1]

（1）政策分析

2016 年，河南省国土资源厅发布《河南省生产建设项目土地复垦管理暂行办法》，进一步加强和规范河南省土地复垦管理工作，有效解决当前土地复垦工作中存在的问题，规定在生产、建设活动中已经或可能因挖损、塌陷、压占、临时占用等所损毁的土地，按照"谁损毁，谁复垦"的要求，由进行生产建设活动的单位或个人作为土地复垦法定义务人负责复垦，使其达到可供利用状态。[2]

2017 年，河南省国土资源厅发布《河南省矿山地质环境保护与治理"十三五"规划》和《河南省地质灾害防治"十三五"规划》，提出要全面落实政府在矿山地质环境保护与治理、地质灾害防治工作中的主导地位，各部门要按照职责分工，各负其责，密切配合，做好规划的组织实施。将规划确定的主要任务和重点项目纳入投资计划和预算安排，统筹配置资源，确保规划任务按期完成，加大地质灾害防治力度，加快实施地质

---

[1]　《河南首批关闭 89 座煤矿能化解产能 2215 万吨》，中国经济导报网，2016 年 9 月 19 日，http://www.ceh.com.cn/xwpd/2016/09/992661.shtml，最后访问时间：2018 年 7 月 10 日。

[2]　河南省国土资源厅：《河南省生产建设项目土地复垦管理暂行办法》，http://www.hnblr.gov.cn/sitegroup/root/html/ff8080814d40886d014d4260b9140039/8ce425b4c6034013b2e99fa80008659b.html，最后访问时间：2018 年 6 月 5 日。

灾害综合治理。①

2018 年，河南省发展和改革委员会发布《河南省资源型城市转型发展规划（2017～2020 年）》，引导河南省资源型城市逐步摆脱传统发展模式依赖，加快实现转型升级，根据资源型城市所处的不同阶段，分类选择接续替代产业。目标到 2020 年河南省资源型城市转型发展取得突破性进展，新旧动能转换和产业战略转型加快推进，资源开发向绿色高效转变，多元化体系基本建立，可持续发展的内生动力机制逐步健全。②

（2）关闭矿井概况

关于河南省 2016～2018 年关闭矿井分布情况，研究发现关闭煤矿在地理位置上呈现分片聚集的特点，集中分布于郑州市、洛阳市和平顶山市三市形成的三角形区域内（关闭矿井名单详见附表1）。河南省人口众多，大、中、小城市分布比较均匀，所有关闭的煤矿距大中城市都比较近，依托城市发展特点进行矿业废弃地开发利用的潜在价值较大，综合考虑关闭矿井周边城市的发展水平，提出矿业废弃地开发利用的不同模式。

（3）可利用资源识别和潜力评价

选取河南省关闭煤矿数量较多且在地理位置上相关的 8 个地级市及下辖的 20 个县级市、县共 28 个城市作为研究对象。识别考察城市的可利用资源情况，从资源的赋存条件、生态开发条件、开发安全条件及需求条件等方面评价矿业废弃地产业转型的资源潜力。

（4）城市竞争力综合评价

1）数据来源与处理

研究数据主要来源于河南省统计局、各城市 2016 年国民经济和社会发展公报及《2016 年河南省统计年鉴》③。对于不同量级或单位的数据，为不影响结论的客观性，首先进行标准化处理。

---

① 河南省国土资源厅：《河南省国土资源厅关于印发河南省矿山地质环境保护与治理"十三五"规划的通知》，http://www.hnblr.gov.cn/sitegroup/root/html/ff8080814d40886d014d42542579000c/075e380902294737ab9ca8cbbe76239d.html，最后访问时间：2018 年 6 月 7 日。
② 河南省发展和改革委员会：《关于印发〈河南省资源型城市转型发展规划（2017～2020 年）〉的通知》，http://www.hndrc.gov.cn/ar/20180226000005.htm，最后访问时间：2018 年 6 月 7 日。
③ 河南省统计局：《2016 年河南省统计年鉴》。

2）计算过程

①KMO 检验和 Bartlett 的检验

KMO 统计量是用于检验变量间的相关性是否足够小，是简单相关量与偏相关量的一个相对指数。KMO 统计量取值为 0 ~ 1，其值越大，因子分析的效果越好。KMO > 0.9 时，因子分析效果最好，KMO < 0.5 时，不易做因子分析。本例中 KMO 大于最低标准 0.5，适合做因子分析。Bartlett 球形度检验的显著性概率（P 值）为 0.000，P < 0.01，高度显著，适合做因子分析。KMO 和 Bartlett 的检验结果如表 3 - 4 所示。

表 3 - 4 KMO 和 Bartlett 的检验

取样足够度的 Kaiser-Meyer-Olkin 度量		0.542
Bartlett 的球形度检验	近似卡方	423.564
	df	120
	Sig.	0.000

②提取主成分

主成分结果如表 3 - 5 所示，包括特征根由大到小的排列顺序，各主成分的贡献率和累计贡献率。

表 3 - 5 解释的总方差

单位：%

成分	初始特征值			提取平方和载入			旋转平方和载入		
	合计	方差的	累积	合计	方差的	累积	合计	方差的	累积
1	5.690	35.559	35.559	5.690	35.559	35.559	4.104	25.649	25.649
2	3.044	19.022	54.582	3.044	19.022	54.582	3.397	21.232	46.881
3	2.354	14.715	69.297	2.354	14.715	69.297	3.113	19.459	66.339
4	1.182	7.385	76.681	1.182	7.385	76.681	1.525	9.530	75.870
5	1.098	6.860	83.541	1.098	6.860	83.541	1.227	7.672	83.541
6	0.671	4.194	87.735						
7	0.583	3.645	91.380						
8	0.443	2.767	94.148						
9	0.325	2.034	96.181						
10	0.221	1.379	97.560						

成分	初始特征值			提取平方和载入			旋转平方和载入		
	合计	方差的	累积	合计	方差的	累积	合计	方差的	累积
11	0.174	1.085	98.645						
12	0.094	0.585	99.230						
13	0.068	0.422	99.653						
14	0.032	0.201	99.854						
15	0.020	0.127	99.980						
16	0.003	0.020	100.000						

第一主成分的特征根为 5.690，它解释了总变异的 35.559%，第二主成分的特征根为 3.044，解释了总变异的 19.022%。前 5 个主成分的特征根均大于 1，累计贡献率达到了 83.541%，分别以 F_1，F_2，F_3，F_4，F_5 来表示。

为了使各项指标在各类因子上的解释更加明显，更好地解释各项因子的意义，运用最大方差法对因子载荷进行旋转。经由 SPSS 分析得到的成分得分系数矩阵如表 3-6 所示。

表 3-6　成分得分系数矩阵

指标	成分				
	1	2	3	4	5
人口密度	-0.015	0.018	0.291	-0.085	0.076
城镇化率	0.042	0.224	-0.013	0.004	0.006
从业人员占比	-0.020	0.044	0.173	-0.729	-0.088
第三产业占比	-0.007	-0.156	0.339	-0.168	-0.181
人均生产总值	0.227	0.026	-0.056	0.004	-0.089
工业增加值增速	0.096	-0.287	0.134	-0.177	0.220
城镇居民可支配收入	0.180	-0.075	0.060	0.105	0.097
农村居民可支配收入	0.244	-0.058	-0.037	0.140	-0.088
人均教育经费支出	-0.030	0.038	0.290	-0.083	0.081
城镇养老保险参保比例	-0.047	0.204	0.050	-0.063	0.204
人均社会消费品零售总额	0.208	-0.051	0.104	-0.120	0.023
每万人医疗机构床位数	-0.096	0.264	0.135	-0.117	-0.164
人均固定资产投资	0.054	0.223	-0.095	-0.127	0.149
城镇在岗职工平均工资	-0.014	0.011	0.128	0.329	-0.195
公共预算支出占比	-0.268	0.109	0.118	0.052	0.085
公共预算收入占比	-0.045	-0.017	-0.053	0.035	0.761

将主成分对变量 X_1（人均 GDP）到 X_{16}（人口密度）做线性回归，得到系数的最小二乘估计就是成分得分系数。根据成分得分系数，可以将主成分表示为各个变量的线性组合，计算出主成分得分。然后对河南省 28 个城市的发展水平进行分析及综合评价。本研究可以写出五个主成分的表达式，并计算出结果，相关主成分得分函数如下。其中 a 至 p 为成分得分系数矩阵中各成分对应指标的得分系数，X_1 至 X_{16} 表示标准化后的指标变量。

$$F_1 = a_1 \times X_1 + b_1 \times X_2 + c_1 \times X_3 + \cdots + p_1 \times X_{16}$$
$$F_2 = a_2 \times X_1 + b_2 \times X_2 + c_2 \times X_3 + \cdots + p_2 \times X_{16}$$
$$F_3 = a_3 \times X_1 + b_3 \times X_2 + c_3 \times X_3 + \cdots + p_3 \times X_{16} \quad (3-16)$$
$$F_4 = a_4 \times X_1 + b_4 \times X_2 + c_4 \times X_3 + \cdots + p_4 \times X_{16}$$
$$F_5 = a_5 \times X_1 + b_5 \times X_2 + c_5 \times X_3 + \cdots + p_5 \times X_{16}$$

在计算出河南省 28 个城市每一个主成分得分的基础上，以选定的 5 个主成分变量的方差贡献率作为权数，对 28 个样本城市进行综合评价，计算出综合得分 F：

$$F = 35.56\% \times F_1 + 19.02\% \times F_2 + 14.72\% \times F_3$$
$$+ 7.39\% \times F_4 + 6.86\% \times F_5 \quad (3-17)$$

得出具体计算结果如表 3-7 所示。

根据综合得分 F 进行城市发展水平的排名，如表 3-8 所示。

表 3-7　河南省 28 个样本城市各主成分得分

城市主成分	F_1	F_2	F_3	F_4	F_5	F
郑州市	0.70	0.99	4.44	0.74	0.92	1.21
巩义市	1.46	-0.47	-0.52	0.90	-0.23	0.40
荥阳市	1.79	-0.13	-0.32	-1.13	-0.14	0.47
新密市	1.36	-0.47	0.09	-0.06	-0.58	0.36
新郑市	1.61	-0.72	-0.44	2.23	-0.29	0.52
登封市	1.04	-0.36	-0.01	-1.37	-0.44	0.17
洛阳市	-0.08	-0.05	0.83	0.31	-0.15	0.10
新安县	0.87	-0.30	-0.32	-1.60	0.11	0.09

城市主成分	F_1	F_2	F_3	F_4	F_5	F
宜阳县	-0.86	-0.69	0.10	-0.42	-0.36	-0.48
伊川县	-0.26	-1.01	-0.51	-0.34	4.19	-0.10
汝阳县	-1.31	-0.64	0.43	-1.85	0.09	-0.65
偃师市	1.15	-0.65	0.41	-1.88	-0.73	0.16
平顶山市	-0.89	-0.04	0.33	0.72	-0.37	-0.25
鲁山县	-2.50	-0.29	0.43	0.12	-0.78	-0.93
宝丰县	-0.48	0.14	-0.67	0.07	-1.26	-0.32
郏县	-1.36	-0.48	-0.54	-0.40	0.20	-0.67
汝州市	-0.64	-0.04	0.98	0.01	-1.37	-0.18
新乡市	-0.83	0.09	0.07	0.69	-0.03	-0.22
辉县市	-0.31	-0.30	-0.80	0.95	0.28	-0.20
焦作市	0.08	0.35	-0.12	-0.12	-0.23	0.05
修武县	-0.40	0.43	-0.04	-0.52	1.39	-0.01
许昌市	0.01	-0.26	-0.32	0.93	-0.09	-0.03
襄城县	-0.32	-0.70	-0.24	-0.52	-0.69	-0.37
禹州市	0.19	-0.72	-0.29	0.52	-0.17	-0.09
三门峡市	-0.53	0.88	-0.47	0.99	-0.17	-0.03
义马市	0.15	4.40	-0.98	-0.96	0.14	0.68
渑池县	-0.03	0.59	-0.90	1.03	0.41	0.07
济源市	0.39	0.46	-0.61	0.94	0.36	0.23

表 3-8 河南省城市发展水平排名

排名	城市	排名	城市	排名	城市	排名	城市
1	郑州市	8	登封市	15	许昌市	22	平顶山市
2	义马市	9	偃师市	16	三门峡市	23	宝丰县
3	新郑市	10	洛阳市	17	禹州市	24	襄城县
4	荥阳市	11	新安县	18	伊川县	25	宜阳县
5	巩义市	12	渑池县	19	汝州市	26	汝阳县
6	新密市	13	焦作市	20	辉县市	27	郏县
7	济源市	14	修武县	21	新乡市	28	鲁山县

③城市聚类

采用系统聚类分析方法，以综合得分 F 为指标变量，对 28 个城市进行聚类分析，得到聚类树状图，如图 3 - 3 所示，聚类结果如表 3 - 9 所示。

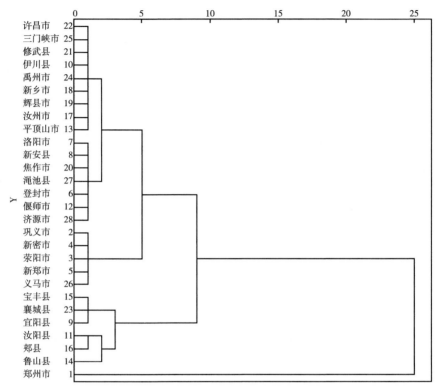

图 3 - 3　聚类分析树状图

表 3 - 9　河南省城市聚类结果

群集成员		群集成员		群集成员		群集成员	
案例	发展水平分类	案例	发展水平分类	案例	发展水平分类	案例	发展水平分类
1 郑州市	I	8 新安县	III	15 宝丰县	IV	22 许昌市	III
2 巩义市	II	9 宜阳县	IV	16 郏县	IV	23 襄城县	IV
3 荥阳市	II	10 伊川县	III	17 汝州市	III	24 禹州市	III
4 新密市	II	11 汝阳县	IV	18 新乡市	III	25 三门峡市	III
5 新郑市	II	12 偃师市	III	19 辉县市	III	26 义马市	II
6 登封市	III	13 平顶山市	III	20 焦作市	III	27 渑池县	III
7 洛阳市	III	14 鲁山县	IV	21 修武县	III	28 济源市	III

根据聚类结果，将 28 个城市按城市发展水平不同分为四类：郑州市为 I 类；巩义市、荥阳市、新郑市、新密市、义马市为 II 类；登封市、洛阳市、新安县、伊川县、偃师市、平顶山市、汝州市、新乡市、辉县市、焦作市、修武县、许昌市、禹州市、三门峡市、渑池县、济源市为 III 类；宜阳县、汝阳县、鲁山县、宝丰县、郏县、襄城县为 IV 类。

（5）城市发展状况及产业结构特点

1）I 类城市发展特点是历史发展机遇好、区位交通优势明显、现代产业发展迅速、人才资源丰富。郑州市作为河南省省会城市和中原经济区的核心城市，近年来其经济发展水平不断提升，城市竞争力不断增强。具体而言，郑州市发展具有以下显著特点。①历史发展机遇好。中原经济区、郑州航空港综合经济实验区、中国（郑州）跨境电子商务综合试验区、郑洛新国家自主创新示范区、河南自贸区等的获批意味着郑州在国家战略层面的重要意义，政府在政策上也为郑州的发展提供了有力的支持。②区位优势明显。郑州市地处我国中部中心地带，作为全国交通枢纽，高速公路、航空运输、铁路等枢纽优势突出，是中国东部产业转移、西部资源输出、南北经贸交流的桥梁和纽带，在"一带一路"中处于丝绸之路经济带西向、南向和连接海上丝绸之路的交会点。以郑州为亚太物流中心、以卢森堡为欧美物流中心的空中丝绸之路初具规模，为郑州市产业发展注入了新鲜活力。③郑州市现代产业体系不断完善，工业仍是支撑郑州市经济快速增长的重要因素，产业结构不断优化，主导和战略新兴产业比重不断上升。第三产业 2015 年占比 48.64%，同比增长 11.4%；高新技术产业 2015 年增速高达 25.5%，同比提高 2.3%，高耗能行业传统产业比重逐年下降。[1] ④人才资源丰富。郑州市有 9 个研究生培养单位、56 所普通本专科院校，大中专毕业生年均 20 余万。另外，近年来，政府大力实施人才政策，吸引海内外各领域的高端人才落户，一定程度上保证了郑州市经济快速发展的人才支撑。[2]

---

[1] 朱晓燕：《郑州市建设国家中心城市的优势和发展问题研究》，《现代经济信息》2016 年第 22 期，第 462~463 页。

[2] 郑州市统计局：《2016 年郑州市国民经济和社会发展统计公报》，2017 年 4 月 26 日，http://www.zzstjj.gov.cn/，最后访问时间：2018 年 7 月 8 日。

2）Ⅱ类城市发展特点是矿产资源丰富、工业基础雄厚、区域位置优越。巩义市、荥阳市、新郑市、新密市、义马市这五个城市在河南省都属于经济较为发达的县级市。其中巩义市、荥阳市、新郑市、新密市是由郑州市管辖的县级市，义马市为三门峡市管辖的县级市。这类城市发展的特点体现在以下几点。①矿产资源丰富。煤炭资源储量大，同时具有多种其他矿产，开采价值较大，相关产业发展较好。如巩义市境内煤、铝土矿、耐火黏土等矿产资源比较丰富，而荥阳市矿产主要品种有煤矿、铝土矿（高铝粘土矿、低级粘土矿）、白云岩、石灰岩（熔剂灰岩、铝氧灰岩、水泥灰岩）、黄铁矿、铁矿、黄土矿、大理石、花岗石等。②工业基础雄厚。这些地区经济发展主要依靠第二产业，第二产业在产业结构中所占比重较大。由于区域内矿产资源较为丰富，依托矿产开采的相关工业体系也较为完备，工业门类比较齐全，发展基础雄厚，发展规模较好。其中巩义市是"郑州－巩义－洛阳工业走廊"的重要组成部分，依托境内矿产资源与郑西高铁、连霍高速、陇海铁路形成了以豫联集团为龙头的铝精深加工、电线电缆两个省级产业聚集区。义马市素有"百里煤海"之称，现代化的煤炭采掘业及煤电、煤化工工业高度发展，是全国重要的煤炭生产基地、河南省煤化工基地和循环经济试点城市。③区域位置优越。巩义市、荥阳市、新郑市、新密市地处中原经济区，与郑州市区毗邻，是郑州都市区"一主三区四组团"的重要组成部分。义马市东距洛阳50公里，距郑州180公里，西距三门峡60公里，距西安290公里，陇海铁路、310国道和连霍（连云港、霍尔果斯）高速公路并行穿境而过，境内路网密布，交通十分便利。①

3）Ⅲ类城市发展特点是旅游资源丰富，旅游业发展较好、区域位置优越，发展潜力较大。评价出的Ⅲ类城市包括登封市、济源市、洛阳市及下辖新安县、伊川县、偃师市，平顶山市及下辖汝州市，新乡市及下辖辉县市，焦作市及下辖修武县，许昌市及下辖禹州市，三门峡市及下辖渑池县。这类地区的发展特点可以概括为以下两点。①旅游资源丰富，旅游业发展较好。这些地区位于河南省西部，自然风景独特，旅游资源比较丰富，在发展传统产业的同时，相比较其他城市，更注重旅游资源的合理利用与开发。洛

---

① 胡继元：《城市区域视角下中小城市区域发展战略——以河南巩义市为例》，《城市发展研究》2017年第6期，第133~136页。

阳市工业基础雄厚，历史文化积淀丰富，自然风景秀丽，旅游业发展也正在成为全市的战略性支柱产业。许昌市是京广发展轴的重要节点城市、轻工业制造基地和历史文化名城。焦作市从 20 世纪 90 年代后期开始大力发展旅游业和文化产业以带动城市转型，最终从"煤城"成功转型为"中国优秀旅游城市"。平顶山市独特的地理位置和南北交融的气候条件，造就了独具特色的秀美雄奇的山水景观，古老的华夏文明、根祖文化和圣贤文化为这里留下了得天独厚的文化资源，其文化旅游产业具有广阔的发展空间。三门峡市是 1957 年伴随着万里黄河第一坝的建设而崛起的一座新兴城市，旅游资源得天独厚。如今三门峡市的文化旅游业逐渐成为三门峡市国民经济的战略性主导产业和第三产业的龙头产业。① 登封市位于河南省中西部，中岳嵩山南麓，已成为中州大地上一座风景秀丽、人居环境优美、生态景致宜人的现代旅游名城。② 济源市和新乡市自然资源丰富，区位条件优越，历史遗迹、文物资源较多，旅游资源也较为丰富。③ ②区域位置优越，发展潜力较大。从地理位置来看，这些城市由北往西再向南，从新乡市、焦作市，到南部的平顶山市、许昌市，围绕省会郑州市形成了一个半圆形区域。区域内铁路、公路网密集，交通十分便利。国务院《关于支持河南省加快建设中原经济区的指导意见》中明确指出：加快中原城市群发展，加强郑州与洛阳、新乡、许昌、焦作等毗邻城市的高效联系，实现融合发展。④ 推进城市群内多层次城际快速交通网络建设，促进城际功能对接、联动发展，建成沿陇海经济带的核心区域和全国重要的城镇密集区。所以优越的区域位置和政策上的支持从一定程度上都促进了该地区的快速发展。

4）Ⅳ类城市发展特点是经济落后、交通不便，包括宜阳县、汝阳县、鲁山县、宝丰县、郏县、襄城县。其中汝阳县、鲁山县、宜阳县这三个县都

---

① 侯东辰：《开发地域文化元素，提升城市文化旅游产业，促进平顶山市经济可持续发展的策略研究》，《现代经济信息》2017 年第 22 期，第 498 页。

② 史亚弘、赵洪进：《浅析焦作由资源枯竭型城市向旅游城市的转变》，《改革与开放》2016 年第 1 期，第 39 ~ 40 页。

③ 郭俊友：《河南三门峡以"旅游"为支点撬动服务业大发展》，《新产经》2016 年第 11 期，第 59 ~ 60 页。

④ 国务院：《关于支持河南省加快建设中原经济区的指导意见》，2011 年 9 月 28 日，http：//www. gov. cn/zwgk/2011 - 10/07/content_ 1963574. htm，最后访问时间：2018 年 7 月 10 日。

属于河南省 2016 年划定的贫困县。与相对发达地区比较，该地区人均收入较少，距离大中城市较远，交通不便，资源匮乏，城市发展主要依靠第一和第二产业，第三产业较弱。整体来说，这些县市经济增长乏力，特色产业有待进一步形成。

（6）矿业废弃地产业转型模式构建

结合对河南省煤矿关闭情况及其周边城市发展分类的分析，提出矿业废弃地产业转型的四种模式（见表 3 - 10）。

1）高新技术、新兴产业开发模式

国家高新区和产业化基地已成为推动区域经济发展的重要增长极。位于 I 类城市周边的矿业废弃地，应充分利用郑州市政治文化和经济中心的优势，以及较好的新兴产业发展环境的特点，在对矿业废弃地生态修复治理后，将其纳入郑州市城市发展规划，形成以高新技术产业为支撑的新兴产业化体系，培育成为地区经济的重要增长极。

2）接续替代型工业开发模式

河南省近年来关闭的煤矿多分布于 II 类城市周边，结合 II 类城市矿产资源丰富、具备接续替代型工业发展的基础，矿业废弃地在引进新技术改造传统工业，延伸与资源型主导产业具有前向联系的资源产品深加工工业产业链的同时，还可以充分利用矿业废弃地闲置资源，开发采矿废弃物、伴生矿物进行资源化综合利用的工业。另外，也可考虑开发以生物工程技术和生态化工技术为主导的新型工业模式。通过产业选择和培育，促进该地区的产业结构从以资源采掘工业为主导的传统劳动力密集型重工业化结构向技术密集型产业结构转型。

3）生态旅游产业开发模式

结合第 III 类城市具有丰富的旅游资源和文化底蕴的特点，位于第 III 类城市周边的矿业废弃地，经初级生态修复后可结合周边旅游资源进一步开发利用，发展旅游产业，形成带动地区经济发展的产业模式。具体来说，一方面，可以在保护和利用原有矿山资源的基础上允许一定规模的矿区景观的彻底改变；另一方面，矿区的修复利用又必须从尊重矿区文化、展示矿区文明的角度，突出矿区文化特色，吸引更多的旅游者。根据具体条件，生态旅游的开发形式又可以分为生态农业旅游模式、"自然"资源旅游模式、矿区工业旅游模式等。

4）生态修复开发模式

矿井关闭废弃后如果弃之不管，会对周边自然环境造成更严重的破坏。对于位于经济发展水平较低、产业结构单一的Ⅳ类城市周边的矿业废弃地，可以考虑对矿业废弃地进行生态修复和治理，为后续结合城市发展规划相关产业开发提供基础条件。具体对于矿业废弃地的生态修复，可以做到废弃地的毒性处理与污染处理、土壤机制改良、植被恢复、工程安全处理等。[①]

综合以上分析结果，构建河南省矿业废弃地开发利用模式分类表（见表3-10）。

表3-10 矿业废弃地开发利用模式分类

矿业废弃地开发模式	城市类别及特点	实施路径
高新技术、新兴产业开发模式	Ⅰ类城市—— 历史发展机遇好 区位交通优势明显 现代产业发展迅速 人才资源丰富	高新区 产业化基地
接续替代型工业开发模式	Ⅱ类城市—— 矿产资源丰富 工业较为发达 区域位置优越	延伸资源型主导产业 新型工业
生态旅游产业开发模式	Ⅲ类城市—— 旅游资源丰富 区域位置优越	生态农业旅游 矿区工业旅游 "自然"资源旅游
生态修复开发模式	Ⅳ类城市—— 经济落后 交通不便	污染处理 植被恢复

2. 河北省

河北省是京津冀地区重要的煤炭资源生产和供应基地，煤炭产区广，综

---

① 朱成剑：《采矿废弃地生态恢复的主要措施和技术》，《江西建材》2015年第21期，第226页。

合产能大。推动供给侧结构性改革政策实施两年来，河北省积极推进煤炭行业化解过剩产能工作，按照部署，截至2017年底，河北省计划关闭退出产能2583万吨，涉及矿井88座，需安置职工超过20万人。[①]

（1）政策分析

2013年河北省国土资源厅颁布《河北省工矿废弃地复垦利用试点管理办法》，提出将历史遗留的工矿废弃地以及交通、水利等基础设施加以复垦，促进经济社会发展与土地资源合理利用，创新土地管理方式，合理调整建设用地布局，改善生态环境，并对复垦区试点条件、试点申报审批程序、工矿废弃地复垦项目管理、项目区审批管理及监管与考核制度制定了相应规定。[②]

2016年河北省国土资源厅发布《关于做好土地利用总体规划调整完善有关问题的通知》，加快推进土地利用总体规划调整完善工作，通知要求，建设用地规模调整要综合考虑各县市区人口、土地资源状况、社会经济发展需求等因素，并向京津冀协同发展重点区域和承接产业转移平台倾斜。[③]

2016年《河北省工业转型升级"十三五"规划》提出了"十三五"期间河北工业的发展导向，核心是培育壮大战略性新兴产业、改造提升传统产业、加快发展生产性服务业共12个重点领域，明确了"十三五"期间河北工业转型发展的实施关键，核心是京津冀国家大数据综合实验区建设、产业转移承接示范、推进产业链协同创新等14个重大专项。[④]

[①] 胡鑫蒙、蒋秀明等：《我国废弃矿井处理及利用现状分析》，《煤炭经济研究》2016年第12期，第33~37页。

[②] 中国河北：《关于印发〈河北省工矿废弃地复垦利用试点管理暂行办法〉的通知》，http://info. hebei. gov. cn/hbszfxxgk/329975/329988/330104/3504358/index. html，最后访问时间：2018年6月9日。

[③] 河北省国土资源厅：《关于做好土地利用总体规划调整完善有关问题的通知》，http://www. hebgt. gov. cn/heb/gk/gsgg/tz/101489664702694. html，最后访问时间：2018年3月2日。

[④] 《迈步制造强省，河北工业转型升级"十三五"规划》，人民网，http://he. people. com. cn/n2/2016/1116/c192235 - 29317880. html，最后访问时间：2018年3月2日。

（2）关闭矿井概况

2016 年，河北省煤炭去产能 56 处，去除产能 1458 万吨，占全省煤炭产能 12.1%；2017 年煤炭去产能 32 处，去除产能 1125 万吨，占全省煤炭产能 10.63%（关闭矿井名单见附表 2）。[①] 去产能关闭煤矿涉及的地市包括石家庄市、唐山市、保定市、邯郸市、邢台市、张家口市和承德市。

（3）可利用资源识别和潜力评价

选取河北省去产能关闭矿井周边的六座城市，包括石家庄、唐山、邯郸、张家口、邢台和承德，由于位于保定的两个关闭矿井距石家庄市中心更近，将这两个矿井并入石家庄市考虑。识别考察城市的可利用资源情况，从资源的赋存条件、生态开发条件、开发安全条件及需求条件等方面评价矿业废弃地产业转型的资源潜力。

（4）城市发展水平综合评价

根据上文表 3-1 选取的指标，采用熵权法和聚类分析法对河北省城市发展水平进行综合评价（见表 3-11）。数据主要来源于《2016 年河北省统计年鉴》及 2016 年河北省各地市统计年鉴。

表 3-11　指标体系及指标方向性

目标层	控制层	指标层	指标方向性
城市发展水平评价指标体系	经济发展	人均 GDP（X_1,元）	+
		第三产业 GDP 比重（X_2,%）	+
		各市 GDP 占全省 GDP 比重（X_3,%）	+
		单位 GDP 能耗指标值（X_4,吨标准煤/万元）	−
	人民生活	人均可支配收入全体居民（X_5,元）	+
		人均消费支出全体居民（X_6,元）	+
		人均城市道路面积（X_7,平方米/人）	+
		人均园林绿地面积（X_8,平方米/人）	+
		人均城市供水量（X_9,立方米/人）	+

---

① 《2017 年河北省煤炭去产能进度理想》，https://baijiahao.baidu.com/s? id = 1588570890
555549170&wfr = spider&for = pc，最后访问时间：2018 年 3 月 2 日。

续表

目标层	控制层	指标层	指标方向性
城市发展 水平评价 指标体系	社会发展	大专及以上学历占比(X_{10},%) R&D 经费支出占 GDP 比重(X_{11},%) 每万人拥有医疗机构病床数(X_{12},张/万人) 排水管网密度(X_{13},公里/平方公里) 建成区绿化率(X_{14},%)	+ + + + +

1) 河北省六地市发展水平分析

河北省去产能关闭矿井所在城市发展水平指标原始数据如表 3 - 12 所示。标准化和归一化处理后的数据分别见表 3 - 13、表 3 - 14。各指标权重见表 3 - 15。

表 3 - 12 河北省去产能关闭矿井所在城市发展水平指标原始数据

指标	石家庄市	承德市	张家口市	唐山市	邢台市	邯郸市
X_1	50839.03	38489.84	30837.46	78232.32	24192.94	33344.96
X_2	45.84	35.82	42.12	35.55	39.41	40.03
X_3	18.25	4.56	4.57	20.48	5.92	10.55
X_4	0.76	1.02	1.00	1.20	1.01	1.06
X_5	20761.77	14616.51	15781.25	23464.93	14784.67	17822.34
X_6	13431.98	10606.60	10339.17	17164.00	9236.84	10991.00
X_7	5.39	2.08	3.11	3.97	2.08	3.35
X_8	12.32	12.91	7.82	12.34	4.07	8.65
X_9	176.48	105.97	93.32	145.89	48.63	94.79
X_{10}	16.81	8.41	8.39	12.92	6.02	8.33
X_{11}	1.23	0.50	0.46	1.08	0.84	0.73
X_{12}	47.12	51.64	47.93	52.64	42.00	46.76
X_{13}	7.63	4.06	7.86	9.65	9.37	13.53
X_{14}	62.07	44.02	44.08	41.17	41.20	48.95

表 3 - 13 标准化处理后数据

指标	石家庄市	承德市	张家口市	唐山市	邢台市	邯郸市
X_1	0.4931	0.2646	0.1230	1.0000	0.0000	0.1694
X_2	1.0000	0.0263	0.6386	0.0000	0.3754	0.4361
X_3	0.8604	0.0000	0.0010	1.0000	0.0856	0.3766
X_4	0.8000	0.3273	0.3636	0.0000	0.3455	0.2545

续表

指标	石家庄市	承德市	张家口市	唐山市	邢台市	邯郸市
X_5	0.6945	0.0000	0.1316	1.0000	0.0190	0.3623
X_6	0.5292	0.1728	0.1391	1.0000	0.0000	0.2213
X_7	1.0000	0.0000	0.3109	0.5708	0.0007	0.3836
X_8	0.9333	1.0000	0.4242	0.9361	0.0000	0.5185
X_9	1.0000	0.4485	0.3495	0.7607	0.0000	0.3610
X_{10}	1.0000	0.2210	0.2193	0.6397	0.0000	0.2140
X_{11}	0.6711	0.0272	0.0000	0.5413	0.3282	0.2321
X_{12}	0.4812	0.9060	0.5572	1.0000	0.0000	0.4479
X_{13}	0.3770	0.0000	0.4013	0.5903	0.5607	1.0000
X_{14}	1.0000	0.1365	0.1394	0.0000	0.0017	0.3724

表 3 – 14　归一化处理后数据

指标	石家庄市	承德市	张家口市	唐山市	邢台市	邯郸市
X_1	0.2314	0.1242	0.0577	0.4693	0.0000	0.0795
X_2	0.3819	0.0101	0.2439	0.0000	0.1434	0.1666
X_3	0.3148	0.0000	0.0004	0.3659	0.0313	0.1378
X_4	0.2588	0.1059	0.1176	0.0000	0.1118	0.0824
X_5	0.2913	0.0000	0.0552	0.4194	0.0080	0.1519
X_6	0.2493	0.0814	0.0655	0.4712	0.0000	0.1043
X_7	0.3772	0.0000	0.1173	0.2153	0.0003	0.1447
X_8	0.2255	0.2417	0.1025	0.2262	0.0000	0.1253
X_9	0.3261	0.1463	0.1140	0.2481	0.0000	0.1177
X_{10}	0.4140	0.0915	0.0908	0.2648	0.0000	0.0886
X_{11}	0.2397	0.0097	0.0000	0.1933	0.1172	0.0829
X_{12}	0.1401	0.2638	0.1622	0.2911	0.0000	0.1304
X_{13}	0.1179	0.0000	0.1255	0.1847	0.1754	0.3129
X_{14}	0.3880	0.0530	0.0541	0.0000	0.0006	0.1445

表 3 – 15　指标权重

指标	e_j（熵值）	g_j（差异性系数）	w_j（各指标权重）
X_1	0.7415	0.2585	0.0821
X_2	0.7672	0.2328	0.0740
X_3	0.7198	0.2802	0.0890
X_4	0.7283	0.2717	0.0863

指标	e_j（熵值）	g_j（差异性系数）	w_j（各指标权重）
X_5	0.7202	0.2798	0.0889
X_6	0.7299	0.2701	0.0858
X_7	0.7770	0.2230	0.0709
X_8	0.8784	0.1216	0.0386
X_9	0.8414	0.1586	0.0504
X_{10}	0.7805	0.2195	0.0698
X_{11}	0.7865	0.2135	0.0678
X_{12}	0.8230	0.1770	0.0562
X_{13}	0.8741	0.1259	0.0400
X_{14}	0.6849	0.3151	0.1001

河北六地市各控制层得分、城市发展水平得分及排名情况见表3－16。

表3－16　河北六地市各控制层得分、城市发展水平得分及排名

城市	经济发展水平		人民生活水平		社会发展水平		城市发展水平	
	得分	排名	得分	排名	得分	排名	综合得分	排名
石家庄市	0.1145	1	0.1000	2	0.1310	1	0.3565	1
承德市	0.0237	6	0.0263	5	0.0288	4	0.0788	5
张家口市	0.0377	4	0.0323	4	0.0297	5	0.0997	4
唐山市	0.0769	2	0.1196	1	0.0630	2	0.2594	2
邢台市	0.0285	5	0.0008	6	0.0220	6	0.0512	6
邯郸市	0.0445	3	0.0482	3	0.0618	3	0.1544	3

由表3－16可知，河北省去产能关闭矿井所在城市的发展水平差异比较明显，城市发展水平最高的是石家庄市，综合得分为0.3565，是排名最后的邢台市的6.96倍。

2）聚类分析

采用欧式距离测度样本与样本间的距离，以类间平均距离测度样本与小类、小类与小类之间的距离，对六个城市进行分类，详见图3－4。

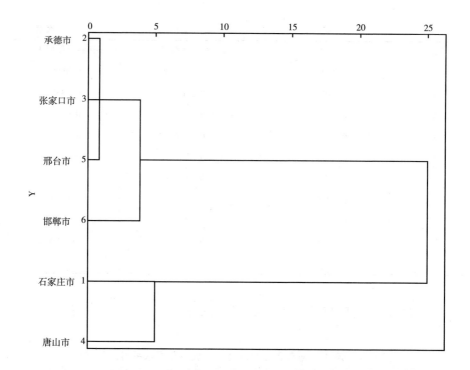

图 3 – 4　河北六地市城市发展水平聚类树状图

根据聚类合并结果，按城市发展水平不同将城市分为三类：石家庄市、唐山市为 I 类；邯郸市为 II 类；邢台市、张家口市、承德市为 III 类。

（5）城市发展状况及产业结构特点

根据城市聚类树状图，可将河北省去产能关闭矿井所在城市分为三类：较发达城市、中等发达城市和欠发达城市，三类城市发展特点和产业结构特点详见表 3 – 17。

1）I 类城市为较发达城市，包括石家庄市和唐山市。城市发展综合得分为 0.3565、0.2594，城市发展条件好，经济和社会发展水平高。I 类城市 2016 年第二产业和第三产业在生产总值中占比超过 90%，其中石家庄市的三大产业占比分别为 8.2：45.0：46.8，唐山市的三大产业占比分别为 9.3：55.1：35.6。作为省会城市，石家庄市是河北省的政治、经济、科技、金融、文化和商贸物流中心，是全国重要的战略性新兴产业和先进制造业基地，城市主导产业为生物医药、装备制造业、化工产业、现代服务业、纺织业、电子信息业、经济发展、城市发展及社会发展得分均排名第一位。[①] 唐山市为环渤海新型工业化基地，是环渤海地区的重要港口城市，是除石家庄外的另一个省域中心城市，主导产业为钢铁工业、能源工业、建材工业、装备制造业、化工工业。[②]

2）Ⅱ类城市为中等发达城市，城市经济发展水平、人民生活水平和社会发展水平较高。邯郸市发展综合得分为 0.1544，被归为Ⅱ类城市。Ⅱ类城市发展以第二产业发展为主，2016 年邯郸市第二产业在生产总值中的占比为 47.2%，在三大产业中占比最高。邯郸市是国家历史文化名城，京津冀联动中原城市群的区域中心城市，晋冀鲁豫四省交界的综合交通枢纽，京津冀重要工业基地。城市主导产业为钢铁、煤炭、装备制造、食品工业、纺织服装业。[③]

3）Ⅲ类城市为欠发达城市，经济发展水平、人民生活水平和社会发展水平相对较差，包括邢台市、张家口市和承德市。城市发展综合得分分别为0.0512、0.0997、0.0788。Ⅲ类城市旅游资源丰富，生态环境条件好，农业生产条件好，这三个城市 2016 年第一产业占比分别为 15.6%、17.9%、17.4%，较Ⅰ类城市和Ⅱ类城市的第一产业占比高。邢台市是国家新能源产业基地，京津冀南部生态环境支撑区，现为国家园林城市、国家水生态文明城市。城市主导产业为装备制造、煤炭化工、建材、钢铁、纺织服装和食品医药业。[④] 张家口市是国际奥运名城、国际休闲运动旅游区、京津绿色农副产品保障基地、国家可再生能源示范区，城市主导产业为旅游服务、食品加工、装备制造业。[⑤] 承德市是国家历史文化名城、国际旅游城市、京津绿色

---

① 石家庄市人民政府：《石家庄市城市概况》，2017 年 4 月 18 日，http：//www.sjz.gov.cn/col/1492479061391/2017/04/18/1492481513264.html，最后访问时间：2018 年 7 月 3 日。

② 唐山市人民政府：《唐山市概况》，http：//www.tangshan.gov.cn/zhuzhan/mlts/，最后访问时间：2018 年 6 月 10 日。

③ 邯郸市人民政府：《邯郸综合概况》，http：//www.hd.gov.cn/zjhd/hdgk/，最后访问时间：2018 年 7 月 3 日。

④ 邢台市人民政府：《邢台市情介绍》，http：//www.xingtai.gov.cn/gkgl/xtsqjs/201009/t20100902_ 25459.html，最后访问时间：2018 年 6 月 10 日。

⑤ 张家口市人民政府：《张家口市概况》，http：//www.zjk.gov.cn/zjzjk.html，最后访问时间：2018 年 7 月 3 日。

农副产品保障基地，京津冀联系东北、蒙东的综合交通枢纽，城市主要产业为钒钛产业、现代旅游、装备制造、新型材料、特色农业。[①]

表 3 – 17　三类城市的城市发展特点和产业结构特点

城市分类	城市发展特点	产业结构特点
I 类城市	城市经济发展水平较高，城市发展条件好，具备产业结构升级条件	第二产业和第三产业占比高，主导产业为装备制造业、化工工业等
II 类城市	工业基础好，工业发展速度较快	城市发展以第二产业发展为主，工业发展速度较快。城市主导产业为钢铁、煤炭等
III 类城市	旅游资源丰富，农业生产条件好	第一产业占比较 I 类城市和 II 类城市高，特色农业产业和旅游产业发展好

（6）矿业废弃地产业转型模式构建

结合对河北省煤矿关闭情况及其周边城市发展分类的分析，研究提出矿井关闭后废弃地再利用的三种模式（见表 3 – 18）。

1）都市型工业开发模式

关闭矿井位于 I 类城市周边，这类城市发展水平较高，城市发展条件好，矿区废弃地的再利用应主要采取都市型工业开发模式。都市型工业开发模式是指依托城市具备的资金、技术、人才、信息等优势，以加工制造、技术研发、营销管理和产品设计为核心，发展有利于城市环保、提供更多就业机会、适应城市产业结构升级调整趋势的工业模式。都市型工业开发模式可以体现城市发展方向，最终实现城市功能和生态环境相协调的现代绿色工业。[②]

2）接续替代型工业开发模式

关闭矿井位于 II 类城市周边，这类城市的工业基础雄厚，工业发展速度快，矿井关闭后可依托现有资源条件和基础，结合城市良好的工业基础并通过产业延伸和替代，实现矿区的再造。由于这类城市是在矿产资源开发基础上兴建起来的，发展延伸主导矿业产业链条的接续替代型工业能最大限度地发挥它们在资源、技术、人才、政策等方面的优势。如，引进新技术改造

---

① 承德市政府：《承德概况》，http：//www. chengde. gov. cn/cdgk/2007 – 10/12/content＿2024. htm。

② 百度百科，https：//baike. baidu. com/item/都市型工业/2488234？fr = Aladdin，最后访问时间：2018 年 7 月 4 日。

传统工业，发展资源型主导产业的资源产品深加工工业；发展对伴生矿物进行综合利用的产业；发展与矿业主导产业相关的机械制造、机械维修、机具加工、零部件生产、汽车制造等类型的工业。[①]

3）复合型旅游 + 都市型农业开发模式

关闭矿井位于Ⅲ类城市周边，这类城市旅游资源丰富，农业发展条件好，矿井关闭后适合选择复合型旅游 + 都市型农业发展模式。复合型旅游模式是指在自然山水美景的基础上，通过资源整合或构建，形成的以旅游观光为吸引核心，以休闲度假为聚集平台，达到旅游观光与休闲度假互动发展的良性模式旅游地。充分利用城市丰富的旅游资源，可促进区域相关产业综合发展，形成泛旅游产业集群，并以此带动区域社会经济大发展。都市型农业模式是指位于村庄周围的关闭矿井，在保证耕作半径可接受范围内，将矿井关闭后的废弃地用于种植业、畜牧养殖和水产养殖业，废弃地规模较小时，可考虑恢复以耕、林、草为主的种植业。将农业生产、生活、生态多功能结合，逐渐发展为农业产业集群，利用废弃地及其周边区域，打造产品型、体验型、服务型都市农业。

表 3 - 18　矿井关闭后废弃地再利用模式选择

城市类型	模式选择		
	复合型旅游 + 都市型农业开发模式	接续替代型工业开发模式	都市型工业开发模式
Ⅰ类城市	—	—	√
Ⅱ类城市	—	√	—
Ⅲ类城市	√	—	—

3. 安徽省

安徽省是我国重要的产煤省，2016 ~ 2017 年共关闭煤矿 10 对，实现去产能 1614 万吨。到 2017 年末，安徽省生产煤矿单井平均产能规模达 311 万吨，位居全国第一，煤炭去产能政策成效显著。

（1）政策分析

2014 年安徽省国土资源厅发布《安徽省"三线三边"矿山生态环境治理工作实施方案》，明确 2014 ~ 2016 年，将全省位于"三线"外推 1km、

[①]　郝玉芬：《山区型采煤废弃地生态修复技术模式研究》，博士学位论文，中国矿业大学，2011。

"三边"周边距离 2km 直观可视范围内，对周边生态环境影响和视觉污染大、存在地灾隐患等突出的矿山地质环境问题、对群众生产生活有严重影响的矿山列为重点实施项目。重点整治"三线三边"可视范围内 286 个地质环境问题突出的矿山，治理总面积 2579.82hm²。①

2016 年安徽省发展改革委、省财政厅等四部门联合印发了《关于加快资源型城市转型发展的指导意见》。安徽省将着力实施分类指导、增强产业持续发展能力、强化环境保护和生态治理、促进矿产资源合理开发和综合利用、加强支撑保障能力建设、加大政策支持力度，力争到 2020 年，全省资源型城市资源节约集约利用水平显著提高，接续替代产业比重不断上升，多元化产业体系基本形成，主要污染物达标排放，采煤沉陷区治理取得突破性进展。②

2017 年安徽省国土资源厅发布《安徽省国土资源厅关于做好矿山地质环境保护与土地复垦方案编报工作的通知》，将矿山企业《矿山地质环境保护与综合治理方案》和《土地复垦方案》合编为《矿山地质环境保护与土地复垦方案》，并实施合并编报联合审查制度，以实际行动减少管理环节，提高工作效率，减轻矿山企业负担。各级行政部门加强对法规执行情况的监督检查，督促矿山企业切实履行矿山地质环境保护与土地复垦义务。③

（2）关闭矿井概况

安徽省 2016～2017 两年共计关闭煤矿 10 对，累计退出落后产能 1614 万吨，基本实现煤炭市场供需平衡（关闭矿井名单详见附表 3）。④ 而由此产生的大量矿业废弃地主要集中于皖北地区的淮南、淮北，废弃地资源的开发利用关乎地区乃至安徽省的经济发展和社会稳定。

（3）可利用资源识别和潜力评价

以距离废弃矿区 0～50km 为依据，选择距离较近的周边城市，重点包

---

① 中华人民共和国自然资源部：《安徽厅整治"三线三边"矿山生态环境》，http：// www.mlr.gov.cn/xwdt/jrxw/201405/t20140524_ 1318153.htm。

② 安徽省发展和改革委员会：《安徽：资源型城市转型步伐加快》，http：//www.ahpc.gov.cn/ pub/content.jsp? newsId = 119C6587 – FEFE –49E1 – ADAD –094C11F388C1。

③ 中华人民共和国自然资源部：《安徽省国土资源厅关于做好矿山地质环境保护与土地复垦方案编报工作的通知》，http：//www.mlr.gov.cn/kczygl/ksdzhj/201707/t20170724_ 1542672.htm。

④ 《安徽省煤炭去产能有望在 2018 年提前完成》，电缆网，http：//news.cableabc.com/ hotfocus/20180111608612.html，最后访问时间：2018 年 7 月 11 日。

括蚌埠市、宿州市，以及安徽省的省会合肥市。此外，考虑到徐州市作为采煤沉陷区综合治理的样板城市，与皖北地区地质地貌构造相同，徐州矿区与淮北矿区又同属一块煤田，城市产业结构类似，居民生活习惯、社会习俗相仿，所以也将徐州纳入安徽省矿业废弃地周边城市的考察范畴。识别考察城市的可利用资源情况，从资源的赋存条件、生态开发条件、开发安全条件及需求条件等方面评价矿业废弃地产业转型的资源潜力。

（4）城市竞争力综合评价

1）数据来源与处理

研究数据主要来源于《安徽省统计年鉴2017》、《江苏省统计年鉴2017》、《徐州市统计年鉴2017》以及《2016年国民经济和社会发展统计公报》，根据指标要求对数据进行处理，得到与7个城市评价相关的17个指标。

2）计算过程

①分控制层主成分分析

运用因子分析法，对安徽省关闭煤矿及周边的七个城市进行分析，得出分析结果如下。

$$f_1 = 0.174X_1 + 0.205X_2 + 0.192X_3 + 0.194X_4 + 0.194X_5 - 0.151X_6$$
$$f_2 = 0.036X_7 - 0.353X_8 - 0.140X_9 - 0.019X_{10} + 0.372X_{11} + 0.328X_{12}$$
$$f_3 = 0.306X_7 - 0.116X_8 + 0.422X_9 + 0.376X_{10} - 0.012X_{11} - 0.013X_{12}$$
$$f_4 = 0.327X_{13} + 0.343X_{14} - 0.003X_{15} - 0.269X_{16} - 0.269X_{17}$$
$$f_5 = - 0.049X_{13} + 0.057X_{14} + 0.683X_{15} - 0.337X_{16} + 0.356X_{17}$$

表3-19为安徽省城市发展水平控制层因子及综合得分情况。

表3-19　安徽省城市发展水平控制层因子及综合得分

控制层	人民发展水平		社会发展水平			资源环境水平		
	f_1	F_1	f_2	f_3	F_2	f_4	f_5	F_3
合肥	1.869	1.504	2.165	0.386	1.398	-0.531	-0.757	-0.488
徐州	0.432	0.348	-0.055	0.695	0.198	1.028	-1.042	0.243
淮南	0.418	0.336	0.033	-1.074	-0.336	-0.784	1.729	0.076
淮北	-0.263	-0.212	-0.216	-1.775	-0.714	1.381	0.941	0.983
蚌埠	-0.620	-0.499	-0.644	0.705	-0.144	-0.710	-0.637	-0.548
宿州	-0.859	-0.691	-0.757	0.572	-0.255	0.692	0.012	0.363
亳州	-0.976	-0.785	-0.526	0.491	-0.146	-1.075	-0.246	-0.629

②基于因子分析的权重划分

熵权法能够比较客观地反映各项指标值的变化差异程度，为综合评价提供必要的权重系数，评价结果具有较强的理论依据。此处，运用熵权法计算各指标权重。

首先，对 F_1，F_2，F_3 进行无量纲化处理，公式如下：

$$X'_{ij} = \begin{cases} (X_{ij} - X_{jmin})/(X_{jmax} - X_{jmin}) & \text{正效应} \\ (X_{jmax} - X_{ij})/(X_{jmax} - X_{jmin}) & \text{负效应} \end{cases} \quad (3-18)$$

式中 X'_{ij} 为标准化后的指标值，X_{ij} 为未处理的原始指标值，X_{jmax} 为标准化处理前某指标的最大值，X_{jmin} 为标准化处理前某指标最小值。在数据的标准化处理完成后，根据信息熵的定义，计算第 j 项控制层的熵值：

$$E_j = -(1/\ln m) \sum_{i=1}^{m} P_{ij} \ln P_{ij}, \text{其中}, j = 1,2,3,\cdots,n,\cdots \quad (3-19)$$

式中，m 为参评城市数量，n 为评价指标个数，$\ln$ 为自然对数，P_{ij} 的计算公式如下：

$$P_{ij} = X_{ij} / \sum_{i=1}^{m} X_{ij} \quad (3-20)$$

其中，X_{ij} 为标准化后的指标数据，若 $X_{ij} = 0$，则 $P_{ij} = 0$，为避免公式无意义，定义 $P_{ij} = 0$ 时，$\lim\limits_{P_{ij} \to 0} P_{ij} \ln P_{ij} = 0$，可知，$0 \leq E_j \leq 1$。之后，通过计算最终得到每个评价控制层的信息熵。计算控制层指标权重，首先利用上文计算出的控制层熵值得出相应的差异性系数，根据定义，差异性系数计算公式如下：

$$G_j = 1 - E_j \quad (3-21)$$

则第 j 项控制层指标的权重为：

$$W_j = G_j / \sum_{j=1}^{n} G_j \quad (3-22)$$

得到各控制层指标的权重系数。将各控制层指标的权重系数与各控制层指标排序结果进行加权求和，即得对应项指标的权重系数。公式如下：

$$S_i = \sum_{j=1}^{n} W_j X_{ij},\text{其中},i = 1,2,3,\cdots,m,\cdots \qquad (3-23)$$

式中，S_i 为第 i 个城市的集约利用评价值，X_{ij} 为标准化后的第 i 个城市第 j 项指标值，W_j 为对应项指标的权重系数。

得到的城市发展水平综合排序结果见表 3-20。

表 3-20　安徽省城市发展水平综合排序

城市	综合得分	排序
合肥	0.68	1
徐州	0.49	2
淮北	0.44	3
淮南	0.38	4
宿州	0.29	5
蚌埠	0.14	6
亳州	0.08	7

根据综合得分，合肥排第一位，徐州排第二位，以下依次为淮北、淮南、宿州、蚌埠，最后是亳州。通过对综合得分的结果进行分类，将合肥归为 I 类城市，徐州、淮北、淮南归为 II 类城市，宿州、蚌埠、亳州得分居后三位，尽管位于煤炭主产区的周边，但煤炭开采业都不是本地区的主导产业，归为 III 类城市。

（5）城市发展状况及产业结构特点

城市分类及优势产业详见表 3-21。

表 3-21　安徽省七地市城市分类及优势产业

城市类别	城市名	优势产业
I 类城市	合肥	高新技术、机械制造、汽车和家电制造业、现代服务业
II 类城市	徐州	装备制造业、能源业、食品及农副产品加工业、商贸物流业
	淮北	能源业、纺织业
	淮南	能源业、旅游业、现代农业
III 类城市	蚌埠	装备制造业、精细化工业、电子信息业
	宿州	制鞋业、现代农业、食品制造及农副产品加工业
	亳州	中药业、食品制造及农副产品加工业

1）以合肥为代表的 I 类城市。作为省会城市，合肥拥有大批的高素质人才、雄厚的金融资本、得天独厚的地理优势，发展现状和发展潜力都相对较好，人民生活水平、社会发展水平都居于全省首位。近年来，合肥市积极寻求新的发展契机，打造新的经济增长点，基本形成了以高新技术、机械制造、汽车和家电制造业、现代服务业为主体的工业发展体系。同时，加强创新科技的投入与产出，进一步丰富了产业结构，对本省的重点矿业废弃地淮北市、淮南市的产业培育和转型升级具有示范引领作用。

2）以徐州、淮北、淮南为代表的 II 类城市。作为煤炭主产区，三市早期依赖煤炭开发带动了城市经济社会的发展，同时煤炭粗放的开采和利用，带来了产业结构单一、生态环境破坏等一系列问题。作为我国较早进行废弃矿区治理的地区，三市在废弃矿区资源开发方面取得了显著成效。徐州作为典型的老工业基地和资源型城市，注重废弃矿区的生态改造，提出了"基本农田整理、采煤塌陷区复垦、生态环境修复、湿地景观开发"四位一体的综合治理模式，实现了从"半城煤灰一城土"到"一城青山半城湖"的绿色转型。[①] 基于徐州的成功经验，湿地公园也已成为淮北、淮南两市大面积采煤沉陷区改造的一大特色。另外，淮南市尝试利用沉陷区水域发展水上光伏发电产业，目前，淮南市光伏发电在建装机规模 480MW，并网装机容量 1000MW。淮北、淮南两市也在不断寻找新的经济增长点。淮北市积极加快城市产业转型，出台了推动"三重一创"建设等促进经济平稳健康发展的系列政策，战略性新兴产业产值增长达 20.1%，高新技术产业增加值增长了 15.3%。[②] 淮南市通过引进一大批高新技术企业落户，加快推进城市产业结构升级。大数据产业基地获批省战略新兴产业基地，国内首个钱学森智库分中心、大数据展示中心等建成投用，初步形成了大数据存储、交易、应用三大体系。[③]

3）以蚌埠、宿州、亳州为代表的 III 类城市。由于缺乏原始的资本积累，该类城市没有形成人才的聚集效应，城市发展粗放，农业和轻工业在城市经济发

① 明贵栋：《徐州采煤塌陷区生态修复树标杆，实现绿色转型创奇迹》，《中国工业报》2016年3月1日，第 A4 版。
② 淮北市人民政府：《2018 年政府工作报告》，https://baike.so.com/doc/27282501-28681410.html，最后访问时间：2018 年 3 月 20 日。
③ 淮南市人民政府：《2018 年政府工作报告》，http://www.huainan.gov.cn/4973155/47099644.html，最后访问时间：2018 年 7 月 11 日。

展中仍占较大比例，在社会发展水平、人民生活水平、资源环境水平上存在发展不均衡的特点。近年来虽然有所发展，但在城市产业结构和社会发展水平等方面都不及前两类城市，对矿业废弃地的资源再利用和产业培育较难带来实质性的作用。

（6）矿业废弃地产业转型模式构建

通过对安徽省关闭煤矿周边城市发展分类及矿业废弃地生态修复现状的分析，研究提出淮北－淮南周边矿业废弃地开发利用模式，可分为两个阶段。

1）初级开发阶段：初步实现了矿业废弃地的生态修复，建成了一批如湿地公园、矿山公园、水库等在内的生态工程，一定程度上提高了矿业废弃地的经济附加值，但因没有形成完整的产业链，发展潜力有限。目前，我国进行系统性矿业废弃地生态开发的地区大多处于这一阶段。

2）产业链形成阶段：在生态修复的基础上，结合周边城市产业结构现状和发展规划，政府主导进行优势产业培育，以传统产业的企业改造和转型及高新技术产业发展为重点，以科技进步、技术创新及其成果应用为支撑，实现产业能级和结构的提升。

4. 江西省

（1）政策分析

2016 年江西省国土资源厅发布《江西省国土资源保护与开发利用"十三五"规划》，江西省积极进行重要成矿区带地质调查，并重点开展矿山复绿和环境治理工程。加快推进矿产资源节约和综合利用，有序推进尾矿综合利用，建立全省矿山地质环境信息数据库，组织实施"三区两线"周边矿山复绿工程及废弃矿山集中区地质环境恢复治理工程。计划实施 275 座闭坑及停采矿山地质环境恢复治理工作，督促生产及在建矿山规范采矿行为，并按矿山地质环境恢复治理方案履行矿山复绿义务。①

2017 年江西省发展和改革委员会发布《赣西经济转型"十三五"发展规划（2016～2020 年）》，规划范围为宜春、新余、萍乡三市，推进赣西经济转型升级，新、宜、萍协同发展，促进全省发展升级、小康提速、绿色崛起、实干兴赣，打造江西经济新的增长板块，实现从资源要素驱动、投资驱动转向科技创新、制度创新驱动，从数量增长转向质量提升，从需求侧拉动

---

① 江西省人民政府：《江西省国土资源保护与开发利用"十三五"规划》，http：//www.jiangxi.gov.cn/xzx/tzgg/201611/t20161101_ 1295257.html。

转向供给侧推动，从资源消耗型线性经济向物质闭环型循环经济的发展方式转变，产业结构从传统工业化转向"工业 + 服务业"融合发展，从传统产业升级转向战略性新兴产业培育。[①]

2017 年江西省国土资源厅、省发改委颁布《江西省土地整治规划（2016～2020 年）》，紧紧围绕统筹推进"五位一体"总体布局和协调推进"四个全面"战略布局，深入实施"创新引领、绿色崛起、担当实干、兴赣富民"工作方针，大力推进农用地整理和高标准农田建设，大力推进城乡散乱、闲置、低效建设用地整理，大力推进贫困地区土地综合整治，大力推进废弃、退化、污染、损毁土地的治理、改良和修复。[②]

（2）关闭矿井概况

2016 年，江西省全年关闭煤矿 232 处，退出产能 1547 万吨，分别完成年度目标任务的 113% 和 121%。其中，淘汰落后产能方面完成国家下达任务的188%。2017 年 6 月，江西省人民政府发布《江西省 2017 年化解煤炭过剩产能计划关闭退出煤矿名单公示》，2017 年，江西省计划关闭退出煤矿 52 处，退出产能 279 万吨（关闭矿井名单详见附表 4）。截至 2017 年 8 月底，江西省已完成关闭煤矿 53 处，退出产能 291 万吨，提前超额完成年度任务。2017 年10 月，江西省又大幅度上调了"十三五"后四年煤炭去产能任务，将"十三五"后四年的煤炭去产能任务调增为关闭 205 处、退出产能 1088 万吨，并将推动九江、景德镇、宜春等六个设区市地方煤矿全面退出。按照新计划，江西"十三五"期间实际将关闭煤矿 437 处，退出产能 2635 万吨。届时，江西省将只有江西省能源集团和萍乡、新余两市保留煤矿共 63 处，产能 691 万吨。[③]

（3）可利用资源识别与潜力评价

识别江西省考察城市的可利用资源情况，从资源的赋存条件、生态开发条

---

① 江西省发展和改革委员会：《赣西经济转型十三五发展规划（2016～2020 年）》，2017 年 10月 16 日，http://www.jxdpc.gov.cn/rdzt/ydyl/zcwj_8967/jx_8969/201701/t20170111_197507.htm，最后访问时间：2018 年 7 月 11 日。

② 江西省国土资源厅：《江西省人民政府关于江西省土地整治规划（2016～2020 年）的批复》，2017 年 10 月 16 日，http://www.jxgtt.gov.cn/News.shtml?p5=76138339，最后访问时间：2018 年 7 月 11 日。

③ 《江西调整煤炭去产能计划 6 市地方煤矿将全面退出》，中国政府网，2017 年 10 月 16 日，http://www.gov.cn/xinwen/2017-10/05/content_5229725.htm，最后访问时间：2018 年 7 月 11日。

件、开发安全条件及需求条件等方面评价矿业废弃地产业转型的资源潜力。

（4）城市竞争力综合评价

同前文列举的方法，构建城市竞争力指标体系对江西省考察城市进行聚类分析。根据城市发展水平分类结果，将江西省去产能关闭矿井所在城市分为三类：较发达城市、中等发达城市和欠发达城市。Ⅰ类城市为较发达城市，仅有新余市，Ⅱ类城市为中等发达城市，包括九江市、景德镇市和萍乡市，Ⅲ类城市为欠发达城市，有宜春市、上饶市、赣州市、吉安市。

（5）城市发展状况及产业结构特点

江西省三类城市产业结构和城市发展特点如表 3 - 22 所示。

1）Ⅰ类城市发展特点是新兴工业发展较好，区域位置优越。新余市是江西省的一个新兴工业城市，是中国唯一的国家新能源科技城，位于江西省的中西部，人口 119 万。总的来说，新余市城市发展具有以下显著特点。①新兴工业发展较好。新余市工业化、城镇化水平较高，转型发展具备比较扎实的基础。全市形成了以钢铁工业为主体，光伏、新材料、机械、纺织、化工、电力、煤炭、食品加工等比较完整的工业体系，农业产业化程度较高，生产性服务业和生活性服务业比较完善。全市城镇化率达 63%，大大高于全省和全国水平。而且新余市是国家认定的节能减排财政政策综合示范城市、新能源科技城、"城市矿产"示范基地，同时享受国家四项政策，为加快转型注入了强大的动力。②区域位置优越。新余市交通区位条件优越，城市基础设施较为完善，是鄱阳湖生态经济区的重要组成部分。

2）Ⅱ类城市发展特点是旅游资丰富、工矿业基础雄厚、区域位置较好。Ⅱ类城市包括九江市、景德镇市和萍乡市。这类地区的发展特点可以概括如下。①旅游资源、矿产资源丰富。九江市是江西省通江达海的省域副中心和绿色崛起的核心城市，中国优秀旅游城市，世界知名的山水文化名城和旅游度假胜地，国际知名的旅游目的地和服务基地，自古为江南著名的游览胜地，景点可达 2000 处，素有"九派浔阳郡，分明似图画"之美称。境内山水风光迷人，名胜古迹荟萃，众多的自然景观与人文景观相映成趣，230 多个景点景观星罗棋布，构成以庐山、鄱阳湖为主体，融古今高僧、名士妙文、书院翰香、建筑艺术和政治风云于一体的独具特色的风景名胜区。景德镇市是中国国家首批历史文化名城、国家 35 个王牌旅游景点之一、中国优秀旅游城市、中国最值得去的 50 个地方之一。截至 2012 年，景德镇市拥有国家 4A 级景区 6 个，分别是古窑民俗博览区、高岭·瑶里风景名胜区、浮梁古县衙、洪岩仙境风景区、德雨生态园、中国瓷园；国家 3A 级景区 3 个，分别是金竹山寨、雕塑瓷厂明清园、江西怪石林。萍乡市森林覆盖率达 55.4%，植物物种 1200 余种，水资源和旅游资源也十分丰富。②工矿业基础雄厚。景德镇市瓷石、高岭土和煤炭蕴藏最具特色，其中高岭土在国际陶瓷界都具有影响力，煤炭资源也十分丰富，是江西省的三大产煤区之一。以矿产资源为依托的煤炭开采、陶瓷工业等发展较好。萍乡以煤立市，1916 年产原煤 95 万吨、焦炭 25 万吨，被誉为"江南煤都"。已探明的矿藏有煤、铁、锰、铜、石灰石、高岭土、粉石英、瓷土等矿产资源丰富，煤炭远景储量达 8.52 亿吨，铁矿储量 6760 万吨，优质石灰石 67 亿吨。③区域位置较好。九江地理区位优越，襟江傍湖，水运发达，长江过境长度 151km，年流量 8900 亿 m³，直入长江的河流流域面积 3904km²，万亩以上湖泊有 10 个，千亩以上湖泊有 31 个，全省最大水库柘林水库库容达 79.2 亿 m³。中国第一大淡水湖鄱阳湖有 53% 的水域在九江境内，面积近 300 万亩。景德镇市和萍乡市境内水系发达，交通便利，区域位置较好。

3）III 类城市发展特点是农业发展较好，第三产业发展较弱。III 类城市包括赣州市、吉安市、上饶市、宜春市。这些城市发展特点体现为以下几点。①农业发展较好。上饶市属农业大区，区境在赣东北中低山区和丘陵区东南部，鄱阳湖湖积平原东部。贯流境内九县市的信江及其支流两岸，形成了大批的河谷平原。鄱阳湖畔的波阳、余干、万年等县所处的湖滨平原，地势平坦，土壤肥沃，河网交错、水源丰富。河谷平原和丘陵谷地的水稻土、湖滨平原的草甸土，全是农业土壤。因此，区内是发展农业的天然场所，是生产粮食的理想基地。宜春素为江西农业大区，唐代设于高安的州府曾一度易名"米州"，就因此地盛产稻米而改名。随着农业产业结构的调整和农业产业化进程的加快，上饶市涌现了一批绿色、无公害的名特优新产品，形成了粮食加工业、水产品加工业、畜禽产品加工业等支柱产业。万年贡米、弋阳大禾米、铅山紫溪红芽芋、广丰白银鹅、黄耳鸡、余干乌黑鸡、婺源荷包红鲤鱼等一批农产品及加工制品，多次被评为国家级、省级优质农产品，大障山绿茶、瘦肉型猪、烤鳗等一批名、特、优、新农产品已成为全市主要出口创汇产品。②第三产业发展较弱。无论是赣州市、吉安市，还是上饶市、宜春市，三大产业构成中，第三产业占比不大，经济发展以传统加工制造业和农业为主，这从一定程度上制约了该地区经济社会的发展。

表 3 - 22　三类城市产业结构和城市发展特点

城市分类	产业结构和城市发展特点
I 类城市	新兴工业发达，区域位置优越
II 类城市	旅游资丰富，工矿业基础雄厚，区域位置较好
III 类城市	农业发展较好，第三产业发展较弱

（6）矿业废弃地产业转型模式构建

结合对江西省煤矿关闭情况及其周边城市发展分类的分析，研究提出关闭矿井废弃地开发利用的三种模式。

1）新兴产业开发模式

关闭矿井位于 I 类城市周边，应采用新兴产业开发模式。新兴产业型开发模式的主要功能是应用新的科研成果、新兴技术，培育节能环保、新材料等国家支持的新兴产业。I 类城市发展水平较高，具备发展新兴产业的条件。

2）生态开发 + 康养小镇开发模式

关闭矿井位于 II 类城市周边，应采用生态开发 + 康养小镇开发模式，即生态农业旅游开发模式。生态农业旅游是一种新型农业生产经营形式，也是一种新型旅游活动项目，是在发展农业生产的基础上有机地附加了生态旅游观光功能的交叉性产业。农业生态旅游是把农业、生态和旅游业结合起来，利用田园景观、农业生产活动、农村生态环境和农业生态经营模式，吸引游客前来观赏、品尝、作息、体验、健身、科学考察、环保教育、度假、购物的一种新型旅游开发类型。

3）接续替代型工业开发模式

矿井位于 III 类城市周边。这类城市主要是以矿产资源开发为基础而兴建起来的工矿型城市，矿井关闭后应充分利用矿业城市的资源、技术、人才、政策优势，发展延伸主导矿业产业链条的接续替代型工业：引进新技术改造传统工业，发展资源型主导产业的资源产品深加工工业；对矿业产业生产过程中产生的废弃物、伴生矿物进行综合利用；发展与矿业主导产业相关的机械制造、机械维修、机具加工、零部件生产、汽车制造等类型的工业。

（二）晋陕蒙宁甘区

1. 山西省

（1）政策分析

2013 年山西省人民政府发布《山西省国家资源型经济转型综合配套改革试验 2013 年行动计划》，全面部署试验区建设，建立促进资源型经济转型的体制机制，全面构建现代产业体系，持续改善生态环境质量，加快推进新型城镇化建设，着力提高人民生活水平，努力建设国家新型能源和工业基地、全国重要的现代制造业基地、中西部现代物流中心和生产性服务业大省、中西部经济强省和文化强省，加快实现再造一个新山西的战略目标。①

2016 年山西省人民政府公开发布《山西省国家资源型经济转型综合配套改革试验实施方案（2016～2020 年）》，全面推进"十三五"转型综合配套改革试验区建设。推进创新发展、协调发展、绿色发展、开放发展、共享发展、廉洁和安全发展，以转变经济发展方式为主线，以问题为导向，以改革为动力，着力加强供给侧结构性改革，去产能、去库存、去杠杆、降成本、补短板，提高供给体系质量和效率，提高投资有效性，破解制约资源型经济转型的全局性重大体制问题，全面深化改革，进一步大胆探索、攻坚克难，推进综合配套改革取得新突破，建立完善支撑资源型经济转型的政策体系和体制机制，努力为全国其他资源型地区转型发展发挥示范作用。②

2018 年山西省人民政府发布《山西省化解煤炭过剩产能实施方案》，计划 2018～2020 年关闭退出的煤矿参与减量重组，减量重组后减少的产能原则上不得少于实施方案明确的煤矿关闭退出产能。③ 同年，山西省人民政府对外发布《山西省人民政府关于推进煤矿减量重组的实施意见》提出，

---

① 山西省人民政府：《山西省国家资源型经济转型综合配套改革试验 2013 年行动计划》，2013 年 4 月 20 日，http://www.shanxi.gov.cn/sxszfxxgk/sxsrmzfzcbm/sxszfbgt/flfg_7203/bgtgfxwj_7206/201305/t20130507_161272.shtml，最后访问时间：2018 年 7 月 9 日。

② 山西省发展和改革委员会：《山西省国家资源型经济转型综合配套改革试验实施方案（2016～2020 年）》，http://www.sxdrc.gov.cn/zcwj/201604/t20160405_173825.htm，最后访问时间：2018 年 7 月 10 日。

③ 晋城市煤炭煤层气工业局：《山西省化解煤炭过剩产能实施方案》，2018 年 1 月 22 日，http://www.jcmt.gov.cn/show.asp?id=6633，最后访问时间：2018 年 7 月 10 日。

力争到 2020 年底前，60 万吨/年以下的煤矿全部退出，单一煤炭企业生产建设规模力争达到 300 万吨/年以上，重组后煤矿能力不得小于 500 万吨/年。[①] 根据《意见》，两年内，60 万吨/年以下（不含 60 万吨/年）的煤矿实施减量重组，到期仍未重组的，省人民政府根据发展需要有序纳入去产能规划。鼓励 60 万吨/年及以上的煤矿参与减量重组，提升单井规模，实现集约化、规模化生产。进一步优化产业结构，实现市场供需平衡。

（2）关闭矿井概况

山西省是矿产资源大省，是我国目前最大的能源重化工基地。2016～2017 年，山西省共关闭矿井 52 个，共计退出产能 4590 万吨，占全国退出产能的 10.4%（关闭矿井名单详见附表 5）。根据山西省发展和改革委员会发布的文件，对 2016～2017 年山西省去产能关闭的煤矿名单进行统计，山西省关闭煤矿在太原、大同、阳泉、长治、晋城、朔州、运城、忻州、临汾、吕梁 10 个地级市均有分布，且分布集中。

（3）可利用资源识别和潜力评价

选取山西省关闭煤矿集中的 10 个城市，包括太原、大同、阳泉、长治、晋城、朔州、运城、忻州、临汾、吕梁。识别考察城市的可利用资源情况，从资源的赋存条件、生态开发条件、开发安全条件及需求条件等方面评价矿业废弃地产业转型的资源潜力。

（4）城市竞争力综合评价

1）城市竞争力指标体系构建

根据指标选择的系统性、科学性、可比性、针对性、实用性等原则，在参考国内外文献的基础上，本部分分别从市场环境、自然资源环境、社会文化环境和消费环境四个方面构建山西省地级市竞争力指标体系。基于此，展开二级指标，得到表 3-23。指标体系包含 4 项一级指标，14 项二级指标。这 14 项二级指标，可以从不同角度反映山西省各地级市的竞争力。

---

① 晋城市煤炭煤层气工业局：《山西省人民政府关于推进煤矿减量重组的实施意见》，http：//www.jcmt.gov.cn/show.asp？id=6633，最后访问时间：2018 年 7 月 10 日。

表 3-23　山西省各地级市竞争力指标体系

目标层	反应内容	变量释义
城市发展水平评价指标体系	市场环境 B_1	人均 GDP C_1 人均可支配收入 C_2 第三产业所占比重 C_3
	自然资源环境 B_2	建成区绿化覆盖率 C_4 人均城市供水量 C_5 空气达标天数 C_6
	社会文化环境 B_3	公路密度 C_7 人口密度 C_8 每万人卫生机构数 C_9 每万人法人单位数 C_{10}
	消费环境 B_4	人均进出口总额 C_{11} 平均每人生活用水 C_{12} 居民消费水平 C_{13} 每万人客运量 C_{14}

2）研究方法

①灰色关联分析法

灰色关联分析法是灰色系统理论中用来进行系统分析、评估和预测的方法，是根据行为因子序列的微观或宏观几何相似程度来分析和确定因子间的影响程度或因子对主行为的贡献测度。

②变异系数法

变异系数法确定各指标的权重，客观地反映指标的重要程度，避免专家打分法的偏好性，削弱极值指标对评价结果的影响。[1]

3）数据来源与处理

为了保证所选指标数据的准确性和科学性，参考《山西省统计年鉴2017》、各市《国民经济和社会发展统计公报2016》进行了数据收集整理，得到山西省地级市的指标数据库。[2] 为了保证结果的客观性，对原始数据进

---

[1]　赵微、林健等：《变异系数法评价人类活动对地下水环境的影响》，《环境科学》2013 年第4 期，第 1277～1283 页。

[2]　山西统计局：《山西统计年鉴》，中国统计出版社，2017。

行了无量纲化处理。

4）计算过程

①收集原始数据与确定参考数列

根据《山西省统计年鉴 2016》和《山西省统计年鉴 2017》，按照 4 个一级指标和 14 个二级指标，收集并整理出原始数据（见表 3 – 24）。

②无量纲化

由表 3 – 24 可知，系统中数据的计量单位不同，不能进行分析比较，要对这些数据进行无量纲化处理后才可以运用灰色关联分析法。这里用初值化的方法对数据进行无量纲化处理，即以最优值为基准点，用每个数值除以该指标对应的最优值，所得结果见表 3 – 25。

③指标集的差序列运算

根据灰色关联度的计算方法，要先计算出 $\triangle_{oi}(k) = |X_0 - X_i(k)|$，即主行为序列与比较序列进行比较获得的两极差，$\triangle \max = \max\limits_{i} \max\limits_{k} \triangle_{oi}(k)$ 称为两极最大差，$\triangle \min = \min\limits_{i} \min\limits_{k} \triangle_{oi}(k)$ 称为两极最小差，由此得到两极差（见表 3 – 26）。由表 3 – 26 中的数据可以看出，$\triangle \min = \min\limits_{i} \min\limits_{k} \triangle_{oi}(k) = 0$，$\triangle \max = \max\limits_{i} \max\limits_{k} \triangle_{oi}(k) = 0.9581$。

④通过变异系数法确定指标权重

通过初值化的数据，分别计算各指标的平均数和标准差，基于此得到各项指标的变异系数和权重，得到表 3 – 27。

⑤计算指标关联度

利用关联系数的计算公式求出每个关联系数，得到关联系数值，见表 3 – 28。

⑥山西省各地级市城市竞争力综合评价结果及分类

山西省各地级市的城市竞争力综合得分排名见表 3 – 29。综合得分按降序排列依次为：太原、阳泉、长治、晋城、朔州、大同、晋中、运城、吕梁、忻州、临汾。根据排序结果，将山西省各地级市按城市竞争力大小分为三类：Ⅰ类城市（1 > 总分 ≥ 0.5）、Ⅱ类城市（0.5 > 总分 ≥ 0.45）和Ⅲ类城市（0.45 > 总分 > 0）。其中，太原综合得分（0.9449）要远高于 0.5，被归为Ⅰ类城市；阳泉、长治、晋城的综合得分高于 0.45，被归为Ⅱ类城市；朔州市、大同市、晋中市、运城市、吕梁市、忻州市和临汾市的综合得分均低于 0.45，被归为Ⅲ类城市。

表 3 - 24　山西省各地级市竞争力原始数据

指标单位	太原市	大同市	阳泉市	长治市	晋城市	朔州市	晋中市	运城市	忻州市	临汾市	吕梁市
C_1/元	68438	30101	44547	37896	45327	51980	32710	23170	22796	27171	25972
C_2/元	27169	18594	21951	19117	20578	20113	19783	16001	14371	17438	14429
C_3/%	62.6	57.7	50.3	44.3	42.4	50.9	47.1	47.2	47.1	45.5	38.8
C_4/%	1.96	0.35	0.51	0.20	0.20	0.17	0.16	0.13	0.05	0.10	0.50
C_5/(吨/人)	74.42	25.48	29.67	22.22	13.12	14.03	8.10	4.36	19.73	6.04	3.12
C_6/%	63	80	73	66	72	59	67	65	70	73	74
C_7/(公里/平方公里)	105.91	89.97	127.09	83.98	96.25	95.47	88.23	114.03	68.48	91.45	105.93
C_8/(人/平方公里)	621	241	315	248	245	165	204	373	124	220	182
C_9/(个/万人)	180.71	76.35	98.18	109.13	127.55	117.50	116.23	65.90	101.35	90.93	76.48
C_{10}/(个/万人)	6.42	3.85	4.08	2.55	3.61	2.69	3.19	3.60	3.07	2.80	2.17
C_{11}/(元/人)	2456.28	140.78	139.42	198.80	473.03	52.41	107.38	282.39	65.92	89.61	145.62
C_{12}/(吨/人)	32.84	25.30	45.05	63.63	29.64	31.25	31.49	36.87	31.12	27.71	25.33
C_{13}/(元/人)	22576	11149	12582	15148	12724	15258	12329	10567	8648	9803	9123
C_{14}/(万人)	2.50	4.78	9.32	10.29	7.48	7.49	6.83	7.03	6.26	4.02	4.33

表 3 - 25　初值化处理后数据

指标单位	太原市	大同市	阳泉市	长治市	晋城市	朔州市	晋中市	运城市	忻州市	临汾市	吕梁市
C_1/元	1	0.4398	0.6509	0.5537	0.6623	0.7595	0.4780	0.3386	0.3331	0.3970	0.3795
C_2/元	1	0.6844	0.8079	0.7036	0.7574	0.7403	0.7281	0.5889	0.5289	0.6418	0.5311
C_3/%	1	0.9217	0.8035	0.7077	0.6773	0.8131	0.7524	0.7540	0.7524	0.7268	0.6198
C_4/%	1	0.1786	0.2602	0.1020	0.1020	0.0867	0.0816	0.0663	0.0255	0.0510	0.2551

续表

指标单位	太原市	大同市	阳泉市	长治市	晋城市	朔州市	晋中市	运城市	忻州市	临汾市	吕梁市
C_5/(吨/人)	1	0.3424	0.3987	0.2986	0.1763	0.1885	0.1088	0.0586	0.2651	0.0812	0.0419
C_6/%	0.7875	1	0.9125	0.8250	0.9000	0.7375	0.8375	0.8125	0.8750	0.9125	0.9250
C_7/(公里/平方公里)	0.8333	0.7079	1	0.6608	0.7574	0.7512	0.6942	0.8972	0.5388	0.7195	0.8335
C_8/(人/平方公里)	1	0.3881	0.5072	0.3994	0.3945	0.2657	0.3285	0.6006	0.1997	0.3543	0.2931
C_9/(个/万人)	1	0.6004	0.6348	0.3976	0.5624	0.4193	0.4963	0.5611	0.4784	0.4364	0.3378
C_{10}/(个/万人)	1	0.4225	0.5433	0.6039	0.7058	0.6502	0.6432	0.3647	0.5608	0.5032	0.4232
C_{11}/(元/人)	1	0.0573	0.0568	0.0809	0.1926	0.0213	0.0437	0.1150	0.0268	0.0365	0.0593
C_{12}/(吨/人)	0.5161	0.3976	0.7080	1	0.4658	0.4911	0.4949	0.5794	0.4891	0.4355	0.3981
C_{13}/(元/人)	1	0.4938	0.5573	0.6710	0.5636	0.6759	0.5461	0.4681	0.3831	0.4342	0.4041
C_{14}/(万人)	0.2427	0.4643	0.9056	1	0.7273	0.7282	0.6642	0.6832	0.6083	0.3910	0.4212

表 3 - 26　$\triangle_{oi}(k)$ 的计算结果

指标单位	太原市	大同市	阳泉市	长治市	晋城市	朔州市	晋中市	运城市	忻州市	临汾市	吕梁市
C_1/元	0	0.5602	0.3491	0.4463	0.3377	0.2405	0.5220	0.6614	0.6669	0.6030	0.6205
C_2/元	0	0.3156	0.1921	0.2964	0.2426	0.2597	0.2719	0.4111	0.4711	0.3582	0.4689
C_3/%	0	0.0783	0.1965	0.2923	0.3227	0.1869	0.2476	0.2460	0.2476	0.2732	0.3802
C_4/%	0	0.8214	0.7398	0.8980	0.8980	0.9133	0.9184	0.9337	0.9745	0.9490	0.7449
C_5/(吨/人)	0	0.6576	0.6013	0.7014	0.8237	0.8115	0.8912	0.9414	0.7349	0.9188	0.9581
C_6/%	0.2125	0	0.0875	0.1750	0.1000	0.2625	0.1625	0.1875	0.1250	0.0875	0.0750
C_7/(公里/平方公里)	0.1667	0.2921	0	0.3392	0.2426	0.2488	0.3058	0.1028	0.4612	0.2805	0.1665
C_8/(人/平方公里)	0	0.6119	0.4928	0.6006	0.6055	0.7343	0.6715	0.3994	0.8003	0.6457	0.7069

续表

指标单位	太原市	大同市	阳泉市	长治市	晋城市	朔州市	晋中市	运城市	忻州市	临汾市	吕梁市
C_9/(个/万人)	0	0.3996	0.3652	0.6024	0.4376	0.5807	0.5037	0.4389	0.5216	0.5636	0.6622
C_{10}/(个/万人)	0	0.5775	0.4567	0.3961	0.2942	0.3498	0.3568	0.6353	0.4392	0.4968	0.5768
C_{11}/(元/人)	0	0.9427	0.9432	0.9191	0.8074	0.9787	0.9563	0.8850	0.9732	0.9635	0.9407
C_{12}/(吨/人)	0.4839	0.6024	0.2920	0	0.5342	0.5089	0.5051	0.4206	0.5109	0.5645	0.6019
C_{13}/(元/人)	0	0.5062	0.4427	0.3290	0.4364	0.3241	0.4539	0.5319	0.6169	0.5658	0.5959
C_{14}/(万人)	0.7573	0.5357	0.0943	0	0.2727	0.2717	0.3358	0.3167	0.3917	0.6089	0.5788

表 3 - 27 各项指标变异系数和权重

指标单位	平均值	标准差	变异系数	权重
C_1/元	37282.5455	14199.3587	0.3809	0.0521
C_2/元	19049.4545	3656.3650	0.1919	0.0263
C_3/%	48.5364	6.7527	0.1391	0.0190
C_4/%	0.3936	0.5416	1.3760	0.1883
C_5/(吨/人)	20.0264	20.0975	1.0036	0.1374
C_6/%	69.2727	5.9345	0.0857	0.0117
C_7/(公里/平方公里)	96.9809	15.8035	0.1630	0.0223
C_8/(人/平方公里)	267.0909	135.8797	0.5087	0.0696
C_9/(个/万人)	105.4827	31.5566	0.2992	0.0409
C_{10}/(个/万人)	3.4573	1.1439	0.3309	0.0453
C_{11}/(元/人)	377.4218	699.7521	1.8540	0.2538
C_{12}/(吨/人)	105.4827	31.5566	0.2992	0.0409
C_{13}/(元/人)	6.3936	2.3323	0.3648	0.0499
C_{14}/(万人)	12718.8182	3934.2245	0.3093	0.0423

表 3 – 28　关联系数值

指标单位	太原市	大同市	阳泉市	长治市	晋城市	朔州市	晋中市	运城市	忻州市	临汾市	吕梁市
C_1/元	1	0.4662	0.5836	0.5230	0.5917	0.6705	0.4839	0.4252	0.4232	0.4480	0.4409
C_2/元	1	0.6079	0.7181	0.6228	0.6686	0.6533	0.6428	0.5435	0.5095	0.5774	0.5107
C_3/%	1	0.8621	0.7135	0.6260	0.6026	0.7236	0.6640	0.6655	0.6640	0.6417	0.5628
C_4/%	1	0.3733	0.3981	0.3527	0.3527	0.3489	0.3476	0.3439	0.3343	0.3402	0.3965
C_5/(吨/人)	1	0.4267	0.4487	0.4110	0.3727	0.3762	0.3545	0.3420	0.3997	0.3475	0.3381
C_6/%	0.6972	1	0.8483	0.7366	0.8303	0.6509	0.7507	0.7230	0.7965	0.8483	0.8671
C_7/(公里/平方公里)	0.7459	0.6262	1	0.5906	0.6686	0.6629	0.6154	0.8264	0.5148	0.6356	0.7461
C_8/(人/平方公里)	1	0.4444	0.4982	0.4490	0.4470	0.3999	0.4215	0.5506	0.3794	0.4311	0.4091
C_9/(个/万人)	1	0.5505	0.5726	0.4482	0.5279	0.4573	0.4928	0.5272	0.4840	0.4647	0.4249
C_{10}/(个/万人)	1	0.4587	0.5173	0.5527	0.6245	0.5831	0.5783	0.4351	0.5270	0.4962	0.4590
C_{11}/(元/人)	1	0.3417	0.3416	0.3474	0.3774	0.3333	0.3385	0.3561	0.3346	0.3368	0.3422
C_{12}/(吨/人)	0.5028	0.4482	0.6263	1	0.4781	0.4902	0.4921	0.5378	0.4892	0.4643	0.4484
C_{13}/(元/人)	1	0.4916	0.5250	0.5980	0.5286	0.6015	0.5188	0.4792	0.4423	0.4638	0.4509
C_{14}/(万人)	0.3925	0.4774	0.8384	1	0.6421	0.6430	0.5930	0.6071	0.5554	0.4456	0.4581

表 3 – 29　山西省各地级市城市竞争力综合得分排名

指标单位	太原市	阳泉市	长治市	晋城市	朔州市	大同市	晋中市	运城市	吕梁市	忻州市	临汾市
C_1/元	0.0521	0.0304	0.0272	0.0308	0.0349	0.0243	0.0252	0.0222	0.0230	0.0220	0.0233
C_2/元	0.0263	0.0189	0.0164	0.0176	0.0172	0.0160	0.0169	0.0143	0.0134	0.0134	0.0152
C_3/%	0.0190	0.0136	0.0119	0.0114	0.0137	0.0164	0.0126	0.0126	0.0107	0.0126	0.0122
C_4/%	0.1883	0.0750	0.0664	0.0664	0.0657	0.0703	0.0655	0.0648	0.0747	0.0629	0.0641

169

续表

指标单位	太原市	阳泉市	长治市	晋城市	朔州市	大同市	晋中市	运城市	吕梁市	忻州市	临汾市
C_5/(吨/人)	0.1374	0.0616	0.0565	0.0512	0.0517	0.0586	0.0487	0.0470	0.0465	0.0549	0.0477
C_6/%	0.0082	0.0099	0.0086	0.0097	0.0076	0.0117	0.0088	0.0085	0.0101	0.0093	0.0099
C_7/(公里/平方公里)	0.0166	0.0223	0.0132	0.0149	0.0148	0.0140	0.0137	0.0184	0.0166	0.0115	0.0142
C_8/(人/平方公里)	0.0696	0.0347	0.0312	0.0311	0.0278	0.0309	0.0293	0.0383	0.0285	0.0264	0.0300
C_9/(个/万人)	0.0409	0.0234	0.0183	0.0216	0.0187	0.0225	0.0202	0.0216	0.0174	0.0198	0.0190
C_{10}/(个/万人)	0.0453	0.0234	0.0250	0.0283	0.0264	0.0208	0.0262	0.0197	0.0208	0.0239	0.0225
C_{11}/(元/人)	0.2538	0.0867	0.0882	0.0958	0.0846	0.0867	0.0859	0.0904	0.0868	0.0849	0.0855
C_{12}/(吨/人)	0.0206	0.0256	0.0409	0.0196	0.0200	0.0183	0.0201	0.0220	0.0183	0.0200	0.0190
C_{13}/(元/人)	0.0499	0.0262	0.0298	0.0264	0.0300	0.0245	0.0259	0.0239	0.0225	0.0221	0.0231
C_{14}/(万人)	0.0170	0.0362	0.0432	0.0277	0.0278	0.0206	0.0256	0.0262	0.0198	0.0240	0.0192
综合得分	0.9449	0.4880	0.4769	0.4525	0.4410	0.4357	0.4246	0.4298	0.4091	0.4078	0.4050
排序	1	2	3	4	5	6	7	8	9	10	11

（5）城市发展状况及产业结构特点

上述划分原则得到的三种类别城市具有如下特点（见表3-30）。

1）Ⅰ类城市

太原市作为山西省省会城市，是山西省政治、经济、文化、交通中心，其综合实力远远超过其他地级市，具有如下特点。

①经济发展水平高，第三产业发达。太原市主导产业为金融科技、商贸物流、文化旅游、钢铁、机械、化工、高新技术产业。重点发展产业为不锈钢、机械装备、清洁能源、电子信息、精细化工、新材料、物流配送、文化教育、旅游业和综合服务业。[①] ②人才资源数量丰富、质量高。太原市有本科高校12所，专科高校24所，接近山西省高校总数的一半，集中了大批高素质人才。据《山西省统计年鉴2017》，2016年，太原市县级以上自然科学研究与技术开发机构数为72个，占山西省总数的54.96%，从事科技人员活动人数为5140人，占山西省总人数的68.84%。

2）Ⅱ类城市

阳泉、长治、晋城综合得分［0.45，0.5），经济发展水平较高，综合实力较强，具有如下特点。

①旅游业发达。阳泉、长治、晋城市的旅游业主要有自然资源旅游业、人文资源旅游业以及红色旅游。阳泉地区自然景观丰富多彩，森林资源丰富，生物景观繁多。长治市的旅游资源具有构成种类丰富、资源开发程度高、开发规模大、基础设施良好的特点。晋城市独特的地质条件形成了罕见的地形和地貌。②文化底蕴深厚。阳泉市历史悠久，旧石器时代中期，便有人类在此生息繁衍，古有"三晋文化数二定"（平定、定襄）之说。长治市被称作"古文化和古建筑博物馆"。晋城市历史悠久，文化遗产丰厚，是华夏文明的发祥地之一。

3）Ⅲ类城市

朔州、大同、运城、晋中、临汾、吕梁、忻州综合得分（0，0.45），经济发展水平较低，综合竞争力较弱，具有如下特点。

①矿产资源丰富。Ⅲ类城市为资源型城市，富含各类金属及非金属资

---

① 区桂恒：《实施产业结构调整战略，促进太原经济快速发展》，《城市研究》1997年第4期，第49～53页。

源。②第二产业发达。朔州、大同、晋中、运城、吕梁、忻州、临汾的煤化工产业、材料与化学工业、装备制造业、冶金、电力产业占据优势。工业产业园区发展形势良好，规模以上工业企业的发展在城市工业经济中占有举足轻重的地位。

（6）矿业废弃地产业转型模式构建

从废弃煤矿关闭具体位置入手，结合城市分类和城市特点，山西省废弃煤矿的开发模式可归纳为两个方向：第一种转型方向是将原有煤矿的场地、建筑转型用于商业用途，开发为第三产业园区和政府主导的工业园区；第二种是将煤矿的部分或全部作为煤炭工业遗产进行保护和利用所形成的新模式。根据以上分析，提出以下三种开发模式，详见表3-30。

1）第三产业园区模式

位于Ⅰ类城市周边的矿业废弃地，可借助太原市优越的地理位置和区位条件，利用太原市经济发展良好、人才资源丰富的优势，大力发展第三产业，如金融科技业、机械加工制造业、现代物流仓储业以及省会城市的宜居工程等，逐渐建立以第三产业为主导的产业链。这种开发模式将关闭煤矿用作商业用途，利用关闭煤矿土地资源、闲置厂房以及下岗职工，结合太原市经济发展状况和主导产业类型，通过实施资金、人才等的优惠政策，选择有发展潜力的产业，实现矿业废弃地资源的再利用。

2）旅游产业+康养小镇模式

位于Ⅱ类城市周边的矿业废弃地，可利用城市空气质量好、环境优良、河流山体众多，自然景观丰富、历史文化悠久的优势，将矿产文化与当地的旅游特色相结合，进行矿业废弃地的改造。根据Ⅱ类城市的旅游资源和文化资源优势，将矿业废弃地开发为红色旅游区或矿山公园。

3）工业园区模式

位于Ⅲ类城市周边的矿业废弃地，可利用当地矿产资源丰富、第二产业发达、工业所占比重大的优势，将化工产业、制造业、冶金产业等集聚发展，通过开发高附加值矿业产品，发展装备制造业，以可持续发展为前提，以产业集聚为主要特征，以工业园区为主要载体，发展产业特色鲜明、水平和规模领先的产业聚集区。

表 3 - 30　山西省各类城市发展特点及矿业废弃地产业转型模式构建

城市发展水平分类	城市发展特点	矿业废弃地产业转型模式	实施路径
I类城市太原市	经济发展水平高,第三产业发达。主导产业为金融科技、商贸物流、文化旅游、钢铁、机械、化工、高新技术产业人才资源丰富,高素质专业人才集中。山西省近一半的本、专科院校分布在太原市,集中了大批高素质人才	第三产业园区模式	金融科技业;机械加工制造业;现代物流仓储业;宜居工程
II类城市阳泉市、长治市、晋城市	旅游产业发达。阳泉、长治、晋城市的旅游业主要有自然资源旅游业、人文资源旅游业以及红色旅游文化底蕴深厚。历史悠久、重点文物保护单位众多,文化遗产丰富	旅游产业+康养小镇模式	生态开发;红色旅游;矿山公园
III类城市朔州市、大同市、晋中市、运城市、吕梁市、忻州市、临汾市	矿产资源丰富,富含各类金属和非金属资源,城市第二产业发达。煤化工产业、材料与化学工业、装备制造业、冶金、电力产业占优势。工业产业园区发展形势良好,规模以上工业企业的发展在城市工业经济中占有举足轻重的地位	工业园区模式	开发高附加值矿业产品;发展装备制造业;土地厂房作价出资,寻求项目合作

2. 内蒙古自治区

(1) 政策分析

2011 年内蒙古自治区国土资源厅发布了《内蒙古自治区矿山地质环境保护与治理规划》,提出构建资源节约型与环境友好型社会,进一步明确"十二五"期间全区矿山地质环境保护与治理的工作目标和任务,遏制和减少因矿产资源勘查开发引发的矿山地质环境问题,保护人民生命和财产安全,促进自治区矿产资源的合理开发利用与经济社会、资源环境的协调发展,逐步治理历史遗留的矿山地质环境问题,从而保护和改善矿山地质环境,在认真总结"十一五"矿山地质环境保护与治理规划执行情况基础上,正确分析全区矿山地质环境现状和治理现状,立足新起点,应对新的矿山地质环境形势和变化。[1]

----

[1]　内蒙古自治区国土资源厅:《内蒙古自治区矿山地质环境保护与治理规划》,2011 年 11 月 1 日, http://www.nmggtt.gov.cn/zwgk/ghjh/kczygh/201303/t20130327_27501.htm,最后访问时间: 2018 年 7 月 9 日。

2017年，内蒙古自治区人民政府发布《内蒙古自治区人民政府关于印发自治区绿色矿山建设方案的通知》，提出建立自治区绿色矿山规划体系。将全区生产矿山、新建矿山全部纳入绿色矿山建设规划。2017年底前，编制完成以依法办矿、规范管理、综合利用、技术创新、节能减排、环境保护、土地复垦、社区和谐、企业文化等为主要内容的绿色矿山建设规划。建立自治区级绿色矿山标准体系。结合地区和行业特点，制定绿色矿山建设标准。2017年底前，完成煤炭、有色金属、黄金、冶金、化工、非金属、砂石土矿等行业自治区级绿色矿山建设标准及绿色矿业发展示范区标准的制定。[①]

2017年内蒙古自治区人民政府发布《内蒙古自治区能源发展"十三五"规划》，提出按照"五位一体"总体布局和"四个全面"战略布局，坚持创新、协调、绿色、开放、共享五大发展理念，以供给侧结构性改革为主线，深入推进能源"四个革命、一个合作"战略思想，认真落实自治区第十次党代会精神，协同推进新型工业化、信息化、城镇化、农牧业现代化和绿色化，严守发展、生态、民生三条底线，着力调结构、补短板、提品质、增效益，建立安全稳定能源供应体系，加快能源网络体系建设，培育能源生产消费模式新业态，提升能源普遍服务水平，全面构建清洁低碳、安全高效现代能源体系，增强能源对全区经济社会发展的支撑和引领作用，努力建设国家重要能源基地和国家能源革命示范区。[②]

（2）关闭矿井概况

2017年内蒙古去产能关闭矿井主要分布在鄂尔多斯、赤峰、包头和呼伦贝尔市。其中，鄂尔多斯关闭7座，去产能495万吨；赤峰市关闭7座，去产能225万吨；包头市关闭1座，去产能60万吨；呼伦贝尔市关闭1座，去产能30万吨（关闭矿井名单详见附表6）。

---

① 内蒙古自治区人民政府：《内蒙古自治区人民政府关于印发自治区绿色矿山建设方案的通知》，2017年8月4日，http：//www.nmg.gov.cn/xxgkml/zzqzf/gkml/201708/t20170823_635964.html，最后访问时间：2018年7月9日。

② 内蒙古人民政府：《内蒙古自治区能源发展"十三五"规划》，2017年6月30日，http：//www.nmg.gov.cn/xxgkml/zzqzf/gkml/201707/t20170725_631246.html，最后访问时间：2018年7月9日。

（3）可利用资源识别与潜力评价

识别内蒙古自治区考察城市的可利用资源情况，从资源的赋存条件、生态开发条件、开发安全条件及需求条件等方面评价矿业废弃地产业转型的资源潜力。

（4）城市竞争力综合评价

同前文所列方法，构建城市竞争力指标体系对内蒙古自治区考察城市进行聚类分析，计算和分类过程略。

（5）矿业废弃地产业转型模式构建

结合内蒙古自治区煤矿关闭情况及其周边城市发展分类的分析，研究提出关闭矿井废弃地产业转型模式（见表3－31）。

表3－31　内蒙古自治区各类城市发展特点及矿业废弃地产业转型模式构建

城市分类	城市名称	城市特点	转型模式
I类城市	鄂尔多斯市 包头市 赤峰市	矿产资源丰富 工业发展迅速,但较为粗放 交通便利 经济发展水平较高	在土地复垦、草场修复的基础上,利用矿业废弃地,建设工业园区,开发高附加值矿业产品,发展装备制造业
II类城市	呼伦贝尔市	矿产资源丰富 自然环境优美 对外通商交通便利 畜牧业、旅游业发达 经济发展水平一般	在土地复垦、草场修复的基础上,发展畜牧业和林业,发掘废弃矿井(区)的文化价值,与美丽的大草原风景结合,发展旅游业

（三）东北区——黑龙江省

（1）政策分析

2014年黑龙江省人民政府发布《黑龙江省煤炭城市转型发展》，强调遵循经济规律和自然规律，以产业结构优化升级为主线，以提高经济发展质量和效益为核心，以实施"五大规划"发展战略为统领，以落实"十大重点产业"发展举措为切入点，牢牢扭住产业项目这个转型发展的引擎，大力推进煤与非煤"双轮驱动"。

2017 年黑龙江省人民政府发布《黑龙江省人民政府办公厅关于深化供给侧结构性改革促进钢铁煤炭水泥等行业转型升级的意见》，提出加快淘汰落后产能，关停退出使用淘汰类工艺技术与装备产能，依法、依规退出限制类产能。对达不到标准要求的，限期整改，对不整改或整改后仍达不到标准要求的，要依法、依规关停退出。①

2018 年 1 月，黑龙江省发展与改革委员会发布《黑龙江省能源发展"十三五"规划》的通知，提出能源结构性矛盾仍然存在，把发展清洁低碳能源作为能源结构的主攻方向，推动能源结构优化和高效利用，加快绿色转型发展。强调化解过剩产能、调整产业结构、促进资源型城市转型升级。②

（2）关闭矿井概况

黑龙江省 2016 年去产能关闭煤矿 16 座，共去产能 1010 万吨，占 2016 年全国煤炭去产能总量的 3.4%；2017 年去产能关闭煤矿 5 座，共去产能 76 万吨，占 2016 年全国煤炭去产能总量的 0.5%（关闭矿井名单详见附表 7）。

（3）可利用资源识别和潜力评价

选取黑龙江省去产能关闭矿井所在的 7 座城市，包括鸡西市、鹤岗市、双鸭山市、佳木斯市、七台河市、牡丹江市和黑河市。识别考察城市的可利用资源情况，从资源的赋存条件、生态开发条件、开发安全条件及需求条件等方面评价矿业废弃地产业转型的资源潜力。

（4）城市竞争力综合评价

1）城市竞争力指标体系构建

从三个层次构建城市发展测度指标体系（见表 3-32）：目标层为综合测度指数，反映城市发展的综合水平；控制层为分类指标，分为经济发展水平、社会发展水平、人民生活水平和资源环境水平四个维度；指标层为反映城市发展水平的具体指标，共选取 20 个具体评价指标。

---

① 黑龙江省人民政府：《黑龙江省人民政府办公厅关于深化供给侧结构性改革促进钢铁煤炭水泥等行业转型升级的意见》，2017 年 5 月 25 日，http：//www.hlj.gov.cn/wjfg/system/2017/05/25/010829702.shtml，最后访问时间：2018 年 7 月 10 日。

② 黑龙江省发展与改革委员会：《黑龙江省能源发展"十三五"规划》，2018 年 1 月 5 日，http：//www.hljdpc.gov.cn/art/2018/1/5/art_ 167_ 21098.html，最后访问时间：2018 年 7 月 10 日。

为充分反映城市发展水平，同时考虑到指标获取的便利性和数据加工处理的复杂程度，选取指标见表 3 - 32。

表 3 - 32　城市发展测度指标体系及指标方向性

目标层	控制层	指标层	指标方向性
城市发展水平指标体系	经济发展水平	人均 GDP(X_1,元)	+
		第三产业 GDP 比重(X_2,%)	+
		各市 GDP 占全省 GDP 比重(X_3,%)	+
		单位 GDP 能耗指标值(X_4,吨标准煤/万元)	−
		单位地区生产总值电耗(X_5,千瓦·时/万元)	−
	社会发展水平	社会保障和就业支出占财政支出比例(X_6,%)	+
		失业率(X_7,%)	+
		每万人拥有卫生机构病床数(X_8,张/万人)	+
		公路密度(X_9,公里/百平方公里)	+
		教育支出占财政支出比例(X_{10},%)	+
	人民生活水平	城镇常住居民人均可支配收入(X_{11},元)	+
		农村常住居民人均可支配收入(X_{12},元)	+
		城市用水普及率(X_{13},%)	+
		城市燃气普及率(X_{14},%)	+
		每万人拥有公共交通车辆(X_{15},辆/万人)	+
		人均城市道路面积(X_{16},平方米/人)	+
	资源环境水平	节能环保支出占财政支出比例(X_{17},%)	+
		人均水资源拥有量(X_{18},立方米/人)	+
		人均公园绿地面积(X_{19},平方米/人)	+
		建成区绿化覆盖率(X_{20},%)	+

2）研究方法

对黑龙江省各地级市的竞争力评价采用熵权法和聚类分析法。

3）数据来源与处理

研究数据来源于《2016 年黑龙江省统计年鉴》及 2016 年黑龙江省各地市统计年鉴。

4）计算过程

收集指标原始数据，构建原始指标数据矩阵，见表 3 - 33。对原始数据进行标准化和归一化处理，并采用熵权法确定各指标的权重。详见表 3 - 34、表 3 - 35、表 3 - 36。

表 3 – 33 指标原始数据

指标	鸡西	鹤岗	双鸭山	佳木斯	七台河	牡丹江	黑河
X_1	3.41	1.76	2.87	5.37	1.41	7.81	2.97
X_2	28222	24981	29230	35069	24823	44799	26575
X_3	37.61	34.94	39.03	44.93	47.11	42.52	37.01
X_4	0.98	1.13	0.86	0.72	1.25	0.67	0.62
X_5	737.00	1383.79	1087.42	481.11	876.48	362.81	831.35
X_6	19.45	22.12	18.47	18.42	20.43	13.70	16.42
X_7	3.84	4.10	4.03	4.05	4.30	3.38	3.48
X_8	64.58	83.15	63.01	67.32	51.06	67.31	45.25
X_9	41.40	40.76	41.03	41.53	41.39	31.56	23.85
X_{10}	12.93	14.16	15.29	11.64	12.02	14.10	10.30
X_{11}	20132	18891	21248	23033	20776	26673	22935
X_{12}	14409	12153	12206	13125	10687	14711	12177
X_{13}	98.52	99.15	99.16	95.78	95.43	92.74	96.97
X_{14}	27.25	64.37	52.93	93.73	70.59	91.72	90.78
X_{15}	11.91	8.90	12.39	13.38	11.84	16.92	21.54
X_{16}	9.05	8.28	8.92	9.71	12.05	13.31	12.37
X_{17}	4.33	1.24	1.78	1.80	2.24	2.11	1.70
X_{18}	2242.65	3165.42	2889.51	2218.68	1007.10	3461.30	4768.97
X_{19}	10.80	14.92	14.44	14.15	12.28	10.61	13.36
X_{20}	39.50	42.33	43.70	41.62	43.90	20.62	40.53

表 3 – 34 指标原始数据标准化处理

指标	鸡西	鹤岗	双鸭山	佳木斯	七台河	牡丹江	黑河
X_1	0.3127	0.0548	0.2284	0.6186	0.0000	1.0000	0.2433
X_2	0.1702	0.0079	0.2206	0.5129	0.0000	1.0000	0.0877
X_3	0.2198	0.0000	0.3358	0.8207	1.0000	0.6226	0.1702
X_4	0.4286	0.1905	0.6190	0.8413	0.0000	0.9206	1.0000
X_5	0.6335	0.0000	0.2903	0.8841	0.4969	1.0000	0.5411
X_6	0.6826	1.0000	0.5668	0.5601	0.7991	0.0000	0.3236
X_7	0.5000	0.2174	0.2935	0.2717	0.0000	1.0000	0.8913
X_8	0.5100	1.0000	0.4685	0.5823	0.1533	0.5821	0.0000
X_9	0.9927	0.9565	0.9716	1.0000	0.9920	0.4361	0.0000
X_{10}	0.5268	0.7737	1.0000	0.2686	0.3449	0.7611	0.0000
X_{11}	0.1595	0.0000	0.3029	0.5323	0.2422	1.0000	0.5197
X_{12}	0.9250	0.3643	0.3775	0.6059	0.0000	1.0000	0.3703
X_{13}	0.9003	0.9984	1.0000	0.4735	0.4190	0.0000	0.6589
X_{14}	0.0000	0.5584	0.3863	1.0000	0.6519	0.9698	0.9556
X_{15}	0.2381	0.0000	0.2761	0.3544	0.2326	0.6345	1.0000

续表

指标	鸡西	鹤岗	双鸭山	佳木斯	七台河	牡丹江	黑河
X_{16}	0.1531	0.0000	0.1272	0.2843	0.7495	1.0000	0.8131
X_{17}	1.0000	0.0000	0.1763	0.1834	0.3244	0.2827	0.1510
X_{18}	0.3284	0.5737	0.5004	0.3221	0.0000	0.6524	1.0000
X_{19}	0.0441	1.0000	0.8886	0.8213	0.3875	0.0000	0.6381
X_{20}	0.8110	0.9326	0.9914	0.9021	1.0000	0.0000	0.8552

表 3 − 35 指标原始数据归一化处理

指标	鸡西	鹤岗	双鸭山	佳木斯	七台河	牡丹江	黑河
X_1	0.1272	0.0223	0.0929	0.2517	0.0000	0.4069	0.0990
X_2	0.0851	0.0040	0.1103	0.2565	0.0000	0.5002	0.0439
X_3	0.0693	0.0000	0.1060	0.2590	0.3155	0.1965	0.0537
X_4	0.1071	0.0476	0.1548	0.2103	0.0000	0.2302	0.2500
X_5	0.1647	0.0000	0.0755	0.2299	0.1292	0.2600	0.1407
X_6	0.1736	0.2543	0.1441	0.1424	0.2032	0.0000	0.0823
X_7	0.1575	0.0685	0.0925	0.0856	0.0000	0.3151	0.2808
X_8	0.1547	0.3034	0.1421	0.1767	0.0465	0.1766	0.0000
X_9	0.1856	0.1788	0.1816	0.1870	0.1855	0.0815	0.0000
X_{10}	0.1433	0.2105	0.2721	0.0731	0.0938	0.2071	0.0000
X_{11}	0.0579	0.0000	0.1099	0.1931	0.0879	0.3628	0.1885
X_{12}	0.2539	0.1000	0.1036	0.1663	0.0000	0.2745	0.1016
X_{13}	0.2023	0.2244	0.2247	0.1064	0.0942	0.0000	0.1481
X_{14}	0.0000	0.1235	0.0854	0.2211	0.1442	0.2145	0.2113
X_{15}	0.0870	0.0000	0.1009	0.1296	0.0850	0.2319	0.3655
X_{16}	0.0490	0.0000	0.0407	0.0909	0.2397	0.3198	0.2600
X_{17}	0.4722	0.0000	0.0832	0.0866	0.1532	0.1335	0.0713
X_{18}	0.0973	0.1699	0.1482	0.0954	0.0000	0.1932	0.2961
X_{19}	0.0117	0.2646	0.2351	0.2173	0.1025	0.0000	0.1688
X_{20}	0.1477	0.1698	0.1805	0.1642	0.1821	0.0000	0.1557

表 3 − 36 指标权重

指标	e_j（熵值）	g_j（差异化系数）	w_j（各指标权重）
X_1	0.7759	0.2241	0.0731
X_2	0.6719	0.3281	0.1070
X_3	0.8292	0.1708	0.0557
X_4	0.8662	0.1338	0.0436

179

续表

指标	e_j（熵值）	g_j（差异化系数）	w_j（各指标权重）
X_5	0.8842	0.1158	0.0377
X_6	0.8933	0.1067	0.0348
X_7	0.8356	0.1644	0.0536
X_8	0.8649	0.1351	0.0440
X_9	0.9048	0.0952	0.0311
X_{10}	0.8736	0.1264	0.0412
X_{11}	0.8331	0.1669	0.0544
X_{12}	0.8730	0.1270	0.0414
X_{13}	0.8930	0.1070	0.0349
X_{14}	0.8942	0.1058	0.0345
X_{15}	0.8351	0.1649	0.0538
X_{16}	0.7982	0.2018	0.0658
X_{17}	0.7799	0.2201	0.0718
X_{18}	0.8802	0.1198	0.0391
X_{19}	0.8272	0.1728	0.0564
X_{20}	0.9193	0.0807	0.0263

黑龙江省七地市城市发展水平综合得分及排序详见表 3 - 37。

表 3 - 37　黑龙江省七地市城市发展水平综合得分及排序

城市	经济发展水平		社会发展水平		人民生活水平		资源环境水平		城市发展水平	
	得分	排名	得分	排名	得分	排名	得分	排名	综合得分	综合排名
鸡西	0.0332	4	0.0330	4	0.0286	6	0.0422	1	0.1370	4
鹤岗	0.0041	7	0.0401	1	0.0162	7	0.0260	5	0.0865	7
双鸭山	0.0341	3	0.0331	3	0.0292	5	0.0298	3	0.1261	5
佳木斯	0.0781	2	0.0261	5	0.0417	3	0.0265	4	0.1724	2
七台河	0.0225	6	0.0187	6	0.0334	4	0.0216	6	0.0961	6
牡丹江	0.1140	1	0.0357	2	0.0720	1	0.0171	7	0.2389	1
黑河	0.0311	5	0.0179	7	0.0637	2	0.0303	2	0.1430	3

⑥聚类分析

为了便于从整体上把握全省去产能关闭矿井所在城市的发展水平，以便根据城市发展特点规划矿井关闭后的开发模式，运用 SPSS 19.0 统计分析软件，根据城市发展水平综合得分对七个城市进行系统分类，采用欧式距离测度样本与样本间的距离，以类间平均距离测度样本与小类、小类与小类之间的距离，得到黑龙江省去产能关闭矿井所在七个城市发展水平聚类树状图（见图 3 - 5）。

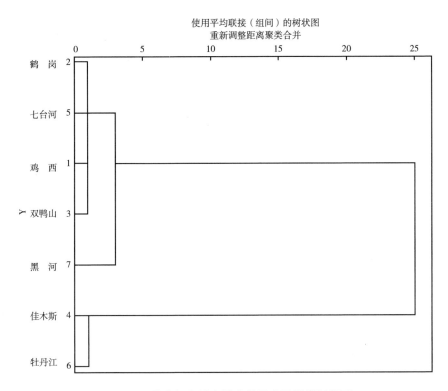

图 3 - 5　黑龙江七地市城市发展水平聚类树状图

　　根据聚类结果，按城市发展水平不同将城市分为三类：佳木斯市和牡丹江市为 I 类；黑河市为 II 类；鸡西市、双鸭山市、鹤岗市和七台河市为 III 类。

　　（5）城市发展状况及产业结构特点

　　根据黑龙江七地市城市发展水平聚类树状图，可将黑龙江省去产能关闭矿井所在城市分为三类：较发达城市、中等发达城市和欠发达城市。

　　1）I 类城市为较发达城市，包括佳木斯市和牡丹江市。牡丹江市是传统资源型城市，主要依靠自然资源来发展本地的相关产业，现在主要工业格局以森林、食品、医药、能源、石化等工业为主导，初级产品、中间产品所占比重较大；牡丹江市高新技术产业发展趋势良好。自国内倡导发展七大战略性新兴产业后，牡丹江逐步重点发展生物医药、电子信息制造、新材料、绿色食品等高成长性产业。对电子工业等高新技术产业进行适度超前的战略性投入，以形成满足市场经济需求的良性产业结构。佳木斯市工业基础较为雄厚，是"一五""二五"期间建设的老工业基地，经过多年的改革发展，产业基础不断壮大，资源保护更加充分，人才体系不断完善，工业园区建设粗具规模，形成了农产品深加工、装备制造、能源等支柱产业，占全市工业增加值80%以上。

2）II类城市为中等发达城市，包括黑河市。II类城市土地资源好，土壤质量好，农业基础雄厚，农产品、林业产品产量丰富，畜牧业、医药产业等产业发展趋势良好。黑河是黑龙江省三大林区之一，林产品十分丰富，猴头、木耳、蕨菜等野生产品100多种。与黑河毗邻的阿穆尔州耕地280万hm^2，占远东地区的40%，其中闲置土地近100万hm^2。

3）III类城市为欠发达城市，包括鸡西市、双鸭山市、鹤岗市和七台河市。III类城市为资源型城市，矿产资源丰富。鸡西市主导产业为煤炭、电力、非金属建材、煤机装备制造、医药、食品等六个产业，完成总产值234.3亿元，占全市规模以上工业总产值的98%。工业基础雄厚，双鸭山市是中国重要的煤矿基地，双鸭山煤矿是中国十个特大煤矿之一，煤炭储量位居黑龙江省第一位。主导产业为煤炭、电力、钢铁、粮食深加工、煤化工、对俄贸易和新能源新材料"七大产业"。鹤岗市煤炭、石墨、陶粒等30余种矿产资源丰富，煤电化工和高端石墨等产业发展良好。重点推进乙二醇、增值肥、焦粒造气、焦炭制气等项目，加快建设新型精细煤化工生产基地，提升资源就地转化率。打造高纯石墨精粉生产基地，加强石墨烯综合利用、汽车动力电池等重点项目建设，培育增长新动能。七台河市大力发展石墨深加工和石墨烯产业，将石墨深加工产业作为接续替代主导产业，形成七台河城市转型新的产业支撑。七台河市规划建设石墨采选园区及深加工产业园区，涵盖石墨新能源材料、密封散热材料、超硬材料、石墨烯、新兴材料及人造石墨产业六大产业链。

三类城市产业结构特点和城市发展特点详见表3-38。

表 3 – 38 三类城市产业结构特点和城市发展特点

城市分类	产业结构特点和城市发展特点
I 类城市	高新技术产业发展趋势良好
II 类城市	土地资源好,土壤质量好,农业基础雄厚;矿产资源丰富,工业所占比重大
III 类城市	资源型城市,矿产资源丰富

（6）矿业废弃地产业转型模式构建

结合对黑龙江省煤矿关闭情况及其周边城市发展分类的分析,研究提出关闭矿井废弃地产业转型的三种模式,详见表 3 – 39。

1）新兴产业开发模式

关闭矿井位于 I 类城市周边,应采用新兴产业开发模式。新兴产业型开发模式的主要功能是应用新的科研成果、新兴技术,培育节能环保、新材料等国家支持的新兴产业。I 类城市发展水平较高,具备发展新兴产业的条件。

2）生态农业旅游＋康养小镇开发模式

关闭矿井位于 II 类城市周边,应采用生态农业旅游＋康养小镇开发模式。生态农业旅游是一种新型农业生产经营形式,也是一种新型旅游活动项目,是在发展农业生产的基础上有机地附加了生态旅游观光功能的交叉性产业。农业生态旅游是把农业、生态和旅游业结合起来,利用田园景观、农业生产活动、农村生态环境和农业生态经营模式,吸引游客前来观赏、品尝、作息、体验、健身、科学考察、环保教育、度假、购物的一种新型旅游开发类型。

3）接续替代型工业开发模式

矿井位于 III 类城市周边。这类城市主要是以矿产资源开发为基础而兴建起来的工矿型城市,矿井关闭后应充分利用矿业城市的资源、技术、人才、政策优势,发展延伸主导矿业产业链条的接续替代型工业:引进新技术改造传统工业,发展资源型主导产业的资源产品深加工工业;对矿业产业生产过程中产生的废弃物、伴生矿物进行综合利用;发展与矿业主导产业相关的机械制造、机械维修、机具加工、零部件生产、汽车制造等类型的工业。

表 3 - 39　黑龙江省各类城市发展特点及矿业废弃地产业转型模式构建

城市分类	城市发展特点	矿业废弃地产业转型模式	实施路径
I 类城市 牡丹江市、佳木斯市	经济发展水平较高,第三产业占比高。主导产业为医药、农产品深加工、能源、装备制造产业; 高新技术产业发展趋势良好; 区位优势明显。	新兴产业模式	生物医药; 电子信息制造; 新材料; 绿色食品
II 类城市 黑河市	土地资源好,农业基础雄厚。农产品、林业产品产量丰富,畜牧业、医药产业等产业发展趋势良好; 旅游资源丰富,拥有世界三大旅游资源中的冰雪、森林两大资源。	生态农业旅游 + 康养小镇开发模式	生态旅游; 生态农业; 生态林业
III 类城市 鸡西市、双鸭山市、鹤岗市、七台河市	资源型城市,矿产资源丰富。煤化工业、装备制造业、高端石墨产业占优势; 工业基础较为雄厚。	接续替代型工业开发模式	煤化工产业; 高端石墨产业

(四) 华南区——四川省

(1) 政策分析

2016 年四川省人民政府发布《关于煤炭行业化解过剩产能实现脱困发展的实施意见》提出化解煤炭行业过剩产能,基本平衡市场供需,大幅减少煤矿数量,优化产业结构,实现转型升级。[①]

2017 年四川省人民政府发布《四川省"十三五"能源发展规划》,提出把发展清洁低碳能源作为调整能源结构的主攻方向,优化能源结构,加强能源基础设施和公共服务保障能力建设,显著提高能源普遍服务能力和水平。坚持能源发展和脱贫攻坚相结合,推进能源扶贫工程建设。[②]

2017 年四川省人民政府按照《国家"十三五"生态环境保护规划》

[①]　四川省人民政府:《关于煤炭行业化解过剩产能实现脱困发展的实施意见》,2016 年 8 月 25 日,http://www.sc.gov.cn/10462/10464/13298/13301/2016/8/25/10393491.shtml,最后访问时间:2018 年 7 月 10 日。

[②]　四川省人民政府:《四川省"十三五"能源发展规划》,2017 年 3 月 7 日,http://www.sc.gov.cn/10462/10464/13298/13299/2017/3/7/10416476.shtml,最后访问时间:2018 年 7 月 10 日。

《四川省国民经济和社会发展第十三个五年规划纲要》《中共四川省委关于推进绿色发展建设美丽四川的决定》《四川省生态文明体制改革方案》等，制定《四川省"十三五"环境保护规划》。规划提出，推进生态文明建设，充分发挥规划环评和项目环评有效联动、优化经济的作用，进一步优化产业布局。[①]

（2）关闭矿井概况

2016~2017 年，四川省共关闭矿井 283 座，共计退出产能 3951 万吨，去产能关闭煤矿分布在内江市、广元市、泸州市、达州市、宜宾市、攀枝花市、德阳市、乐山市、雅安市、广安市、眉山市、自贡市、巴中市和凉山彝族自治州这 14 个地级市辖区内，且分布比较集中（关闭矿井名单详见附表8）。

（3）可利用资源识别与潜力评价

识别四川省考察城市的可利用资源情况，从资源的赋存条件、生态开发条件、开发安全条件及需求条件等方面评价矿业废弃地产业转型的资源潜力。

（4）城市竞争力综合评价

同前文所列方法，构建城市竞争力指标体系对四川省考察城市进行聚类分析，计算和分类过程略。

（5）矿业废弃地产业转型模式构建

结合四川省煤矿关闭情况及其周边城市发展分类的分析，研究提出关闭矿井废弃地产业转型的四种模式（见表 3-40）。

表 3-40　四川省各类城市发展特点及矿业废弃地产业转型模式构建

城市分类	城市发展特点	矿业废弃地产业转型模式	实施路径
I 类城市攀枝花市	矿产资源丰富。攀枝花市是中国四大铁矿区之一，钛资源储量世界第一，石墨资源储量世界第三工业产值比重大。以黑色金属矿采选业、化学原料和化学制品制造业、煤炭开采和洗选业等为主区位优势明显。区域内铁路公路密集，是大香格里拉和南方丝绸之路的重要节点城市	接续替代型工业模式	延伸主导矿业，开采具有经济可采价值的矿产资源；装备制造业

[①] 四川省环境保护厅：《四川省"十三五"环境保护规划》，2017 年 3 月 8 日，http://www.schj.gov.cn/xwdt/stdt/201703/t20170308_254010.html，最后访问时间：2018 年 7 月 10 日。

矿业废弃地地表空间生态开发及关键技术

城市分类	城市发展特点	矿业废弃地产业转型模式	实施路径
II类城市 德阳市、自贡市、乐山市	现代产业体系不断完善,主导和战略新兴产业比重不断上升 发展机遇较好,潜力较大。德阳、乐山、自贡是高新技术、新能源、新材料等产业基地和聚集区 交通便利、生态宜居	高新技术新兴产业模式	高新产业化基地; 现代物流仓储业
III类城市 眉山市、宜宾市、雅安市、内江市、泸州市、广安市	旅游资源丰富,旅游业基础较好。眉山、宜宾等城市自然风景独特,气候条件较好,历史文化悠久(特别是酒文化),生态旅游发展基础较好。交通便利,区域位置较好。宜宾、泸州等为渝经济圈的重要发展城市	生态开发 + 康养小镇模式	文化旅游; 工业旅游; 生态农业; 养生; 养老
IV类城市 达州市、广元市、巴中市、凉山彝族自治州	经济落后。这类城市人均收入较少; 距离大中城市较远,交通不便,资源匮乏,城市发展动力不足,第三产业较弱; 无特色产业和工业基础	生态修复模式	土壤修复; 植被恢复

第四章 资源型地区矿业废弃地
生态开发关键技术

资源型地区矿业废弃地的产业转型一般需经历如下几个阶段。（1）生态修复。生态修复是实现资源型地区废弃地更新再利用的基础，产业转型首先要解决矿产资源开发所造成的土壤结构破坏、环境污染等生态问题。（2）景观再造。对矿业废弃地上的遗留厂房、废弃矿坑、矸石山，或采矿塌陷区形成的湖泊等特色资源进行改造，使矿业废弃地变为可供游览或具有人文价值的景观场所。（3）产业转型。矿业废弃地的产业转型需因地制宜地发展接续产业和替代产业，可以发展矿产资源深加工等接续产业，也可引进高新技术发展新兴产业，最终实现矿业废弃地与周边地区的协调发展。

资源型地区矿业废弃地在产业转型方面无论处于哪个阶段，相应的技术手段是基础。因此，本章根据产业转型的各个阶段将重点技术划分为生态修复技术、景观再造技术和产业转型技术。对以上技术进行梳理和总结，为资源型地区矿业废弃地的产业转型提供技术保障。

一 生态修复技术

实现资源型地区矿业废弃地产业转型的首要工作和基础是进行矿业废弃地的生态修复。生态修复技术是在生态学原理指导下，以生物修复为基础，结合各种物理修复、化学修复以及工程技术措施，通过优化组合，使矿业废弃地内的矿井水污染、裂缝、土壤贫瘠、山体滑坡、煤矸石堆积污染等情况得到改善的一种综合的修复方法。① 根据修复对象，生态修复技术可划分为土地复垦技术、山地修复技术、生物多样性恢复技术和环境污染治理技术。其中，生物多样性恢复技术中的生态再造技术和景观结构优化技术在本部分"土地复垦技术"和下文"景观再造技术"中均有描述，此处不单独赘述。

（一）土地复垦技术

矿业土地复垦是矿业废弃地生态修复的基础，了解国内外土地复垦技术对矿业废弃地复垦工作顺利展开有重要意义，有助于在矿山建设和生产过程中，有计划地修复因挖损、塌陷、压占等破坏的土地，使其恢复到可供利用的状态，包括采空区复原、尾矿造田、排土场造林，以及建成新风景观赏区等。土地复垦需要解决的关键技术包括土壤重构技术、植被重建技术和边坡复垦技术。图4-1为土地复垦技术构成简图。

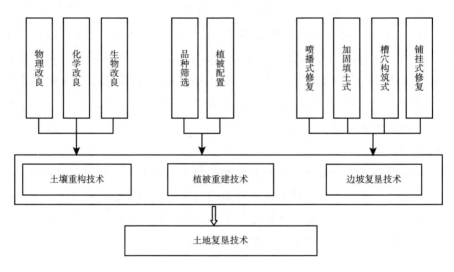

图 4-1　土地复垦技术构成

1. 土壤重构技术

排土场、尾矿库和其他矿业废弃地上的土壤较为贫瘠，营养成分不足，而肥沃的土壤环境是生物因子（动物、植物）生存的必备条件，即土壤重

---

① 邬晓燕：《中国生态修复的进展与前景》，经济科学出版社，2017。

建是土地复垦的首要工作。土壤重建技术中最关键的是覆土之后对表土的改良工作。通过物理改良、化学改良、生物改良等方式，改善矿业废弃地中贫瘠的土壤，使其变成有生产力的土壤，才能够具备植被恢复的条件。一般来说，矿地表土中缺乏 N、P、K 等营养元素，会影响植被的营养补给，这将决定植物的生长状况和生产量，而缺乏的营养元素难以在自然过程中得到恢复，因此只有借助人为干扰才能将矿业废弃地表土中的营养元素恢复到植被生长的需求水平。排土场土地复垦工艺如图 4 - 2 所示。

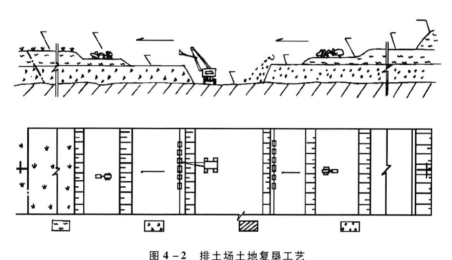

图 4 - 2　排土场土地复垦工艺

资料来源：付佳：《胜利矿区某露天矿排土场土地复垦技术研究》，《露天采矿技术》2017 年第 2 期，第 84 ~ 87、90 页。

（1）物理改良技术

1）表土保护利用技术

该技术的核心是对表层（0，30］cm 以内深度和亚层（30，60］cm 的土壤进行异地保存，防止土壤中的营养元素流失，煤炭开采完成后进行土壤修复时再将原保存土壤运回填充，为植被恢复和景观再造提供高养分的土壤。[①] 矿业废弃地上土壤较少或没有时，可先进行覆土改良。矿业废弃地上的土壤污染严重，含有大量有毒化学物质时，可先在地表上铺隔离层，利用

———————

[①] 莫爱、周耀治等：《矿山废弃地土壤基质改良研究的现状、问题及对策》，《地球环境学报》2014 年第 8 期，第 23 ~ 27 页。

高密度聚酯乙烯薄膜避免有毒化学物质向上移动，再将原保护土壤进行回填。矿业废弃地在经过原保护土壤回填后可展开进一步的生态修复，如植被恢复、景观再造。

2) 客土覆盖技术

针对矿业废弃地土层较薄或缺少种植土壤问题，可采用异地熟土覆盖，直接固定地表土层，并对土壤理化特性进行改良。适当引进氮素、微生物和植物种子，为矿区重建植被创造有利条件。客土覆盖时可结合"以废治废"的修复方式，尽量利用城市生活垃圾、污泥或利用剥离有潜在肥力的岩土和含腐殖质的土壤层，减少对其他区域土壤的土层破坏。客土用量根据本、客土各自的颗粒组成及要求达到的质地标准来确定。客土方式有整体客土和穴状客土两种方式，整体客土是指对治理场地进行同一标准的客土覆盖，穴状客土是指在治理场地内，以种植穴客土为主，辅以穴间客土的方式。种植穴规格为 $0.8m \times 0.8m \times 0.8m$（或种植穴不小于 $0.5m^3$），穴内全部客土，穴间客土厚度不小于 $0.2m$。

3) 有机物改良技术

有机物质不仅含有植被生长和发育所必需的各种营养元素，还能改良土壤物理性质。有机物质可细分为：生物活性有机肥料，如动物粪便、人粪尿、鸟粪、污水污泥等；生物惰性有机肥料，如泥炭和泥炭类物质及各种矿质添加剂的混合物。该类有机肥料可作为阴阳离子的有效吸附剂，添加至矿业废弃地的污染土壤中，可提高土壤的缓冲能力，降低土壤中盐分的浓度。加入的有机物质还可以螯合或者络合部分重金属离子，缓解其毒性，提高基质持水保肥的能力。

（2）化学改良技术

1) 营养物质添加技术

矿业废弃地土壤中缺乏 N、P、K 等植物生长营养物质，必须添加肥料或利用豆科植物的固氮能力提高土壤肥力。比如，配合施用石灰 80 吨/公顷与有机肥 100 吨/公顷可有效降低土壤电导率和酸度;[①] 木屑能够提高灌木、非禾本植物的存活率。由于速效的肥料易被淋溶，若想有效地补充土壤肥

---

① 张鸿龄、孙丽娜等：《矿山废弃地生态修复过程中基质改良与植被重建研究进展》，《生态学杂志》2012 年第 2 期，第 460~467 页。

力，必须少量多次地施肥。合理施肥是土地复垦增产的有效措施，调整化肥品种、营养组分配比、施肥时间、施肥方式、施肥量等，对增产效果显著。

2）易溶性磷酸盐法施用技术

易溶性磷酸盐可以促使土壤中的重金属形成难溶性盐（$HgCl_2$ 等），同时可以减少土壤中多数重金属的生物有效性。譬如，在土壤中增施易溶性磷酸盐（Na_3PO_4 等），可提高土壤中磷的含量，增加土壤肥力，也可促使重金属形成不溶性化合物（磷酸盐），其形态有利于这些重金属的固定，并可降低其生物可利用性。

3）含 Ca^{2+} 化合物加入技术

矿业废弃地主要有排土场、煤矸石堆、污水湖等。不同废弃地的土壤酸化程度有所不同。酸性高的土壤易导致土壤中的金属离子浓度过高，影响周边动植物、微生物的生长。针对高度酸性土壤的修复，可施用硅酸钙、碳酸钙、熟石灰等农用石灰性物质（含 Ca^{2+} 化合物），中和土壤的酸性元素，改善土壤质量。而高度碱性土壤的修复，可输入适当的硫酸亚铁、硫黄、石膏、硫酸等物质，中和土壤中的碱性元素，也可投入适当的煤炭腐殖质酸物质进行改良，使土壤成分达到植被可生长状态。

（3）生物改良技术

1）动物改良技术

土壤动物是食物链的基础，是生态系统中的初级消费者和分解者。在矿业废弃地复垦过程中加入有益的土壤动物，可完善重建的系统功能，加快生态恢复进程。比如，蚯蚓能有效改良废弃地土壤的理化性质、富集重金属，以实现矿山废弃地土地复垦和生态修复。[1]

2）植物改良技术

种植先锋植物可以吸收土壤基质中的污染元素，改善土壤的污染情况。植物改良旨在吸收土壤中的重金属，将重金属转移至地上部分（含根茎），收割后进行集中处理，降低土壤中重金属含量。[2] 详细的植物改良技术可参

---

[1] Boyer S., Written S. D., "The Potential of Earthworms to Restore Ecosystem Basic and Applied," *Ecology* 3 (2010): 196 – 203.

[2] 胡晓萧、李小英：《矿山废弃地生态修复中土壤基质改良技术研究综述》，《现代农业科技》2018 年第 1 期，第 184 ~ 186 页。

考下文的"植被恢复技术"内容。

3）微生物改良技术

微生物的生命代谢活动可以减少土壤环境中有毒有害物质的浓度，使污染土壤无害化，重新建立和恢复土壤微生物体系，增加土壤活性，加快土壤改良进程，缩短复垦周期。微生物改良技术则是利用微生物的吸收优势，对矿业废弃地土壤进行综合治理与改良的一项生物技术措施。微生物改良技术常用方式包括添加营养、接种外源降解菌、生物通气、土地处理、堆肥式处理等。其中，生物通气法旨在矿业废弃地中的污染土壤上打上几眼深井，安装鼓风机和抽真空机，将空气强行排入土壤中，再抽出，土壤中有挥发性的有机物也随之去除。通入空气时，加入适量的氨气，可为土壤中的降解菌提供所需要的氮源，提高微生物的活性，提高去除效率。

2. 植被恢复技术

植被恢复技术是运用生态学原理，通过保护现有植被、封山育林或者是营造人工林、灌、草植被，修复或者重建被破坏的森林和其他自然生态系统，恢复其生物多样性及其生态系统功能。该技术能充分利用采煤废弃地原有地貌重塑景观并且能缓解水土流失。在稳定山体和改良土壤后，选择先锋树种进行栽植，栽植方式包括幼苗栽植和直播两种方式。其次采取乔木－灌木－草本植物的配置模式增加植被多样性。乔木和灌木的种植间距以 1.5m 为宜，林下空间布置乡土草种、地被以丰富景观层次，主要的树种有侧柏等耐瘠薄树种。植被恢复的关键技术有品种筛选技术、植被配置技术。

（1）品种筛选技术

经土壤重建后的土壤养分不一定满足农作物和植被的生长需求，故植被筛选中可遵循"先易后难"原则，先种植豆科植物、菌根植物等易存活植被以进一步改良土壤养分。同时，在进行品种筛选时应满足"因地制宜、适地适树、乔灌草立体配置"的原则，保护矿区整体生态系统生物多样性的稳定。[①] 首先，种植应以草本植物为主。选用草籽应结合当地的土壤和气候条件，选择容易生长、根部发达、叶茎低矮、枝叶茂密或有匍匐茎的多年

---

① 季秀峰、袁立敏等：《浅谈露天煤矿土地复垦技术》，《内蒙古林业科技》2010 年第 4 期，第 83～88 页。

生草种。几种草籽混合使用，可增加植被存活率，有利于发挥各自的优势，使之形成一个结构合理的覆盖面。其次，乔木、灌木的选择要求根系发达，抗风、抗旱、抗病虫害、耐贫瘠。同时可适当选用花灌木，以丰富整个坡面景观。常用的植物有玫瑰刺、勒杜鹃、马尾松等。最后，物种选择应遵循"就地取材"原则。

（2）植被配置技术

根据生态经济规划目标和布局，应用筛选出的品种模拟自然群落的空间结构，组建不同类型的植物群落，并种植在其适宜生长的地段。土地复垦后的排土场平台、坍塌坑平台及边坡的植被配置有不同要求。排土场平台和坍塌坑平台的植被配置目标是高生产力的优质植物群，种植过程应该分阶段进行。经修复或回填的土壤不一定适合所有植物生长，故在种植初期可以栽培绿肥以增加土壤内的营养元素，中后期再改种灌木－乔木－草本植物或者经济作物（果树、中药材等）以进一步加强土壤质量的改善力度。边坡的植被恢复的目标是防止水土流失和避免山体滑坡或泥石流等地质灾害的发生。植被配置时应避免与扎根较浅的树种混合，如牧草，尽量选择乔灌草立体种植结构。

3. 边坡复垦技术

我国的边坡复垦一般处理方法是先降坡，再采用液压喷播、表面覆盖秸秆或干草、植物枝条插种、树桩插种、石堆种植、绿化墙、框格绿化、土工网（一维或三维）绿化、阶梯墙绿化、带孔砖（或砌块）等方法进行坡面防护和植被重建。根据构筑方式的不同，边坡修复技术可归为四类：喷播式修复、加固填土式修复、槽穴构筑式修复和铺挂式修复。[①]

（1）喷播式修复技术

喷播类修复是先铺设锚杆、铁丝网，再将基质材料和种子等按比例混合均匀后通过机械喷射到坡面上的一类技术，一般用于坡度较陡或稳定性较差的岩质边坡。

1）厚层基材分层喷播技术

该技术适用于坡度为 45°~75° 的岩石边坡，核心工序在于基材的 3

---

① 赵冰琴、夏振尧等：《工程扰动区边坡生态修复技术研究综述》，《水利水电技术》2017 年第 2 期，第 130~137 页。

层喷射。由于每层的基材物质结构不同，3 次喷射厚度均有不同。具体说，紧贴破损面属于最底层，通常会喷射 7～10cm 厚的植土。中间层一般是多孔的混泥土层，通常喷射 7cm 厚的砂浆、保水剂、肥料等。最外层喷射约 5cm 厚的木质纤维和植物种子。经过 3 层喷射后便可形成植被发芽空间。

2）植被混凝土生态防护技术

植被混凝土生态防护技术是一种综合环保技术，适用于坡度为 45°～85°的各类边坡，通过应用特定的混凝土配合比例和植物种子配方，对岩石边坡进行绿化施工，同时提高岩石边坡的防护性能。植被混凝土生态防护技术的关键有工程概况、植物品种搭配、清理坡面、钻锚杆孔并固定锚杆、铺设并固定铁锌网、植被混凝土配置、高压喷播和养护管理。[①]

3）防冲刷基材生态护坡技术

该技术是植被混凝土生态防护技术的进一步改进，具有防雨水冲刷功能，适用于 30°～50°坡度的各类边坡。实施中涉及三个功能层：基材层、加筋层、防冲刷层。基材层一般是沙土混合物、复合肥等材料的搅拌混合物，具有营造植被生长环境的功能。加筋层可由铁丝网和锚固零件构成，用于稳固边坡，防止雨水季节泥土滑坡。防冲刷层由绿化植生带、生物膜或其他黏结材料组成，防止坡面受雨水影响而发生泥石流等事件。实施工艺有边坡修整、基材层材料制备、基材层材料铺设、加筋层铺设、植被混合物搅拌、防冲刷层喷射、无纺布覆盖及晒水养护。图 4－3 为防冲刷基材生态护坡技术工艺示意图。

4）喷混植生技术

也称有机基材喷射技术，是新型的岩质坡面快速绿化技术，借助特制喷混机械将种植介质、有机物、复合肥、保水材料、固土剂、接合剂、植物种子等混合干料搅拌均匀后加水喷射到岩面上。

5）客土喷播技术

石质边坡主要缺少植物生长的土壤因素，而客土喷播法的实质是人为创建"土壤"，为植物的定居、生长创造基础条件。客土喷播是以岩面挂网为

---

① 尚红光：《岩质边坡植被混凝土生态防护技术的应用》，《江西建材》2017 年第 7 期，第 238～239 页。

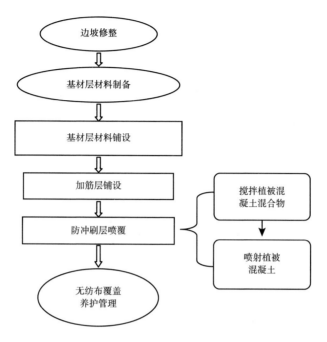

图 4 - 3 防冲刷基材生态护坡技术工艺

载体,把客土、有机质、黏结剂、肥料等基材和种子充分拌和,通过喷播机均匀喷洒到坡面,形成一定厚度的土层,创造植物所需的生长环境,使植物自然生长覆盖坡面,达到绿化和固坡的目的。[①] 客土喷播法实施工艺为施工准备、修整坡面、风钻锚杆孔、固定锚杆、固定植生带、安装铁丝网、喷附基质、种植灌木和攀缘植物、盖无纺布、养护管理。

6)喷播复绿技术

利用特制喷射机械将土壤、有机质、保水剂、黏合剂和种子等混合后喷射到岩面上,在岩壁表面形成喷播层,营造一个既能让植物生长发育而种植基质又不会被冲刷掉的稳定结构,可保证草种迅速萌芽和生长。

(2)加固填土式修复技术

加固填土式修复技术是指在坡面上先采取砌筑混凝土框格、挡墙等加固措施,再铺填种植土进行植被种植的一类护坡技术。

---

① 陈晓斌:《客土喷播法在石质边坡绿化中的应用》,《公路》2004 年第 8 期,第 307～309 页。

1）框格梁填土护坡技术

适用坡度在 30°~65° 的各类边坡、垂直高度在 10m 以上的土质边坡、严重风化的岩石边坡。根据坡面的地形，框格梁可分为锚杆框架梁和锚索框架梁两种。框格梁填土护坡的工艺有：材料机具准备、坡面平整、定位放线及确定柱顶标高、加工锚索锚具并下料焊接、锚索锚具防锈处理、绑扎钢筋、开挖竖向肋柱坑槽、清除土壤并钻机钻孔、搭模并架设钢筋和锚具定位、浇筑竖向肋柱、安装钢绞线、封闭注浆孔和排气孔、张拉锚具和混凝土封头、开挖横向肋柱坑槽并浇砼、平整表面、施工下层边坡直至接上路基边沟。

2）土工格室生态挡墙技术

土工格室是高密度聚乙烯材料经过高强力焊接加工而形成的具有网状格室结构的用于防止滑坡、泥石流及受载重力的混合式挡墙。因工程需要，有的在膜片上进行打孔。土工格室生态挡墙技术在水利、公路、铁路、城镇建设等各类型缓坡和高陡边坡中均可应用，特别是岩石和土层较薄的难以生态恢复的边坡，其修复工艺与框格梁填土护坡技术雷同，可参考上文"框格梁填土护坡技术"的流程操作。

3）浆砌片石骨架植草护坡技术

适用于坡度 55°~80° 的各类深层稳定土质边坡和强风化岩质边坡的修复。浆砌片石骨架植草护坡技术的关键有坡面平整、施工放线、人工开挖基坑、坐浆、铺砌片石、勾缝或搓缝、清理坡面、植被种植并养护管理。其中，浆砌片石的基础材料主要是沙、片石、水泥，并按一定配合比混合；基坑是土质基坑，砌筑骨架时直接采用坐浆法砌浆；勾缝一般采用平缝压槽法，缝宽控制在 15~20mm，缝深 10~15mm，勾缝时要求砂浆面平整、光滑；砌筑完毕后及时用草袋或土工步进行覆盖，并经常洒水保持覆盖。

（3）槽穴构筑式修复技术

槽穴构筑式修复指在边坡上构建槽穴或安装边坡穴植装置，利用槽穴为边坡植物提供生长初期所需的营养元素，营造稳定的植物群落，实现边坡生态环境的恢复。

1）燕巢法穴植护坡技术

开挖土质及回填边坡或高陡岩石边坡，特别是应用于坡面起伏的岩壁时，能有效利用微地形，创造适宜植物生长的环境。

2）板槽法绿化技术

该技术是指人工安装种植槽并在槽内种植乔灌木或爬藤植物的一种边坡绿化技术，其适用于石壁陡立、坡度在 70°以上、壁面光滑的岩质边坡和喷锚边坡。关键工艺有边坡修整加固、特制钢筋水泥预制槽板、钻孔、建造并固定植生槽、铺填种植土、种植乔灌木或爬藤植物。其中，钻孔时为确保安全，需在坡面上钻出与坡面成 45°左右的锚孔，为安插水泥预制板和建造植生槽奠定基础。种植土成分有土壤、复合肥、保水剂和泥炭土，铺填种植土时只需铺填至槽体的 3/4 体积处。

3）口型坑生境构筑技术

适用坡度小于 50°的各类边坡，通过坑内配置灌木、坑外配置草本的形式对边坡进行生态修复，一般与其他边坡生态修复技术结合使用。

4）植生袋灌木生境构筑技术

植生袋是网袋的延伸，是在尼龙编织袋（网袋）内增加一块镶入植物种子的无纺布。植生袋灌木生境构筑技术适用于平面、斜坡和陡坡上的绿化，常与框架梁、骨架类修复技术结合，防止雷雨或浇水引起的种子或水土流失。

5）植生槽（盆）技术

植生槽（盆）指对石壁凹凸不平的微地形进行加工，使之可供植物生长。该技术主要适用于凹凸不平的坡面，先改造起伏各异的坡面，再回填营养成分高的土壤，种植藤木、灌木、乔木植物。本技术成本低，养护效果好。

（4）铺挂式修复技术

铺挂类修复指在边坡上直接铺建植生网络，为护坡植物提供有益的生长环境，以达到快速复绿的效果。

1）铺草皮绿化技术

本技术适用低坡度或坡度较缓的土质边坡或风化严重的岩层边坡。关键工艺有地形平整及耕翻、定点放线、草坪栽植、养护管理。地形平整后的种植土厚度最低为 30 厘米。

2）攀缘植物绿化技术

攀缘植物指能缠绕或依靠附属物体并攀附该物体向上生长的植物。攀缘植物绿化技术适用于整体性和稳定性良好的边坡，或表层经攀爬媒介固定后稳定性较好的公路、铁路和矿业建设等各类边坡。

3）挂笼砖绿化技术

挂笼砖绿化技术是采用配制好的栽培基质加黏合剂压制成砖状土坯，在砖坯上播种草类等植物种子；经养护，砖坯形成长满絮状草根的绿化草砖，将草砖转入分格均匀的过塑网笼砖内，形成绿化笼砖，再将笼砖固定在岩质坡面上，达到即时绿化效果。

4）筑台拉网复绿技术

该技术适用于坡度大、开采面高的石壁，先在剖面上每隔 10～15cm 插进钢棒悬空架设水平种植台或者预制特种花盆，再配置一定养分的土壤种植藤木、灌木、乔木植物。

（二）山地修复技术

矿业废弃地的形成时间较长，在煤矿开采及堆积中容易造成山体破损，破坏生态环境，影响人民的生活和健康。根据国土资源部规定，煤矿开采企业或个人应遵循"谁破损，谁修复"原则，自开采施工起就有对矿山废弃地进行修复的义务。矿山废弃山地的修复工艺包括两个阶段：修复工程、恢复生态（见图 4-4）。由于生态修复用途不同，有的修复工艺只有修复工程一个阶段。矿业废弃地的山地破损包括煤矸石污染和占用、地表坍塌坑、裂缝、山体滑坡或泥石流等。结合废弃地的地形地貌、破损程度，山地修复技术主要包括以下几种，如图 4-4 所示。

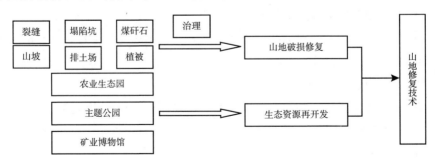

图 4-4　山地修复技术

1. 裂缝治理技术

宽度不超过 20mm 的裂缝不需要特别修复，造成损害较为轻微的，只需在发现时进行人工平整或土壤、岩石回填，无须机械操作；宽度超过 20mm 的裂缝易造成坍塌，影响员工人身安全，损害较为严重，修复中应以人工治理为主，机械治理为辅。先对裂缝两侧进行表土剥离并就近保存，再就近取材填平裂缝，最后进行表土回覆并利用剥离土壤进行人工平整；宽度超过 300mm 的裂缝，主要采取机械治理技术，加大填充物用量，结合客土回填技术填平裂缝。裂缝治理技术涉及工艺有剥离裂缝两侧表土并堆存、就近挖取土壤或岩石、装运土壤或岩石、填平裂缝、覆盖表土、平整土地。裂缝有机整合工艺流程见图 4-5。

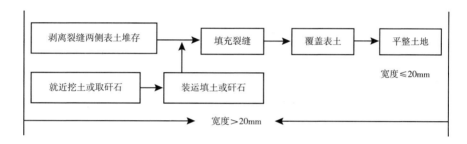

图 4-5　裂缝有机整合工艺流程

2. 塌陷坑治理技术

矿区井下开采引起的塌陷坑比较常见，且坍塌程度不一。针对微型的坍塌坑，利用客土回填技术人工平整即可；针对中型的坍塌坑，就近挖取土壤、岩石填平即可，是否动用机械器材根据耗资情况和填充材料量决定；针对大型的坍塌坑，附近土壤或岩石无法满足时，可考虑远距离运输土壤、岩石。填平坍塌坑时先用岩石填充，再用土壤填充，防止塌陷坑再度坍塌。

3. 煤矸石污染治理技术

煤矸石的无机成分主要是 Si、Al、Ca、Mg、Fe 的氧化物和某些稀有金属，其长期露天堆放或者填埋将释放含 HCO_3^-、Ca^{2+}、Mg^{2+}、Mn^{2+} 等的污染物，影响周边大气、水源和土壤质量。减少煤矸石对环境和居民的影响，可采用原位治理技术，隔绝煤矸石与外界的接触，避免发生化合反应，减少污染物的扩散。同时对煤矸石进行物理改良、化学改良和生物改良，吸收有害元素并添加能让动植物、微生物生长的营养元素，实现煤矸石堆生态环境的再造。使用技术见本书"土地复垦技术"部分。

4. 山坡整地及植被修复技术

山坡整地是充分利用矿业废弃地原有地貌，对现有景观进行重塑。在此基础上，结合植被修复技术以避免水土流失的发生。若整地山坡较陡峭，则不适合大规模的机械改造，一般采用鱼鳞坑和反坡梯田技术，达到较好的蓄水、保水效果，减少水土流失。同时，利用生态学原理和生态修复理论，修筑土坎梯田和鱼鳞坑，增加山坡整地修复力度。海拔高、坡度大、山坡陡峭的山体，整地以反坡梯田为主，田面稍微向内倾斜。其中，反坡梯田用于蓄水保水，防止坡顶上的水土流失，并在暴雨、冰雹等恶劣天气下能使径流由梯田内侧安全排走；而山体的中下部分，整地以平坡梯田为主，种植乔木、灌木或草本植物。坡度超过25°的破碎沟坡，一般采用鱼鳞坑，自上而下同水平地挖半月形坑，坑内剥离出的土壤、碎石培在外沿堆成半圆埂，保证充足的保水量。种植乔、灌木和草本时回填适量土壤，以稳固植被根基，绿化山坡。根据不同坡度的地势特征选用不同的整地方式，进而形成山坡上、中、下三层植被绿化的立体结构。

5. 滑坡与泥石流防治技术

针对矿业废弃地发生山体滑坡、泥石流等地质灾害问题，我国的防治方法包括两种：工程防治技术、植被防治技术。工程防治技术的关键技术包括借助机械器材搬运煤矸石堆和淤积物，建立护坡和挡土墙，防止泥土、岩石下滑，稳定沟床和坡面物质，防止山体滑坡和泥石流等地质灾害的发生。其中，搬运的煤矸石或堆积物一般用于填充坍塌坑，修建的护坡一般是降坡，使之变成阶梯式边坡，修建挡土墙一般是隔间距地修建挡坝，分段拦截泥石流下泄的固体物质，抑制泥石流进一步发展。植被防治技术指在挡土墙内或边坡上种植乔木、灌木、草本植物，增加植被覆盖区域，减少地表径流和保持水土，减少滑坡、泥石流等地质灾害的发生。工程防治技术和植被防治技术都有不可取代的作用。

（三）环境污染治理技术

煤矿在建矿、开采、运输、处理的全过程中都直接与生态环境相接触，各环节所产生的粉尘、煤尘、废气、废水、固体废弃物等都会对环境造成污染。主要污染类型有水体污染、大气污染、危险废物污染和土壤污染。土壤污染的治理可参考本书"土地复垦技术"部分。图4-6为塌陷积水坑污染示意图。

1. 水体污染防治技术

污水处理技术，按处理程度划分，可分为一级、二级和三级处理。一级处理用于去除污水中呈悬浮状态的固体污染物质，物理处理法大部分只能满足一级处理的要求。经过一级处理的污水，BOD一般可去除30%左右，仍达不到排放标准。二级处理用于去除污水中呈胶体和溶解状态的有机污染物质（BOD、COD物质），去除率可达90%以上，使有机污染物达到排放标准。三级处理是进一步处理难降解的有机物、氮和磷等能够导致水体富营养化的可溶性无机物等。主要方法有生物脱氮除磷法、混凝沉淀法、砂率法、活性炭吸附法、离子交换法和电渗分析法等。图4-6为塌陷积水坑污染示意图。

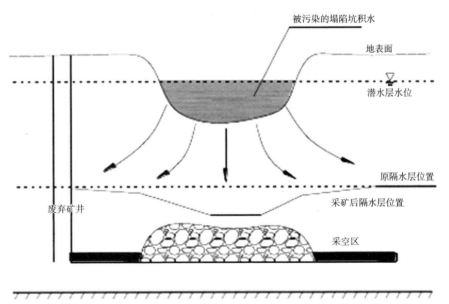

图4-6 塌陷积水坑污染示意图

资料来源：刘埔、孙亚军：《闭坑矿井地下水污染及其防治技术探讨》，《矿业研究与开发》2011年第4期，第91~95页。

整个过程为通过粗格栅的原污水进行污水提升泵提升后，经过格栅或者筛率器，之后进入沉砂池，经过砂水分离的污水进入初次沉淀池，以上为一级处理（即物理处理）。初沉池的出水进入生物处理设备，有活性污泥法和生物膜法，（其中活性污泥法的反应器有曝气池、氧化沟等，生物膜法包括生物滤池、生物转盘、生物接触、氧化法和生物流化床），生物处理设备的出水进入二次沉淀池，二次沉淀池的出水经过消毒排放或者进入三级处理，一级处理结束到此为二级处理。三级处理包括生物脱氮除磷法、混凝沉淀法、砂滤法、活性炭吸附法、离子交换法和电渗析法。二次沉淀池的污泥一部分回流至初次沉淀池或者生物处理设备，一部分进入污泥浓缩池，之后进入污泥消化池，经过脱水和干燥设备后，污泥被最后利用。

2. 大气污染治理技术①

（1）脱硫技术

脱硫技术主要分为燃烧前、燃烧中以及燃烧后三种。燃烧前的脱硫主要是对煤炭燃料的液化、气化以及洗煤。其中对煤炭燃料的液化和气化的研发一直在不断进行中，二者从工艺方面来讲更加经济简单，而洗煤作为脱硫的一种辅助措施加以应用。在以煤炭为主要燃料时，在燃烧过程中，为了更好地节约资源，减少成本，降低污染物的排放，我国通常采用燃用型煤炭用于小锅炉的燃烧。对于较大规模的锅炉燃烧，通常需要对燃烧后的烟气采用脱硫技术，这对于降低二氧化硫对大气的污染、控制酸雨的形成具有很大的作用。烟气脱硫技术通常包括硫氮联脱、干和半干法以及湿法等。在烟气脱硫工艺中，以 CDSI 法、喷雾干燥法、石膏法技术应用比较广泛，技术发展也比较成熟。

（2）除尘技术

除尘技术主要包括生物纳膜抑尘技术、云雾抑尘技术及湿式收尘技术等关键技术。

1）生物纳膜抑尘技术

生物纳膜是层间距达到纳米级的双电离层膜，能最大限度地增加水分子

---

① 唐晓慧：《大气污染的主要类型及防治技术探讨》，《科技与企业》2014 年第 21 期，第 81 页。

的延展性，并具有强电荷吸附性。将生物纳膜喷附在物料表面，能吸引和团聚小颗粒粉尘，使其聚合成大颗粒状尘粒，自重增加而沉降。

2）云雾抑尘技术

通过高压离子雾化和超声波雾化，可产生超细干雾，充分增加超细干雾与粉尘颗粒的接触面积，水雾颗粒与粉尘颗粒碰撞并凝聚，形成团聚物，团聚物不断变大变重，直至最后自然沉降，达到消除粉尘的目的。

3）湿式收尘技术

通过压降来吸收附着粉尘的空气，在离心力以及水与粉尘气体混合的双重作用下除尘，其独特的叶轮等关键设计可提高除尘效率。

（3）脱氮技术

氮氧化物的控制技术主要包括改进燃烧技术、减少氮氧化物的排放量，以及对大气环境中的氮氧化物清除这三种方法。通常使用可再生技术、烟道及炉内喷吸着剂技术、用 SCF 取出氮氧并对氮氧化物和硫化物进行联合脱除。对于烟气脱氮技术，我国经过不断研究，已经取得了一定的进步和成果。在部分锅炉中，已经开始安装低氮燃烧器装置。我国的产业结构开始向集约型转变，并且不断优化能源的消费结构，逐渐使氮氧化物的排放问题得到一定程度的解决，并处于逐年降低的趋势。

3. 危险废物处理技术[①]

危险废物处理处置方式主要分为四大类：安全填埋技术、焚烧处置技术、物理处理技术和化学处理技术。

（1）物理处理技术

物理处理技术主要指固化和稳定化技术，也包括各种相分离技术。固化和稳定化处理将危险废物固定或包封在惰性固体基材中，使危险废物中的所有污染组分呈现化学惰性或被包容起来，减小废物的毒性和迁移性，同时改善处理对象的工程性质，以便于运输、利用和处置。危险废物固化和稳定化处理是危险废物安全填埋处置前的必要步骤，通常是填埋处置前的预处理。固化和稳定化工艺主要用于处理其他处理产生的残渣物及不适于焚烧处理或无机处理的废弃物。

---

① 邓四化、孙军等：《论危险废物的处理处置技术》，《装备机械》2017 年第 2 期，第 58～64页。

（2）化学处理技术

化学处理指通过化学反应来改变废物的有害成分，从而实现无害化，或将废物转变为适于进一步处置的形态，主要用于处理无机废物，如酸、碱、重金属、酸性气体、氰化物废液、氰化物、乳化油等。化学处理技术包括酸碱值控制技术、氧化还原电势控制技术和沉淀技术等。

（3）安全填埋技术

安全填埋的作用是减少和消除废物的危害。对危险废物进行填埋前，需根据不同废物的物理化学性质进行预处理，包括利用各种固化剂进行稳定化和固化处理，以减少有害废物的浸出。

（4）焚烧处置技术

焚烧是将可燃性废物置于高温炉中，使其可燃成分充分氧化分解的一种处理方法，是实现危险废物减量化与无害化最快捷、最有效的技术。采用焚烧技术可有效破坏废物中的有毒、有害有机成分，彻底消除病原性污染，破坏和分解有毒物质的化学结构，减小废物的体积，并且可以进行能源和副产品回收。经过焚烧，固体废弃物的体积可减小80%～95%。

二 景观再造技术

景观再造技术是指在生态修复设计矿山废弃地的基础上，借助人文景观制定相关设计方法，改造废弃矿区的技术。该技术以现有矿山景观特色为基础，利用废弃矿区现有的开采要素，通过整合、重组改造将废弃矿区改造成新的人文景观，其目的是通过创造新景观要素，将废弃矿区打造成新兴矿业文化资源，从而发挥更大的经济效益。[①] 景观再造技术立足于原始景观，挖掘新的旅游资源，将矿区的自然资源和历史文化资源优势转化为经济优势，创造生态效益的同时收获经济效益，该技术适用于有造景需求且临近城区的矿山废弃地，便捷的交通环境为该景观以后开展旅游活动奠定基础。依据矿区废弃地重建后形成的景观不同，可将景观再造技术分为山顶生态采摘园景

---

① 杨永峰、谢英祁等：《矿山废弃地生态修复与景观再造的研究——以葫芦岛市杨家杖子矿山综合治理项目为例》，载《2012 北京园林绿化与宜居城市建设》，科学技术文献出版社，2012，第 60～65 页。

观再造技术模式、山坡梯田林果景观再造技术模式、沟谷水保景观再造技术模式、矸石山景观再造技术模式、文化主题公园景观再造技术模式、人工瀑布景观再造技术模式、湿地公园景观再造技术模式、矿山博物馆景观再造技术模式。[①]

（一）山顶生态采摘园景观再造技术模式

山顶生态采摘园景观再造技术模式是指在废弃矿区的基础上，利用矿区的地理优势，将其改造成生态采摘园的技术模式，该项技术的运用涉及塌陷坑治理技术、生态采摘园设计技术、特色果树筛选栽植技术、矿井水灌溉利用技术等众多技术，修复模式如图4-7。

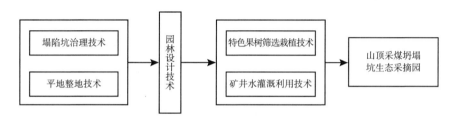

图4-7　山顶生态采摘园景观再造技术模式

1. 塌陷坑治理技术

塌陷坑治理的关键技术包括煤矸石充填技术、电厂粉煤灰充填技术、河湖淤泥填充技术、疏干法复垦技术、梯田法复垦技术和综合治理技术。废弃矿区坍塌坑的综合开发利用应该建立在工程技术的基础上，坚持生物技术及农业技术的重点原则，立足于生态环境的根本治理和保护，通过各种技术手段的相互配合，共同发挥效益。塌陷坑修复流程如图4-8。

（1）煤矸石充填技术[②]

煤矸石充填复垦分为新排矸石充填复垦、预排矸充填复垦、老矸石山充填复垦三种情况。新排矸石充填复垦技术通过借助矿井生产排矸系统，直接

---

① 郝玉芬：《山区型采煤废弃地生态修复及其生态服务研究》，博士学位论文，中国矿业大学，2011。

② 张辉：《充填采煤技术在煤层开采中的技术要点分析》，《技术与市场》2014年第5期，第197～199页。

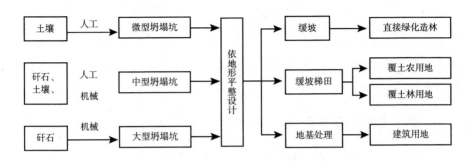

图 4-8　塌陷坑修复流程

将新生的煤矸石排入塌陷区，推平覆土形成土地。预排矸充填复垦技术主要是应用在建井初期以及生产初期，通过技术手段预计可能下沉地区，待下沉区停止下沉后，再覆土成田。主要原理是在建井过程中和生产初期，预测采空区上方地表可能发生下沉的地区，取出该地区表土并将其堆放在四周，依据预计的下沉等值线图，借助生产排矸设备预先排放矸石，待到下沉停止，矸石充填维持在预定水平后，再将堆放下沉区四周的表土平推到矸石层上复土成田。老矸石山充填复垦是利用老矸石山堆存的矸石充填塌陷区的方式进行复垦。

（2）电厂粉煤灰充填技术

电厂粉煤灰充填技术是指根据煤矸石和粉煤灰充填煤矿塌陷坑的情况，设计充填方案，通过工程技术措施，将废弃煤矸石和粉煤灰填入塌陷坑中的措施。具体方法是在实施复垦计划的塌陷区修建贮灰场，借助管道将电厂粉煤灰输送到塌陷区贮灰场。当贮灰场内的粉煤灰达到设计高度时，停止充填灰渣，同时将水排出，然后覆盖超过 0.3m 厚的土层，该贮灰场即形成土地。除上述方法外还可以采用预充填的方法，即先将塌陷区的熟化土壤层翻转至塌陷坑周围，然后将煤矸石和粉煤灰输送到坑中，最后覆盖塌陷坑四周熟化土壤层。

（3）河湖淤泥填充技术

河湖淤泥填充技术的作用对象是靠近河湖的废弃矿区，该项技术是借助水下泥土实现填充。具体方法是：将矿井煤矸石或矿区其他固体废弃物排入塌陷区垫底部，通过管道水运将河湖水下泥土充填到煤矸石上，待表层泥干后借助推土机实现土地平整，然后改良土壤，完善排灌系统，绿化种植，最后还田。

（4）疏干法复垦技术

疏干法复垦技术的作用对象是塌陷后地表大部分仍高于附近河、湖水面的塌陷区，利用该种技术不但能将大部分塌陷地恢复成耕地，而且减少了村庄和其他建筑物周围的积水，避免了村民不必要的迁移，同时也保护了生态环境。具体方法是开挖大量排水渠，排干塌陷区积水，排水后对塌陷地加以必要的整修，使塌陷区不再积水，得以恢复利用。

（5）梯田法复垦技术

平整土地和改造成梯田两种复垦方法适用于边坡地带，既可以是潜水位较低的塌陷区也可以是积水塌陷区，具体复垦方法的确定要结合塌陷地下沉的具体情况。在复垦过程中确定田面坡度大小和坡向时，要坚持不冲不淤的原则，并且要综合考虑塌陷区原始坡度大小、灌溉条件、复垦土地用途及排洪蓄水能力等具体情况。在梯坎高度与田面宽度的设计上，要根据地面坡度陡缓、土地层薄厚、工程量大小、种植作物种类、耕种机械化程度等因素综合考虑确定。

（6）综合治理技术

塌陷区综合治理技术对塌陷区的复垦利用进行统一规划，因地制宜地采取各种整治措施，把塌陷区建设成为农业、渔业、林业、工业与民用建筑相结合的综合场所，用于文化娱乐等，综合治理技术旨在以较少投入取得较好土地使用效益。

2. 生态采摘园设计技术

生态采摘园设计技术是指将矿山废弃地改造成为生态采摘园的修复技术，该项设计技术的关键是果树品种的选取及合理搭配、生态园林的设计和环境保护的实施。

生态采摘园的设计方案要基于该地区休闲旅游的修复目标。在选择果品的过程中，选取当地特色果品会增加采摘园的吸引力。在设计果园时，依据地形地貌和土质特点，构建小阶差的土坎梯田，可设计多种道路，同时为增强景观多样性，采用石块等作为护坡材料，以景观型水保措施作为辅助。在果园的设计过程中重要的一项是保水覆盖技术，保水覆盖技术通常应用在农林业中，能起到有效调节地表温度、保墒的作用，同时还能防止地表降水蒸发，是提高农产品产量及林业成活率的一种覆盖技术。根据覆盖物的不同，该技术可分为地膜覆盖、有机废弃物覆盖和粗砾石覆盖三种模式，根据覆盖区域可分为局部覆盖和全部覆盖两种模式。

3. 特色果树筛选栽植技术

特色果树筛选栽植技术的运用要综合考虑果树本身的生长情况、适应能力、栽植果树对周围环境的影响程度、果树与整个采摘园的搭配程度。果树的筛选要结合当地的特色果品进行选择，筛选栽植过程既要符合生态学的考虑也要符合园林规划的要求。

4. 矿井水灌溉利用技术[①]

矿井水灌溉利用技术的应用涉及矿井水处理技术，矿井水处理技术是指利用水处理相关设备，实现矿井污水的净化。处理过程：借助泵将矿井水提升到调节池进行沉降处理，利用行车式刮吸泥机将调节池底的沉降煤泥提升到污泥池中，实现煤泥的浓缩处理。矿井水处理工艺流程如图4-9。

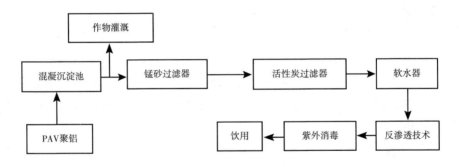

图 4-9 矿井水处理工艺流程

（1）混凝沉淀池

混凝沉淀池的作用是除去污水中呈现交替和微小悬浮状态的有机和无机污染物，从表观而言，矿井污水经过混凝沉淀池后能降低色度和浊度。进一步来说，混凝沉淀还能去除污水中的某些溶解性物质，如砷、汞，导致缓流水体富营养化的氮、磷等。

---

① 孙宁湖：《煤矿矿井水处理技术综述》，《山东煤炭科技》2013年第5期，第52~53页。

（2）锰砂过滤器

锰砂过滤器的主要作用是降低水中铁、锰总含量。该过滤器借助二氧化锰的氧化作用将二价铁离子氧化成三价铁离子，从而除去矿井水中的杂质离子。地下水中的铁以 2 价离子的状态存在，2 价铁离子的存在不但使水有异色异味，而且也会污染离子交换树脂，降低交换能力。大量二价铁离子长时间存在会生成铁垢，影响传热同时腐蚀设备。矿井水经过锰砂过滤器后，过滤器中的二氧化锰与 2 价铁离子发生氧化还原反应，将 2 价铁离子氧化为 3 价铁离子并最终生成 Fe（OH）$_3$ 沉淀，利用锰砂过滤器的反冲洗功能最终实现了杂质的去除。

（3）活性炭过滤器

活性炭过滤器中有粗石英砂垫层以及起吸附作用的活性炭，借助石英砂垫层以及活性炭的吸附作用实现矿井水的净化。在水质预处理系统中，活性炭过滤器能够吸附前级过滤未能吸附的余氯，吸附前级泄漏的小分子有机物等污染性杂质，能明显去除水中异味、胶体及色素等，这样能够有效防止后级反渗透膜被氯氧化分解，有效保护了设备。

（4）软水器

软水处理器是一种运行、操作过程都由全自动化控制的离子交换器，这一设备借助钠型阳离子交换树脂，除掉影响水硬度的钙镁离子，不仅能够降低原水硬度，还能减少碳酸盐在管道、容器中出现结垢现象，实现矿井水的净化。

（5）反渗透技术

RO（Reverse Osmosis）反渗透技术是以压力表差为动力的膜分离过滤的技术，RO 反渗透膜孔径小至纳米级。该技术能得到应用是因为在一定压力下，水分子可以通过 RO 膜，而原水中的无机盐、重金属离子、有机物、胶体、细菌无法通过 RO 膜，从而实现矿井水通过反渗透膜后得到净化。反渗透技术也能区分纯水与浓缩水。

（6）紫外线消毒

紫外线消毒器筒体采用不锈钢板制成，依据国家卫生部门标准，该消毒器设置为低压 30W。因为 235.7nm 波长的紫外线杀菌率最高，杀菌率可达到 98%，故紫外线消毒器采用该谱线，消毒器筒体连续使用寿命可达 3000 小时以上。

（二）山坡梯田林果景观再造技术模式

山坡梯田林果景观再造技术模式包括塌陷坑治理技术、坡地整地技术、梯田植被修复技术、植物选栽技术、矿井水灌溉利用技术等，其中塌陷坑治理技术、矿井水灌溉利用技术与山顶生态采摘园式修复模式相同，本部分不再赘述。山坡梯田林果景观再造技术模式如图 4 - 10。

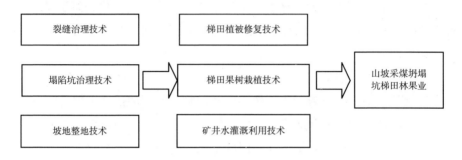

图 4 - 10 山坡梯田林果景观再造技术模式

1. 坡地整地技术①

植苗或者播种前，青林造林地上留存着不利于造林的地被物或者采伐剩余物，为了蓄水保墒，提高造林成活率，促进林木生长而进行的局部或全面翻松土壤措施即称为整地，整地包括坡地整地、穴状整地、带状整地三种。以下主要介绍穴状、带状整地技术。

穴状整地技术采用圆形或方形穴坑，整地规格要综合考量树种和立地条件。原则上，种植穴应不小于 $0.5m^3$，当场地土层较薄或无土层时，为了促进灌草生长，穴间空地应覆土 $0.2m$ 以上。

坡度小于 $25°$、立地条件较好的地块适用带状整地技术。山地丘陵带状整地要沿等高线进行，整地形式有水平阶、水平槽、反坡梯田等，带状整地规格要求带宽大于 $0.6m$，深度大于 $0.4m$，每隔一定距离应保留长度为 $0.5 \sim 1m$ 的自然植被，整地的具体带长依据地形确定。

---

① 鲁叶江、李树志：《近郊采煤沉陷积水区人工湿地构建技术——以唐山南湖湿地建设为例》，《金属矿山》2015 年第 4 期，第 56 ~ 60 页。

2. 梯田植被修复技术

植被修复技术是运用生态学原理，对被破坏的植被进行人工修复，达到植被修复的目的。该项技术充分利用采煤废弃地原有地貌，在此基础上重塑景观，通过修复或者重建被破坏的森林以及其他自然生态系统，达到恢复其生物多样性、完善生态系统功能及缓解水土流失的目的。

植被修复技术的具体方法如下：待山体稳定和土壤改良后，采用幼苗栽植或者直播两种方式栽植先锋树种，然后依据"乔灌草"的植物配置模式栽种其他植物，以增加植被多样性。"乔灌草"搭配中，乔木和灌木的种植间距以 1.5m 为宜，林下空间布置乡土草种、地被以丰富景观层次，主要的树种有侧柏等耐瘠薄树种。

修筑土坎梯田最好采用鱼鳞坑的形式，这种方式的修复效果更好。随海拔升高，山坡地形坡度逐渐变大。山体中下部坡度较缓，主要采取修筑平坡梯田的措施，将田面宽度在 8m 以上的较大面积果园作为建设用地。山的中上部较陡的部分可建设小片果园，暴雨时节过多的径流可由梯田内侧安全排走。在较陡的坡面、沟坡上采用鱼鳞坑的方式，沿等高线自上而下挖半月形坑，将这些坑池按"品"字形排列，挖坑取出的土培在外沿筑成半圆埂来增加蓄水量，坑内填回适量表土种植花草灌木以重塑景观。

3. 植物选栽技术

植物选栽技术包括基本植物选栽技术、特色果树选栽技术，其中基本植物选栽技术包括植物选择与配置技术、种植业技术、植物品种筛选技术等三部分。在基本植物的选栽上，要优先考虑本地的适宜植物品种；在特色果树的选栽上，要优先选择当地特色果品。

植物选择与配置技术包括植被调查、植被筛选两部分，通过实施植被调查，研究试验区植被恢复现状，调查过程中在试验区设置不同的植物种类，并且改变植物种植的密度、覆盖度等，从而总结出该地区的优势物种，并且得到该地区的主要群丛类型，选出调查地区适宜种植的植物。

种植业技术是指通过整修渠道、清平耕地、建立田埂和堤坝，调整塌陷区实现造田复耕的技术，该项技术也可以利用塌陷区营建水库，增加水浇面积，改变原有的种植制度，调整农作物布局。

植物品种筛选技术是在考虑增加植物多样性、植物抗性的基础上，研究分析试验区的土壤质地和水土流失规律，结合试验区周边植被分布的调查结果，进行抗性强的乔、灌木以及草本植物的筛选实验，找出适应性强的植物，选择适宜该地区的植被类型。[①]

（三）沟谷水保景观再造技术模式

沟谷水保景观再造技术模式主要包括护坡工程技术、挡土墙工程技术和植被覆盖技术等多种技术。其中，植被覆盖技术见上文"山地修复技术"部分。修复模式如图4-11。

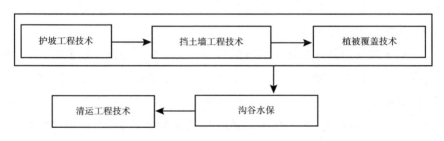

图4-11　沟谷水保景观再造技术模式

1. 护坡工程技术

边坡防护技术是指采用生态植生毯对坡面进行防护的技术。生态植生毯由麦秸秆、稻草、草种及营养剂等制成，有护坡作用，还能储存水分、活化土壤。制作植生毯的材料是生态环保材料，可降解，因此采用这类技术实施护坡对自然影响小，而且维护成本低。

2. 挡土墙工程技术

挡土墙是指支承路基填土或山坡土体，防止填土或土体变形失稳的构造物。在挡土墙横断面中，直接接触被支承土体的部位是墙背，相对墙背的部位为墙面，墙的顶面称为墙顶，直接接触地基的部位为基底，基底的前后端分别为墙趾、墙踵。根据挡土墙的位置差异，可将其分为路肩墙、路堤墙、路堑墙和山坡墙四类。挡土墙工程技术包括基槽挖土方、地基处理等多个

---

① 刘晓娟、李洪涛：《煤矿地区废弃地植被种类的选择及养护》，《科技视界》2015年第18期，第261页。

部分。

（1）基槽挖土方

基槽挖土方采用挖掘机及人工两种方式互相配合开展挖掘工作，挖基配合墙体施工分段进行，先测量放线，定出开挖中线、边线、起点及终点，设立桩标、注明高程及开挖深度，用反铲挖掘机开挖，并将多余的土方装车外运。在施工过程中要注意，根据实际需要设置排水沟排水，须保证工作面干燥，基底不被水浸。

（2）地基处理、碎石垫层施工

在处理地基的过程中，挖基时若发现有淤泥层或软土层，需进行换土处理。碎石垫层施工要根据设计图纸现浇钢筋砼挡土墙，基底铺20厘米厚的碎石垫层，用打夯机夯入地基土增加基底摩擦系数。挡土墙的基础垫层为10厘米厚的C10砼垫层。

（3）钢筋安装

现浇钢筋基础先安装基础钢筋，预埋墙身竖向钢筋，待基础浇灌砼完毕，砼达到2.5Mpa后，再进行墙身钢筋安装。预制钢筋砼挡土墙的基础钢筋分两次安装，第一次安装最底层的钢筋，基础达到一定强度，安装好预制墙身后，再安装第二次的基础钢筋。

（4）现浇砼基础

按挡土墙分段长，整段进行一次性浇灌，在垫层表面测量放线，立模浇灌。

（5）现浇墙身砼

现浇钢筋砼挡土墙与基础的结合面，应按施工缝处理，先进行凿毛工作，凿除松散部分的砼及浮浆后用水将其清洗干净，之后架立墙身模板。初步浇灌砼时，需要在结合面上刷一层水泥浆或垫一层2～3厘米的1∶2水泥砂浆，刷完水泥浆之后再浇灌墙身砼。

（6）伸缩缝、沉降缝及泄水孔的处理

现浇灌钢筋砼挡土墙的伸缩缝和沉降缝宽2cm（施工时缝内夹2厘米厚的泡沫板或木板，施工完后抽出泡沫板或木板）从墙顶到基底沿墙的内、外、顶三侧填塞15cm的沥青麻丝。挡土墙泄水孔为直径10cm的硬质空心管，泄水孔进口周围铺设50cm×50cm×50cm碎石，碎石外包土工布，下排泄水孔进口的底部铺设厚黏土层并夯实。

（四）矸石山景观再造技术模式

矸石山景观再造技术模式主要包括矸石山污染治理技术、矸石山整地技术、矸石山植被修复技术、松散堆积体压实技术、松散堆积物资源化利用技术、绿化技术等。修复模式如图 4-12。

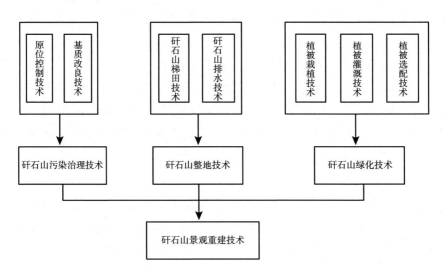

图 4-12　矸石山景观再造技术模式

1. 矸石山污染治理技术①

矸石山污染治理技术包括原位治理技术与基质改良技术。原位治理技术可治理矸石山引起的污染，其主要原理是将煤矸石与外界隔离，防止污染物扩散引起环境污染。同时利用基质改良技术，改良基质创造利于植物生长的条件。原位治理技术主要包括污泥、粉煤灰、客土覆盖法，或者配土法、微生物法、绿肥法、灌溉、施肥等，借助上述技术改善矸石山地表组成物质的物理结构，减小山体空隙，增强保水、持水能力，增加有机质含量，增加植物生产必需的氮磷以及土壤微生物。

---

① 籍成静、范晋轩：《矸石山对矿区环境的污染机制与治理方法》，《煤》2002 年第 3 期，第 47~48 页。

2. 矸石山整地技术

矸石山整地是矸石山绿化治理的重要步骤，依据整地后的类型，可将矸石山整地划分为梯田式、螺旋式和台阶式三种形式。为满足矸石山整地过程中运输上山的要求，可以修建螺旋式、"之"字形、直上直下的阶梯或者是自山下向山顶的道路。由于矸石山坡度大容易引起表面物质被侵蚀，易造成水土流失，因此在整地过程中要考虑设计比较完善的排水系统。

整地自上而下且多采用局部整地方式，局部整地又包括带状整地和块状整地两种方式。[①] 带状整地多使用有倾斜角度的反坡梯田的方法。块状整地的形式有鱼鳞坑和穴状两种，偏干旱地区的坡地及需要蓄水保土的石质山地适用于鱼鳞坑整地的形式。鱼鳞坑是外高内低，形状近似半月形的穴坑，长径一般保持在 0.6~1m 的范围内，沿等高线方向展开。短径略小于长径，鱼鳞坑的深度要求在 0.5m 以上。出现山地陡坡、水蚀和风蚀严重等情况的地带适用穴状整地，穴状整地采用圆形或方形穴坑，依据树种和立地条件确定规格。

3. 矸石山植被修复技术

植被修复过程涉及植被物种选择技术。植被物种的选择要做到物种本地化、多样化，植被设置要辅以乔灌草混合的配置模式，以此增加植物生态系统的多样性、层次结构，最终实现改善生态环境、调节生态的功能。植被修复技术的应用具体是在山体稳定和土壤改良之后，先选择先锋树种进行栽植，栽植的方式可以选择带土球移植或穴植两种方式。鉴于矸石山环境的显著特点是干旱、缺水、贫瘠，因此采用植苗根部带土球栽植方法更有利，可以提高植物成活率。灌草的种植可以选择成行种植灌木的方式，草以带状栽种，灌、草比例为 1:2。

种植乔灌草时采用乔灌行数 1:1 的方式，并且设置行距为 2~3m，同时与播撒草籽相结合，形成错落有致的群落种植形式。除上述可选择植被以外，在选择物种时可考虑矸石堆上的本土野生植物。在乔灌绿化时间的选择上，早春与晚秋时期是植被休眠期，在此期间栽植有利于成活，除此外还要注意栽植后的灌溉和保育。

在确定植被物种之后，需采用绿化技术实现对矸石山的修复。绿化技术包括一般绿化方法、三维网植被恢复法、植生袋法、堆土袋法等多种方法。

---

① 徐京萍、王良根等：《萍乡采矿废弃区退化森林的恢复与重建技术》，《第三届中国林业学术大会论文集》，2013，第 17~19 页。

（1）一般绿化方法

一般绿化方法包括苗木处理、植苗造林等方式，苗木处理是指在造林前根据树种、苗木特点和土壤情况，对苗木进行剪梢、截干、修根、修枝、剪叶等处理，也可使用促根剂、蒸腾抑制剂等新技术处理苗木。植苗造林方法适用于破损山体植被恢复过程，造林要坚持分层踩实的原则，深浅适当。

（2）三维网植被恢复法[①]

三维网又称固土网垫，以热塑性树脂为原料，经基础、拉伸等工序形成上下两层网络经纬线交错黏结排布，立体拱形龙骑的三维结构，具有很好地适应坡面变化的黏附性能。在对坡面进行细致平整后进行铺网，裁剪长度应比坡面长 1.3m，使网尽量与坡面贴附紧实，网间重叠搭接 0.1m，采用 U 形钉子在坡面上固定三维网，之后在上部网包层填改良土并洒水浸润，最后采用人工播撒或液压喷播灌、草种子的方式。

（3）植生袋法

植生袋法主要用于废弃矿区松散堆积体裸露坡面水土流失严重的情况，该技术是指将生态袋以不同的方式铺设在废弃矿区松散堆积体裸露坡面等土地中，从而实现快速恢复植被。生态袋是在工厂采用自动化的机械设备将种子准确均匀地分布并固定在生态袋内层上，内部还可以添加保水剂、秸秆、有机肥等成分。使用生态袋进行修复的边坡，具有更强的防止雨水冲刷的能力，同时生态袋还能提供一定的水肥等有利于植物生长的条件。

（4）堆土袋法

堆土袋法是指用装土的草袋子沿坡面向上推置，草袋间撒入草籽以及灌木种子，然后覆土，依靠自然飘落的草本种子繁殖野生植物。

4. 松散堆积体压实技术

松散堆积体压实技术是指借助不同规格的机械压实设备，对松散堆积体地表进行不同厚度、次数的击实或压实的技术。该技术的主要原理是通过改变击实功的作用，实现堆积体不同的压实度，改变松散堆积体的物理性质，如改变堆积体的密度、含水量和孔隙度等，从而将该生态系统改变成适宜植物生长的土层结构。

---

① 刘本同、钱华等：《我国岩石边坡植被修复技术现状和展望》，《浙江林业科技》2004 年第 3 期，第 48～55 页。

5. 松散堆积物资源化利用技术

松散堆积物资源化利用技术包括种植土、松散堆积物配比技术和矿化垃圾、风干污水污泥及松散堆积物配比技术两部分。由于开采矿区的过程中破坏了原有的土壤地表结构，土壤结构破坏严重，并且开采后形成的松散堆积物营养成分比较低，因此开采区自然恢复难度大。松散堆积物资源化利用技术就是通过改变基质配比来进行植物生长试验，筛选得到适宜植物生长的配比并且筛选出适生植物，通过研究松散堆积物、种植土及松散堆积物和改良基质三者结合的抗旱造林效果，实现废弃松散堆积物和废弃有机物等资源的有效利用，从而提高土壤肥力，加快开采矿区植被的恢复进度。

（五）文化主题公园景观再造技术模式

文化主题公园景观再造技术模式是在景观美化设计技术的基础上，综合矿井水开发利用技术、观赏植被栽植技术、边坡护理技术、边坡降坡处理技术等多种技术的景观再造模式。以军事主题公园为例，修复模式如图 4 - 13 所示。

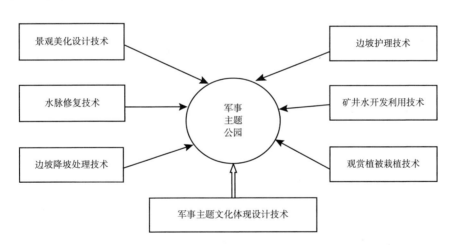

图 4 - 13 文化主题公园景观再造技术模式

1. 景观美化设计技术

景观美化设计技术是指通过资料收集法、数据分析、空间模拟、对比等方法，分析并设计改造废弃矿区景观、美化设计景观的技术，建立在景观生态学、风景园林学、环境行为心理学、生态恢复学以及工程学等学科理论上。

2. 矿井水开发利用技术

废弃矿井水的开发利用是文化主题公园景观再造技术模式的重要部分，矿井水经处理后可作为灌溉用水、景观用水，具有良好的综合利用价值。灌溉用水开发利用技术原理如下：在出水口设立蓄水池，主要作用是蓄积沉淀矿井水，或是在园地上修建蓄水池，利用水泵及一级输水管道将矿井水提升至此。由于山区地形复杂，在设置时采用多级引水的方式来满足灌溉需求，技术上要求多个泵站负责各自管线上的二级引水，在每个田块修建蓄水池，存蓄上级引水用于土地的灌溉。景区用水的开发利用技术原理是设立二级沉淀池，将矿井水引至景区，沉淀后的净化矿井水可用于景区湿地用水及植被灌溉用水。生活用水开发利用技术原理是将矿井水引入沉淀池后，加入絮凝剂沉淀杂质，经过多级过滤、软化、反渗透及消毒灯技术，矿井水最后达到使用标准。

3. 观赏植被栽植技术

在栽植植被的过程中，要遵循体现栽植区域特点、依据相应功能原理、满足艺术设计规范等要求相结合的原则。立足区域特点要求在植被栽植过程中，以风景园林项目所在区域的实际环境为基础，管控水以及土壤的湿度，以当地的环境条件为基础，确保栽植植物能适应园区环境，合理选择要栽植的植物。依据功能原理应用栽植技术，要求设计人员在设计过程中要考虑项目的经济生产问题，并且要衡量环境美化等各种功能问题。建设过程要满足艺术设计规范要求，在栽植过程中，要遵循各类美学原则，即在植物对比度、布局调整、植物色调、亮度组合等因素的设置上要合理安排。

4. 边坡护理技术

高边坡的加固可以采用抗滑桩、锚杆、格构加固、喷锚网支护和注浆加固等方案，常用的方法有削坡卸荷、压坡脚、坡面防护、抗滑桩、锚杆、预应力锚索、锚固洞、排水、挡墙、综合加固法等。除前述方法以外，边坡加固还有两种新技术，预应力锚梁和预应力抗滑桩，这两种新技术都能有效防止边坡滑落。其中，预应力锚梁技术采用中空设计，在应用过程中根据地质条件，把边坡分为重点加固段和一般加固段，对重点加固段专门设计具备一定抗拉能力的预应力桥体，并在前述基础上重新设计了监测和排水系统。

预应力抗滑桩技术采用的是垂直钻孔倾斜监测、桩顶位移监测和通过预留孔对桩体裂缝观测等多种技术相结合的方法，充分利用了预应力混凝土的抗拉能力，采用预应力柱体代替抗滑桩受拉侧的钢筋，实现滑动面附近的重点加固，还能够除去采用抗滑桩技术而留存在中性面附近的混凝土，该技术使用垂直的中空设计，在节约混凝土的同时提高了加固效率。

5. 边坡降坡处理技术

破损山体边坡的显著特点是坡度大、土层薄、稳定性差，因此在生态治理过程中要进行降坡处理，降坡处理主要有削坡、边坡加固和边坡排水工程三种技术。

（1）削坡技术

根据削坡后边坡的形状，可将削坡类型分为阶梯形边坡、折线形边坡、直线形边坡等。当边坡与周围自然景观不协调、现有条件无法满足稳定和植被恢复要求时，应该进行削坡处理。稳定边坡可根据实际地质情况，采用打孔客土、修筑植生槽等方法营造植被恢复条件，避免大规模的削坡工程造成二次生态破坏。

（2）边坡加固技术

边坡加固技术适用于削坡工程量大、仅采用削坡法不能有效改善边坡稳定性等情况，边坡加固工程参照 GB 50330 和 DZ/T 0219 执行，边坡加固后应达到稳固状态，工程设计时要结合当地降水条件、土壤类型和植被覆盖情况，并且做到与周围自然景观相协调。

（3）边坡排水工程

实现边坡排水可借助坡顶截水沟和竖向排水渠，具体操作是在汇水量较大的坡顶及坡面等部位修筑截水沟、排水渠，将坡上汇水引到坡底，减少降雨对坡面造成的冲刷。排水沟断面应能安全排除山坡来洪，并尽可能地结合生态治理区的排水系统。在整治大平台或阶梯边坡的过程中，针对土质边坡或是坡下有耕地的情况，设计排水工程时要将台面微向内倾斜，沿内侧边线挖排水沟排水。

（六）人工瀑布景观再造技术模式

人工瀑布是以天然瀑布为蓝本，通过工程手段营建的水体景观。人工瀑布的设计要点包括水流量、落水堰口、瀑布底衬、瀑身、水池、循环水泵、净水设备及循环水管系统等部分。[1] 人工瀑布的基础及基本构成示意如图 4 - 14、图 4 - 15 所示。

---

[1] 张琪、姚明甫：《人工瀑布的设计探讨》，《农业科技与信息（现代园林）》2010 年第 4 期，第 61～64 页。

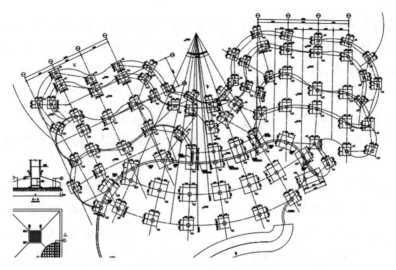

图 4-14　人工瀑布的基础

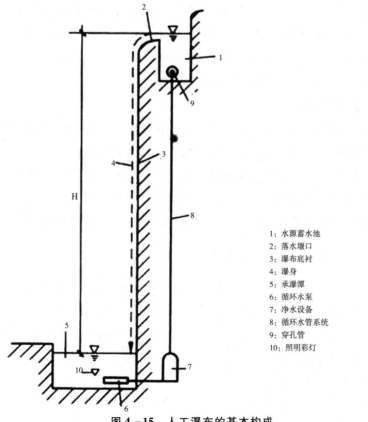

1：水源蓄水池
2：落水堰口
3：瀑布底衬
4：瀑身
5：承瀑潭
6：循环水泵
7：净水设备
8：循环水管系统
9：穿孔管
10：照明彩灯

图 4-15　人工瀑布的基本构成

1. 水流量

人工瀑布的水流量直接影响瀑布营造的气势，有资料显示，随着瀑布跌落高度的增加，欲保证落水面的完整效果需要相应增加水流厚度、水量。通常情况下高度为2m的瀑布，将每米宽度流量设置成$0.5m^3/s$比较适当。若3m高的瀑布沿墙滑落，水厚度应保持在$3\sim5mm$，若要求瀑布能够展现出一定气势，水厚度需要达到15mm以上。

2. 落水堰口

落水堰口可分为自然式、规则式和曲折式三种，落水堰口的形式直接影响瀑布的造型，一般情况下，自然式落水堰口宽度范围在$1\sim3m$，为设计成自然式落水堰口，可选取光滑石板、砼板作溢水口，设计过程中溢水口应与周围景致融为一体。设计规则式落水堰口则需要将不锈钢板、铝合金板等新型材料附着在瀑布堰口的抹灰上，并打平板接缝处，然后将接缝处上胶至光滑。曲折式落水堰口瀑布的水膜很薄，因此水流厚度有限。

如果堰口处材质比较粗糙，会形成不光滑、不完整的铺面，影响瀑布的美观，因此可将瀑布口处的塑石做卷边处理，利用不锈钢制作堰唇，将溢水口异形处理成曲线，通过多个溢水池交叉跌水的设计形式，瀑布水流呈现不同形状跌落。

3. 瀑布底衬

瀑布底衬材料可选择混凝土、花岗岩、玻璃幕墙或石块堆砌等，底衬上镶嵌不同凸出程度的块石能产生不同效果。依据块石所起的作用不同，可将块石分为折射光线的镜面石、切割水流的分流石、翻腾水流的破滚石，以及迎接落水流、消能的承瀑石等。

4. 瀑身

水自落水堰口溢出后形成的水流即为瀑身。瀑身受到落水堰口的形状及瀑布底衬的影响，在跌落过程中会呈现不同的瀑身形态。

5. 承瀑潭

承瀑潭是瀑布循环水池的专称，在承接瀑布下落的水量的同时产生消能的作用。为优化瀑布的效果，可在承瀑潭内隐装照明彩灯、循环水泵与水管等设施。为防止水流冲击形成泼溅，落水口下面需要设计承水池，瀑布承水池宽度至少应该是瀑布高度的2/3，即$B=2/3H$，并且保证落水点是池的最深部位。瀑布跌落到水面时会产生水声和水花，可在承水池落水处放一块"击水石"，来放大瀑布跌落的效果。

6. 循环水泵

循环水泵的作用是保证瀑布的水可以循环利用，通常情况下，设计过程中直接将潜水泵隐蔽安装在承瀑潭中，其流量与扬程须经水力计算，要求能够满足瀑布流量与跌落高差的需要。循环水泵共用吸水井，进水流与竹排冲连接，每个吸水管口设置喇叭口，在吸水坑上设置格栅或挡板阻挡水池中杂物，同时可防止水面形成旋涡。循环水泵房靠近竹排冲能够缩短吸水管长度，在满足水泵吸水工艺要求的同时，还可以起到减少水损失、节能的效果。循环管道系统包括输水管道与穿孔管，穿孔管隐蔽铺设在水源蓄水池内，设计过程中要保证穿孔管的长度等于堰口的宽度。此外，为方便设备检修，设计时要在吸水井与竹排冲的连接处设置明杆铸铁方闸门和电动启闭机。

7. 净水设备

鉴于灯光或日光照射、大气降尘、地面杂质、底衬材料等因素，瀑布在循环使用过程中，会受到不同程度、不同来源的污染。污染物主要是藻类、无机悬浮物及细菌等，因此需定期做净化处理与消毒。

在实施矿区人工瀑布改造时，净水设备不但要去除可见物质，还要去除水中污染生态环境的物质，因此净水过程更加复杂。

（七）湿地公园景观再造技术模式

采用人工湿地模式来治理废弃矿区，首先保证该地区水系畅通，借助挖掘活动将不同规模、形状的水系汇聚为中央大水面。其次要进行污水治理，修建污水沉淀池，封锁排入污水坑的管网，将塌陷区污水引到可吸收、可降解污染度的池塘内，利用池内湿地植物分解有毒有害物质，最后使用人工手段引入当地的湿地动植物，增加湿地生物多样性。人工湿地方式的改造过程涉及人工水体技术、综合改造技术、挖深垫浅复垦技术等多种技术。[①] 人工湿地示意如图 4 – 16 所示。

---

① 李晋川、白中科等：《平朔露天煤矿土地复垦与生态重建技术研究》，《科技导报》2009 年第 17 期，第 30 ~ 34 页。

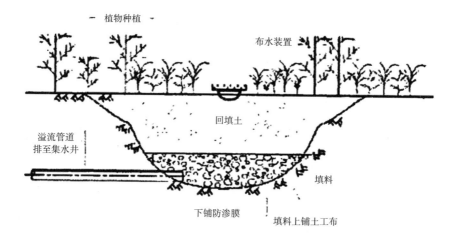

植物种植

布水装置

溢流管道
排至集水井

回填土

填料

下铺防渗膜

填料上铺土工布

图 4-16 人工湿地示意

1. 人工水体技术

人工湿地主要由填料、植物、微生物、藻类组成，填料可起到过滤和承载植物的作用，植物的生长会消耗大量的有机污染物，产生氧气促进填料中微生物的生长，微生物的存在可以降低污水中的有机物含量，藻类可直接反映污水水质的变化情况。对于面积较大、积水较深或潜水位较高的塌陷区，将其改造为养殖塘或人工湿地等水生生态系统，实现生态多元化，增加物种多样性，打造亲水、观赏、休憩的开放空间。对于水深大于 1m 的水域，可以种植沉水植物来净化水质。如果沉陷区积水较深（3m 以上），并且缺乏地形梯度的渐次变化，水生植物种植难度大，可以将其建设成养殖塘进行渔业养殖。为保证水环境的多样化，人工湿地的水岸线应采用起伏曲折的设计原则，设计一些水生动物栖息地或静止的水域。水中可设计岛屿，增加生物多样性。

2. 综合改造技术

已沉陷稳定的塌陷区可以作为建设用地，经过疏浚和充填复垦之后，可以结合上述改造技术进行景观综合改造。建设景观时可利用边坡回填，实现覆土绿化。通过在边坡山上堆山造景，连接塌陷形成的散乱水坑与水面，整合水系，形成湿地景观。整体建设根据地质特点展开，以自然生态景观为主，较少采用人工建筑。

3. 挖深垫浅复垦技术①

挖深垫浅复垦技术是运用机械或人工方法，把开采下沉较大的土地挖深，以适合养鱼或蓄水灌溉，用挖出的泥土垫高开采下沉地区，使其形成水田或旱地。这种复垦技术投资少、操作简单、效益高、成本低。挖深垫浅复垦工艺土壤重构示意如图 4-17 所示。

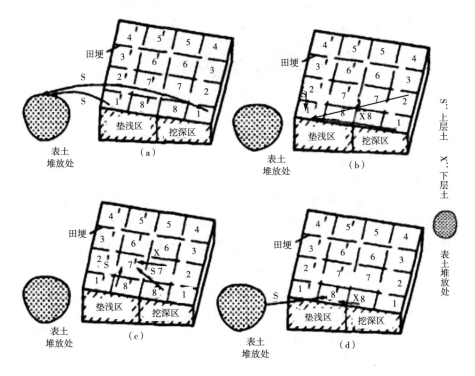

图 4-17　挖深垫浅复垦工艺土壤重构示意

4. 剥离回填土壤重构技术

根据地形和土方量把挖深区和垫浅区划分成若干块段，分成相互对应的 n 个块段和 n′个块段，在垫浅区划分的块段边界设立小田埂便于充填。

将土层划分为上部 40cm 左右的表土层以及下部的砂礓层。采用分层剥

---

① 郑礼全、胡振琪：《采煤沉陷地土地复垦中土壤重构数学模型的研究》，《中国煤炭》2008 年第 4 期，第 54~56 页。

离、交错回填土壤重构技术，首先应剥离堆放挖深区与垫浅区的首块段（1和 1′块段）上部表土层，然后将挖深区第一块段的下层砂礓剥离填在垫浅区的第 1′块段的下层砂礓土上，再将第 2 块段和第 2′块段的上部表土层剥离填在垫浅区的第 1′块段上，使复垦后的土层厚度增大，以此类推，到最后的第 n 和 n′块段时，先将第 n 块段的下层砂礓剥离填在第 n′块段的下层砂浆土上，再将先前剥离堆放的块段 1 和块段 1′的上部表土层回填到块段 n′上，使复垦土地明显优于原土地。

（八）矿山博物馆景观再造技术模式

具备相对完好基础设施的废弃矿区，可改造成矿山文物展览馆，用于向参观者展示矿山采运的工作过程，同时可以建造地下水、煤层、地质构造和瓦斯的形成及演化的矿井知识模型，再现矿山地质灾害发生过程及地质灾害造成的危害。矿山博物馆景观再造技术主要包括矿山博物馆选址技术和矿山博物馆设计技术。

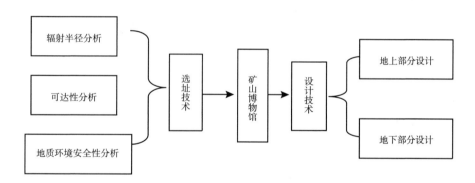

图 4 - 18　矿山博物馆景观再造技术模式

1. 矿山博物馆选址技术

博物馆选址时要考虑到辐射半径的问题，博物馆的位置要做到与其他景点呼应，辐射半径要足够大，这样可以在一定程度上保证游客来源，同时选址时要保证博物馆的位置具有可达性，交通位置便利。出于安全问题的考虑，选择区域要做到煤层地质条件稳定，无有毒气体，地表沉降稳定，地下支护结构可靠等。

2. 矿山博物馆设计技术

矿山博物馆的设计工作分为地上和地下两部分，地上部分包括拓宽公路、设计矿山博物馆展示楼、展示采掘设备、展示不同种类煤品以及下井塔楼等五部分。矿山博物馆展示楼包括老式火车机头等，采掘设备展示包括钻井、立井架、采煤设备、掘进设备、建井设备、运输设备等。井下部分包括井下巷道、巷道内布置的掘进工作面以及采煤工作面等部分的设计。

三 产业升级关键技术

产业转型升级，即产业结构高级化，是指产业结构向更有利于经济、社会发展的方向发展。矿业废弃地的转型升级最终的落脚点为发展适宜产业，通过识别矿业废弃地可利用资源，有的放矢地进行产业选择和产业培育，与矿区周边地区的发展相适应，最终实现协调、可持续发展。

技术进步是实现产业转型升级的关键，可以在引进先进技术的基础上消化吸收并加以改进，也可以自主创新建立属于自己的技术体系。根据前文分析，矿业废弃地的产业选择可根据其实际产业情况引进高新技术发展新兴产业，或利用其工业基础发展接续替代产业，相关产业转型关键技术如下。

（一）新兴产业关键技术

1. 节能产业

节能产业是为节约资源能源提供物质基础、技术保障和服务的综合性新兴产业。

（1）工业节能技术①

1）工业锅炉节能改造技术。工业锅炉的节能改造技术，可以使锅炉的热效率大幅提高。该技术使高新材料技术与传统燃烧技术和锅炉综合技术有

---

① 杨梅：《关于工业锅炉节能减排技术的研究》，《科技与创新》2017 年第 20 期，第 50 ~ 51 页。

机结合，通过物理、化学反应，使工业锅炉内的燃料得到进一步强化燃烧、充分燃烧，最终达到完全燃烧的一种全新的燃烧方式。

2）高效节能电机技术。高效节能电机突破了传统电机必须具有的铁芯结构，运用新材料技术，实现了定子无铁芯化，是无铁损、无磁阻尼的新型电机。与传统电机相比，具有自重轻、体积小、绝缘性能好、效率高等优势。

3）余热余压利用技术。工业余热余压主要指工业生产等过程中所产生的未被利用的余热余压。对于余热余压资源的利用，最有效的方式是余热余压发电。余热发电是利用工业窑炉生产过程中连续外排的烟气余热持续加热可循环的液体工质并使之汽化推动汽轮机旋转做功并由其带动发电机发电，从而实现由热能向电能的转换并输出电能。余压发电主要是利用气体介质降温、降压过程中的压差能量及热能驱动透平膨胀机做功，将其转化为机械能，并由其驱动发电机发电从而实现能量的转换并输出电能。

（2）建筑节能技术[①]

1）围护结构节能技术

墙体节能：采用新型高效保温绝热材料（如聚氨酯泡沫塑料、聚苯乙烯塑料、聚乙烯塑料等）以及复合墙体，降低外墙传热系数。改善门窗绝热性能，通过门窗加装密封条，窗玻璃增加层数，窗上加贴透明聚酯膜，使用低辐射玻璃、封装玻璃和绝热性能好的塑料窗等措施，降低室内空气与室外空气的热传导。

屋面节能：采用架空型保温屋面、高效保温材料保温屋面、浮石沙保温屋面和倒置型保温屋面等节能屋面。南方地区和夏热冬冷地区的屋面采用屋面遮阳隔热技术。

2）采暖空调系统控制技术

采暖空调系统的控制技术是对建筑物中的既有楼宇能源系统和热网系统进行节能改造，并实现优化运行节能控制的关键技术。主要有三种方式：变水量系统、变风量系统和变容量系统，其关键技术是基于供热、空调系统中"冷（热）源－输配系统－末端设备"各环节物理特性的控制。

[①] 《建筑节能技术措施》，https：//wenku.baidu.com/view/86cc38fc700abb68a982fbca.html，最后访问时间：2018年7月11日。

3）热泵技术

热泵技术是指输入少量高位电能，将低温低位热能资源转化为高温高位热能的技术。热泵系统可向建筑物供暖（冷），有效降低建筑物供暖（冷）能耗，减少区域环境污染。该技术主要包括空气源热泵技术和水（地）源热泵技术。

空气源热泵技术是通过自然能（空气蓄热）获取低温热源、经系统高效集热整合后成为高温热源并用于取（供）暖或供应热水的一种节能、环保的制热技术，系统集热效率高。

水（地）源热泵技术是将浅层地下水、土壤及地表水等的地热资源转化为可用于建筑物供暖（冷）的高效节能技术。地热资源的能量在夏季可作为空调的冷源，在冬季可作为热泵供暖的热源，无废气、废水、废渣排出，有效降低区域环境污染。

4）采暖末端装置调节技术

采暖末端装置调节技术是指通过采暖末端装置（主要包括末端热量可调节装置、末端热量计量装置、连接每组暖气片的恒温阀等）的热网控制调节技术及变频泵的应用，实现有效节约能源的一项技术。该技术同时避免采暖末端的冷热不均问题。

5）新风处理及空调系统的余热回收技术

新风负荷在建筑物总负荷中的占比较高，新风处理及空调系统的余热回收技术是在空调系统中安装能量回收装置，利用空调房间排风的降温处理新风，与新风进行热交换，实现空调系统的余热回收。

6）独立除湿空调节电技术

中央空调的除湿耗能可占其总能耗的 40% ~ 50%。独立除湿空调节电技术是利用提高冷冻水的供水温度来提高除湿效率的一项节能技术，同时结合对空调余热的回收，大大降低中央空调的电耗。

7）各种辐射型采暖空调末端装置节能技术

辐射采暖的主要方式有天花板辐射、地板辐射以及垂直板辐射，辐射采暖可以在使用低温热源和高温冷源的同时避免吹风感，提高热泵的效率。这种末端方式可在有地下水或低温废热等低位可再生热（冷）源时直接使用供热（冷），以省去常规热（冷）源，节约能源。

8）建筑热电冷联产技术

该技术是指在建筑热电联产系统的基础上增设制冷设备，形成热电冷联产系统的技术。制冷设备所需能量由热电联产系统提供，在实现降低一次能源消耗量的同时，还减少了传统制冷方式（天然气锅炉供热－天然气直燃机制冷－发电厂供电）在输电过程中的线路损耗。

9）相变储能技术

相变储能技术是利用材料在相变时吸热或放热来储能的一项节能技术。该技术储能密度高，可提供很高的蓄热、蓄冷容量，并且相变材料在储能过程中接近恒温，便于储能体系温度的控制，可有效解决能量在供给和需求时间上不匹配的问题。

2. 新一代信息技术产业

（1）集成电路

集成电路技术是在微电子学技术上发展起来的，主要包括器件物理，半导体材料、芯片加工工艺，系统技术，系统设计原理，性能测试技术，功能测试技术等部分。集成电路是将晶体管等源元件与电阻、电容等无源元件按照相应的电路"集成"到一起，发挥电路的特定功能和系统功能。集成电路能有效减小体积，在制造工艺上能实现一次性加工。①

（2）移动互联网

1）移动终端技术

移动终端技术主要包括三类，分别是终端硬件、终端软件和终端制造技术。终端硬件技术是移动互联网信息处理、信息存储、信息输入与输出等技术的统称，一般分为处理器芯片技术、人机交互、移动终端节能、移动定位等技术。终端软件技术是指通过用户与硬件间的接口界面与移动终端进行信息或数据交换的技术统称，一般分为移动操作系统、移动中间件及移动应用程序等技术。终端制造技术是一类集成了机械工程、自动化、信息、电子技术等所形成的技术、设备和系统的统称。

2）接入网络技术

接入网络技术一般是指将两台或两台以上移动终端接入互联网的技术统

---

① 高辰：《集成电路技术应用及其发展前景研究》，《科技与创新》2017 年第 24 期，第 153 ~ 154 页。

称，主要包括三类，分别是网络接入技术、网络终端管理技术和移动组网技术。

3）移动应用服务技术

移动应用服务技术是指利用多种协议或规则，向移动终端提供应用服务的技术统称，分为前端技术、后端技术和应用层网络协议三部分。前端技术用于内容展现和逻辑执行，主要包括 HTML、DOM、CSS、Java Script 等技术；后端技术用于服务器端的逻辑执行和资源管理，主要包括数据库、动态网页等技术；应用层网络协议用于前端与后端之间的信息交互和数据传送，主要包括 HTTP、FTP、SMTP 协议等。

4）网络安全技术

移动网络安全技术主要分为移动终端安全、移动网络安全、移动应用安全和位置隐私保护等技术。

（3）网络空间安全

1）智能移动终端恶意代码检测技术

智能移动终端恶意代码检测技术是在原有恶意代码检测技术的基础上，结合智能移动终端所具备的特点而引入的新技术。其检测方法分为静态检测和动态检测两种。由于智能终端设备设计的计算能力有限，在进行恶意代码检测时往往需要云查杀辅助进行。与智能终端设备数据销毁相对应，在其取证时也有十分重要的应用，其内外存设备、对应的服务供应商都是取证的重要环节。

2）可穿戴设备安全防护技术

①生物特征识别技术：生物特征识别技术是利用生物体具备的特征对人进行身份验证的技术，如指纹识别技术。可穿戴设备就是利用生物特征识别技术来对用户身份进行验证，验证不通过将不予提供服务。

②病毒防御与入侵检测工具：是指在可穿戴设备中加设病毒防护与入侵检测模块。由于可穿戴设备本身的计算能力有限，因此，嵌入在可穿戴设备中的病毒防护和入侵检测模块只能以数据收集为主，可穿戴设备通过蓝牙设备或者网络将其关键节点的数据传递到主控终端上，由主控终端分析出结果，或者通过主控终端进一步传递到云平台，最终反馈给可穿戴设备，实现对入侵行为或者病毒感染行为的发觉与制止。

3）云存储安全技术

①云容灾技术：是指两台设备在物理上隔离可运用一些特殊的算法，实现资源的异地分配。即使一台或多台物理设备被意外损毁，用户仍然可以通过储存在其他设备上的冗余信息恢复原数据。比较有代表性的就是基于Hadoop 的云存储平台，其核心技术是分布式文件系统（HDFS）。在硬件上，云容灾技术不依赖具体的某一台物理设备，并且不受地理位置的限制，使用非常方便。

②可搜索加密与数据完整性校验技术：是指用户可以通过关键词搜索云端的相关密文数据。可搜索加密技术的研究应该关注关键词的保护，支持模糊搜索，同时还可支持多关键词检索，并对服务器返回的结果进行有效性验证。

③基于属性的加密技术：在基于属性的加密系统中，用户将属性列表信息或者访问结构提供给属性中心，属性中心将私钥返回给用户。数据拥有者选择属性列表或者访问结构对数据采取加密措施，将密文存储在外包的云服务器上。

4）后量子密码

现代密码学是建立在计算复杂性理论基础之上的。然而，量子计算机的高度并行计算能力，可以将相应的困难问题化解为可求解问题。以量子计算复杂度为基础设计的密码系统必然具有抗量子计算的性质，从而有效地增强了现代密码体制的安全防护。此外，编码密码技术也具有防御量子算法攻击的优点，是信息技术领域不可缺少的重要技术之一。

（4）大数据和云计算

1）大数据技术①

大数据技术可以分解为四个连续的阶段，包括数据生成、数据获取、数据储存和数据分析。大数据的发展一直是伴随着诸多技术共同进行的。在数据生成阶段，多样的数据源产生了大量复杂的数据；在数据获取阶段，专用的数据采集技术被用于采集不同数据源产生的原始数据，并进行数据清洗和降噪；在数据储存阶段，由硬件基础设施和数据管理软件构建的大型数据仓

---

① 施骞、黄遥等：《大数据技术下重大工程组织系统集成模式》，《系统管理学报》2018 年第1 期，第 137～146、156 页。

库被用于大数据的储存；在数据统计的基础上经过不断发展与创新逐渐形成以数据挖掘技术为代表的大数据分析方法。

2）云计算技术[①]

云计算技术是基于云计算商业模式应用的网络技术、信息技术、整合技术、管理平台技术、应用技术等的总称，可以组成资源池，按需所用，灵活便利。云计算技术将变成重要支撑。技术网络系统的后台服务需要大量的计算、存储资源，如图片、视频类网站和更多的门户网站。随着互联网行业的快速发展，将来每个物品都可能存在其识别标志，都需要传输到后台系统进行逻辑处理，不同程度级别的数据将会分开处理，各类行业数据皆需要强大的系统后盾支撑，只能通过云计算技术来实现。

①虚拟化技术

虚拟化技术是指计算元件在虚拟的基础上运行，可以扩大硬件的容量，简化软件的重新配置过程，减少软件虚拟机相关开销和支持更广泛的操作系统。通过虚拟化技术可实现底层硬件与软件应用相隔离，它包括两种模式，分别是将单个资源划分成多个虚拟资源的裂分模式和将多个资源整合成一个虚拟资源的聚合模式。虚拟化技术根据对象可分成存储虚拟化、计算虚拟化、网络虚拟化等，计算虚拟化又分为系统级虚拟化、应用级虚拟化和桌面虚拟化等。在云计算实现中，计算系统虚拟化是建立在"云"上的一切服务与应用的基础。虚拟化技术主要应用在 CPU、操作系统、服务器等多个方面，是提高服务效率的最佳解决方案。

②分布式海量数据存储

云计算系统由大量服务器组成，同时为大量用户服务，因此云计算系统采用分布式存储的方式存储数据，用冗余存储的方式（集群计算、数据冗余和分布式存储）保证数据的可靠性。冗余的方式通过任务分解和集群，用低配机器替代超级计算机的性能来保证低成本，这种方式保证分布式数据的高可用性、高可靠性和经济性，即为同一份数据存储多个副本。

③海量数据管理技术

云计算需要对分布的海量数据进行分析处理，因此，要求数据管理技

---

① 《云计算的关键技术》，中国云计算，http：//yjs. cnelc. com/，最后访问时间：2018 年 7 月 10 日。

术能够高效管理大量的数据。应用于云计算系统中的数据管理技术主要是 Google 的 BigTable 数据管理技术和 Hadoop 团队开发的开源数据管理模块 HBase。由于云数据存储管理形式不同于传统的 RDBMS 数据管理方式，如何在规模巨大的分布式数据中找到特定的数据，也是云计算数据管理技术所必须解决的问题。同时，管理形式的不同造成传统的 SQL 数据库接口无法直接移植到云管理系统中来，研究关注为云数据管理提供 RDBMS 和 SQL 的接口，如基于 Hadoop 的子项目 HBase 和 Hive 等。另外，在云数据管理方面，如何保证数据的安全性和数据访问的高效性也是研究关注的重点问题之一。

④编程方式

云计算提供了分布式的计算模式，客观上要求必须有分布式的编程模式。云计算采用了一种思想简洁的分布式并行编程模型 Map-Reduce。Map-Reduce 是一种编程模型和任务调度模型，主要用于数据集的并行运算和并行任务的调度处理。

⑤云计算平台管理技术

云计算资源规模庞大，服务器数量众多并分布在不同的地点，同时运行着数百种应用，如何有效地管理这些服务器，保证为整个系统提供不间断的服务是巨大的挑战。云计算系统的平台管理技术能够使大量的服务器协同工作，方便进行业务部署和开通，快速发现和恢复系统故障，通过自动化、智能化的手段实现大规模系统的可靠运营。

（5）物联网①

物联网就是"物物相连的互联网"。物联网将自动感知和智能识别技术与普通计算和泛在网络相融合。物联网可以将各种信息传感设备，如射频识别（RFID）装置、红外感应器、全球定位系统、激光扫描器等与互联网结合起来。经过接口与无线网络（也含固定网络），把物体和物体以及人和物体连接起来，实现物体与物体、人与物体之间的交流。

物联网的关键技术是传感器技术，大多数计算机只处理标准数字信号，这就需要通过各种标准的传感器把模拟信号转换成数字量。射频识别装置是

---

① 许彧：《浅析云计算、物联网和大数据技术》，《现代信息科技》2018 年第 3 期，第 69~71 页。

一种新型的无须相互接触的传感识别技术，它是无线射频原理以及嵌入式技术相互结合的产物，开发、拓展更广阔的应用前景，在物联网中，其嵌入式技术将计算机硬件及软件、传感器自动识别技术以及集成电路系统等多种技术相结合。随着科学技术的发展，嵌入式系统逐渐应用于智能移动终端产品。若将物联网比作人体，传感器自动识别系统就是人的感知器官，网络就是神经传输系统，而嵌入式系统相当于人的大脑，负责分类处理从各个器官接收到的数据信息。现在的物联网产业由应用层、支撑层、感知层、平台层以及传输层这五个层次构成。[①]

3. 高端装备制造业

高端装备主要包括传统产业转型升级和新兴产业发展所需的高技术、高附加值装备。包括航空装备、卫星及应用、轨道交通装备、海洋工程装备、智能制造装备。高端装备制造业的关键技术如表4-1所示。

表4-1 高端装备制造业的关键技术

重要领域	重点方向	关键技术
航空装备	干支线飞机和通用飞机	先进航空空气动力学技术
	航空发动机	先进航空材料及制造技术
	航空设备及系统	航空数字化技术
卫星及应用	卫星制造	卫星总体技术;卫星平台技术;卫星有效荷载技术
	卫星发射服务	运载火箭动力学关键技术、发动机研制技术等
	卫星应用及运营服务	对地观测卫星定量化应用技术、遥感技术、小型化"动中通"技术导航与位置综合信息服务网络平台、3S+C综合应用技术等
轨道交通装备	动车组及客运列车重载及快捷货运列车城轨交通装备	列车智能化控制技术、主动维护系统、可靠性和可靠性评估技术、减震降噪及操控优化技术、轻量化车体、安全监测与信号处理技术等
	工程及养路机械装备	整车集成技术、数字网络电气控制技术、数字传感技术、数字视频技术、数字无线通话技术、轮轴制造技术、安全监测与信号处理技术等
	关键系统及部件	牵引传动与控制技术、列车网络技术、制动技术、列车运行控制技术、轮轴制造技术、无损监测技术等

---

① 中国工程科技发展战略研究院：《2017中国战略性新兴产业发展报告》，科学出版社，2016，第61~64页。

重要领域	重点方向	关键技术
轨道交通装备	海洋油气资源开发装备	海洋环境观测与检测技术、深海运载与深海探测技术、深海观测网络技术、深海装备和设备的可靠性检测技术、海洋防腐蚀技术等
海洋工程装备	智能制造装备的关键基础零部件	高效、高速、高精密加工工艺，焊接相关技术，数字化控制技术，微机电技术，精确可控热处理技术，液压铸造、绿色表面处理技术等
智能制造装备	核心智能测控装置及部件	新型传感技术，模块化、嵌入式控制系统设计技术，先进控制与优化技术，系统协同技术，故障诊断与健康维护技术，功能安全技术，特种工艺与精密制造技术，高可靠实时通信网络技术等
	重大智能制造成套设备	大型制造工程项目复杂自动化系统整体方案设计技术以及安装调试技术、统一操作界面和工程工具的设计技术、统一事件序列和报警处理技术、一体化资产管理技术等

4. 生物产业

生物产业是以生物技术和现代生命科学为基础，结合系统科学、工程控制等其他学科的科学原理和先进技术手段，对生物体进行改造或加工，使其产品具备高品质特征的产业。生物产业的关键技术主要包括以下五项技术（工程）。

（1）基因工程

基因工程是以分子遗传学为理论基础，运用分子生物学和微生物学等现代技术手段，将遗传物质从生物体体内分离，在体外进行切割、拼接和重组，最终导入活细胞以改变生物原有的遗传特性，获得新品种，生产新产品的技术。这种创造新生物并给予新生物以特殊功能的生物技术被称为基因工程，也被称为基因拼接技术或 DNA 重组技术。

（2）细胞工程

细胞工程是运用现代细胞生物学、遗传学、分子生物学和发育生物学的理论与方法，以细胞为基本单位，在体外条件下进行培养、繁殖，以创造新品种或改良生物品种（获得有价值的新物质、加速动植物个体繁育等）的生物技术。细胞工程主要包括细胞融合技术（也称作细胞杂交技术）、动植物细胞的体外培养技术及细胞器移植技术等。

（3）发酵工程

发酵工程又称微生物工程，是利用微生物生长条件要求不高、生长速度快、代谢过程特殊等特征，运用现代工程技术手段，以微生物的某种特定功能生产为人类所用的产品，或直接将微生物应用于工业生产的一项生物技术。

（4）酶工程

酶工程就是利用酶所具有的特异催化功能，借助工程手段对酶进行修饰改造，并借助生物反应器和工艺过程来生产人类所需产品的技术，它包括酶制剂的制备、酶的修饰改造技术、酶的固定化技术及酶反应器的设计等技术。

（5）蛋白质工程

蛋白质工程是指在基因工程的基础上，结合蛋白质化学、蛋白质晶体学、蛋白质动力学及计算机辅助设计等研究，获得有关蛋白质分子特性和理化特性的信息，通过对基因的人工定向改造等手段，对编码蛋白质的基因进行有目的的设计、改造和拼接，以生产出满足人类需要的新型蛋白质。

5. 新材料产业

（1）金属材料

1）镁、铝、钛轻合金材料深加工技术

镁、铝、钛轻合金材料深加工技术主要包括：运用节能、环保新工艺、新技术生产高纯金属镁，高洁净镁合金，高强度、高韧性、耐腐蚀镁合金，铝合金，钛合金材料，及其航空、汽车、信息、高速列车等行业的应用技术；大断面、中空大型钛合金及铝合金板材，镁及镁合金的液态铸轧技术，镁、铝、钛合金的线、板、带、薄板（箔）、锻件、铸件、异型材等系列金属产品的焊接与加工技术，后加工成型技术和防腐、着色技术以及相关的配套设备；精密压铸技术生产高性能铝合金、镁合金材及铸件；钛及钛合金低成本生产及其应用技术，钛及钛合金焊接管生产技术。

2）高性能金属材料及特殊合金材料生产技术

先进高温合金材料及其民用制品生产技术；超细晶粒的高强度、高韧性、强耐蚀钢铁材料生产技术；为提高钢铁材料洁净度、均匀度、组织细度等影响材料性能，提高冶金行业资源、能源利用效率，实现节能、环保，促进钢铁行业可持续发展的配套相关材料、部件制造技术；高强度、高韧性、高导性、耐腐蚀、高抗磨、耐高（低）温等特殊钢材料、高温合金材料、工模具材料制造技术；超细组织钢铁材料的轧制工艺、先进微合金化、高洁净钢、高均质连铸坯的冶炼工艺，高强度耐热合金钢的焊接技术与铸锻工艺，高性能碳素结构钢、高强度低合金钢、超高强度钢、高牌号冷轧硅钢生产工艺；高性能铜合金材（高强、高导、无铅黄铜等）生产技术、采用金属横向强迫塑性变形和冷轧一次成型工艺生产热交换器用铜及铜合金无缝高翅片管技术；通过连铸、拉拔制成合金管线材技术。

3）超细粉、纳米粉体及粉末冶金新材料工艺技术

高纯超细粉、纳米粉体和多功能金属复合粉生产技术包括铜、镍、钴、铝、镁、钛等有色金属和特殊铁基合金粉末冶金材料粉体成型和烧结致密化技术；采用粉末预处理、烧结扩散制成高性能铜等有色金属预合金粉制造技术；高性能、特殊用途钨、钼深加工材料及应用技术，高端硬质合金刀具及超细晶粒（纳米晶）硬质合金材料等制造技术。

4）低成本、高性能金属复合材料加工成型技术

在耐高压、耐磨损、抗腐蚀、改善导电和导热性等方面具有明显优势的金属与多种材料复合的新材料及结构件制、热交换器用铜铝复合管材新工艺；低密度、高强度、高弹性模量，耐疲劳的颗粒增强、纤维增强的铝基复合材料产业化的成型加工技术以及低成本、高性能的增强剂生产技术。

5）电子元器件用金属功能材料制造技术

制取电容器用高压、超高比容钽粉的金属热还原、球团化造粒、热处理、脱氧等技术；特种导电和焊接用集成电路引线及引线框架材料、电子级无铅焊料、焊膏、焊粉、焊球、金属专用电子浆料制造技术；制用于超细径电容器所需钽丝的粉末冶金方法成型烧结技术；异形接触点材料和大功率无银触头材料制造技术；高磁能积、高内禀矫顽力、高性能铁氧体永磁材料和高导磁、低功耗、抗电磁干扰的软磁体材料（高于 OP8F、CL11F、PW40 牌号性能）制造技术；片式电感器用高磁导率、低温烧结铁氧体（NiCuZn）、高性能屏蔽材料、锂离子电池负极载体、覆铜板用的高均匀性超薄铜薄制造技术；电真空用无夹杂、无气孔不锈钢及无氧铜材料规模化生产技术。

6）半导体材料生产技术

经拉晶、切割、研磨、抛光、清洗加工制成的直径大于 8 英寸的超大规模集成电路用硅单晶及抛光片和外延片加工技术；太阳能电池用大直径（8 英寸）硅单晶片拉晶技术；低成本、低能耗多晶硅材料及产品产业化技术；大直径红外光学锗单晶材料及大面积宽带隙半导体（氮化镓、碳化硅、氧化锌等）单晶和外延材料制造技术；高纯铜、高纯镍、高纯钴、高纯银、高纯铑、高纯铋、高纯锑、高纯铟、高纯镓等高纯及超纯有色金属材料精炼提纯技术等。

7）低成本超导材料实用化技术

实用化超导线材、块材、薄膜的制备技术和应用技术。

8）特殊功能有色金属材料及应用技术

包括高阻尼铜合金材料；形状记忆铜合金、钛镍合金及制品；高性能新型吸汞、释汞、吸气材料；高电容量、高电位镁牺牲阳极等。

9）高性能稀土功能材料及其应用技术

高纯度稀土单质和稀土氧化物经分离、提取的无污染废弃物综合回收的新工艺技术；生产高性能烧结钕铁硼永磁材料和各向异性黏结钕铁硼永磁材料及新型稀土永磁材料新工艺技术；大尺寸稀土超磁致伸缩材料及应用技术；新型高性能稀土发光显示材料，LCD 显示器用稀土荧光粉、PDP 显示器用低压（电压几百伏）荧光粉和绿色节能电光源材料制备及应用技术；高亮度、长余辉红色稀土贮光荧光粉制备和应用技术；稀土激光晶体和玻璃稀土精密陶瓷材料、稀土磁光存储材料、稀土磁致冷材料和巨磁阻材料、稀土生物功能材料制备和应用技术。应用于燃气、石化和环保领域的新型高效稀土催化剂和满足欧 IV 标准的稀土汽车尾气催化剂制造技术；高性能稀土镁、铝、铜等有色金属材料熔铸加工技术；用于集成电路、平面显示、光学玻璃的高纯、超细稀土抛光材料制备技术。

10）金属及非金属材料先进制备、加工和成型技术

用来制造高性能、多功能的高精、超宽、薄壁、特细、超长的新型材料及先进加工和成型技术；超细和纳米晶粒组织，快速凝固制造技术及超大形变加工技术；高速、高精、超宽、薄壁连铸连轧和高度自动化生产板、带、箔技术；金属半固态成型和近终成型技术；短流程生产工艺技术；超细、高

纯、低氧含量、无（少）夹杂合金粉末的制备技术；以及实现致密化、组织均匀化、结构功能一体化或梯度化的粉末冶金成型与烧结技术（包括机械合金化粉末、快速凝固非晶纳米晶粉末、高压水及限制式惰性气体气雾化粉末，温压成型、注射成型、喷射成型、热等静压成型、高速压制等成型，压力烧结、微波、激光、放电、等离子等快速致密化烧结技术及低温烧结）；摩擦焊接技术；物理和化学表面改性技术。

（2）无机非金属材料

1）高性能结构陶瓷强化增韧技术

制造强度高、耐高温、耐磨损、耐腐蚀、耐冲刷、抗氧化、耐烧蚀等优越性能结构陶瓷的超细粉末制备技术；控制烧结工艺和晶界工程及强化、增韧技术；现代工业用陶瓷结构件制备技术；可替代进口和特殊用途的高性能陶瓷结构件制备技术；有重要应用前景的超硬复合材料和高性能陶瓷基复合材料制备技术；陶瓷－金属复合材料、高温过滤及净化用多孔陶瓷材料、连续陶瓷纤维及其复合材料制备技术；高性能、细晶氧化铝产品，低温复相陶瓷产品，碳化硅陶瓷产品等制备技术。

2）高性能功能陶瓷制造技术

通过成分优化调节，生产高性能功能陶瓷的粉末制备、成型及烧结工艺控制技术。包括大规模集成电路封装、贴片专用高性能电子陶瓷材料制造技术；新型微波器件及铁电陶瓷材料制造和电容器用介电陶瓷技术；真空电子和微电子用新型高导热高频绝缘陶瓷材料制造技术；传感器和执行器用各类敏感功能陶瓷材料制造技术；激光元件（激光调制、激光窗口等）用功能陶瓷材料制造技术；光传输、光转换、光放大、红外透过、光开关、光存储、光电耦合等用途的光功能陶瓷、薄膜制造技术等。

3）人工晶体生长技术

新型非线性光学晶体、激光晶体材料制备技术；高机电耦合系数、高稳定性铁电、压电晶体材料制备技术；特殊应用的光学晶体材料制备技术；低成本高性能的类金刚石膜和金刚石膜制品制备技术；衰减时间短、能量分辨率高、光产额高的新型闪烁晶体材料制备技术等。

4）功能玻璃制造技术

具有特殊性能和功能的玻璃或无机非晶态材料的制造技术。包括光传输或成像用玻璃制造技术；光电、压电、激光、电磁、耐辐射、闪烁体等功能玻璃制造技术；屏蔽电磁波玻璃制造技术；新型高强度玻璃制造技术；生物体和固定酶生物化学功能玻璃制造技术；新型玻璃滤光片、光学纤维面板、光学纤维倒像器、X射线像增强器用微通道板制造技术等。

5）节能与环保用新型无机非金属材料制造技术

替代传统材料、可显著降低能源消耗的无污染节能材料制造技术；与新能源开发和利用相关的无机非金属材料制造技术；环保用高性能多孔陶瓷材料制造技术；高透光新型透明陶瓷制造技术；低辐射镀膜玻璃、多层膜结构玻璃及高强单片铯钾防火玻璃制造技术等。

（3）高分子材料

1）高性能高分子结构材料的制备技术

高强、耐高温、耐磨、超韧的高性能高分子结构材料的聚合物合成技术，分子设计技术，先进的改性技术等。包括特种工程塑料制备技术；具有特殊功能、特殊用途的高附加值热塑性树脂制备技术；关键的聚合物单体制备技术，如有机硅、有机氟等聚合物的单体制造技术。

2）新型高分子功能材料的制备及应用技术

新化合物的合成、物理及化学改性等先进的加工成型技术，膜组件；光电信息、高分子材料；高分子相变材料，高分子转光材料；液晶高分子材料；形状记忆高分子材料，具有特殊功能、高附加值的特种高分子材料及以上材料的应用技术。

3）高分子材料的低成本、高性能化技术

高分子化合物或新的复合材料的改性技术、共混技术等；高刚性、高韧性、高电性、高耐热的聚合物合金或改性材料技术；新型热塑性弹性体，具有特殊用途、高附加值的新型改性高分子材料技术。

4）新型橡胶的合成技术及橡胶新材料

橡胶新品种的分子设计技术；新型橡胶功能材料及制品；接枝、共聚技术；卤化技术；特种合成橡胶材料；充油、充炭黑技术；重大的橡胶基复合新材料技术等。

5）新型纤维材料

成纤聚合物的接枝、共聚、改性及纺丝新技术；成纤聚合物制备的具有特殊性能或功能化纤维；高性能纤维产品；环境友好及可降解型纤维。

6）环境友好型高分子材料的制备技术及高分子材料的循环再利用技术

全降解塑料制备技术；可再生生物质为原料制备的新型高分子材料技术；废弃橡胶循环再利用技术；子午线轮胎翻新工艺等。

7）高分子材料加工与应用技术

采用现代橡胶加工设备和现代加工工艺的共混、改性、配方技术；高比强度的、大型的、外形结构复杂的热塑性塑料制备技术；大型先进的橡塑加工设备、高精密的橡塑设备技术；先进的模具设计和制造技术等。

6. 新能源产业

（1）太阳能发电技术

太阳能的转换和利用方式主要有三种，分别是光－热转换、光－电转换和光－化学转换。

1）太阳能热利用及热发电技术

太阳能热利用技术是通过各种集热部件将太阳辐射能量转变成热能后被直接利用的技术。热利用方式分为低温（100℃～300℃，包含300℃）和高温（300℃以上）两种。低温通常用于工业制热、制冷及空调等；高温通常用于热发电、材料高温处理等。

太阳能热发电技术是一门学科综合性、交叉性很强的高新技术，涉及光学、材料科学、传热学、自动化等学科。太阳能热发电技术是将太阳辐射热能转化为机械能发电的技术。整个发电系统由集热系统、蓄热器、热交换器、热传输系统及发电机系统等组成。

2）太阳能光伏发电技术

太阳能光伏发电技术是利用太阳能电池板将太阳能转化为电能的技术。太阳能光伏发电系统是由光伏电池板、控制器和电能储存及变换环节构成的发电与电能变换系统。太阳能光伏发电的应用方式有多种，包括独立、并网、混合光伏发电系统，光伏与建筑集成系统以及大规模光伏电站领域，在偏远农村电气化、通信、军事、荒漠及野外检测等方面得到广泛应用，并且随着技术的发展，其应用领域还在不断地延伸和发展。

3）光化学转换技术

光化学转换技术是将太阳辐射能转化为氢的化学自由能的一项技术，是太阳能利用的另一种方式，又称光化学制氢转换技术。

（2）风电技术

1）定桨距失速风力发电技术

定桨距风力发电机组采用了多项技术，包括软并网技术、空气动力刹车技术、偏行与自动解缆技术。机组的桨叶节距角在安装时加以固定，发电机转速受电网频率限制，输出功率受桨叶本身性能限制。当风速高于额定转速时，桨叶能够通过失速调节方式自动地将功率限制在额定值附近，其主要依赖于叶片独特的翼型结构，在大风时，流过叶片背风面的气流产生紊流，降低叶片气动效率，影响能量捕获，产生失速。由于失速是一个非常复杂的气动过程，对于不稳定的风况，很难精确计算出失速效果，所以很少用在兆瓦级以上的大型风力发电机的控制上。

定桨距风力发电机组结构的主要特点是：桨叶与轮毂的连接是固定的，即当风速变化时，桨叶的迎风角度不能随之变化。这一特点给定桨距风力发电机组提出了两个必须解决的问题。一是当风速快于风轮的设计点风速即额定风速时，桨叶必须能够自动地将功率限制在额定值附近，因为风力机上所有材料的物理性能是有限度的。桨叶的这一特性被称为自动失速性能。二是运行中的风力发电机组在突然失去电网（突甩负载）的情况下，桨叶自身必须具备制动能力，使风力发电机组能够在大风情况下安全停机。

2）变桨距风力发电技术

当风速过高时，变桨距风力发电机组可以通过调整桨叶节距、改变气流对叶片攻角，从而改变风力发电机组获得的空气动力转矩，使输出功率保持稳定。采用变桨距调节方式，风机输出功率曲线平滑，在阵风时，叶片、塔筒、基础受到的冲击较失速调节型风力发电机要小很多，可减少材料使用率，减轻整机重量。其缺点是需要一套复杂的变桨距机构，要求其对阵风的响应速度足够快，减小由于风的波动引起的功率脉动。

变桨距风力发电机组与定桨距风力发电机组相比，具有在额定功率点以下输出功率平稳的特点，在相同的额定功率点，额定风速比定桨距风力发电机组要低。在低风速时，变桨距风力发电机组桨叶节距可以转动到使风轮具有最大的起动力矩的角度，从而使变桨距风力发电机组比定桨距风力发电机组更容易起动。在变桨距风力发电机组上，一般不再设置电动机启动的程序。

3）主动失速/混合失速发电技术

这项技术是前两种技术的组合。低风速时采用变桨距调节可达到更高的气动效率，当风机达到额定功率后，风机按照变桨距调节时风机调节桨距的相反方向改变桨距。这种调节将引起叶片攻角的变化，从而导致更深层次的失速，使功率输出更加平滑，类似变距调节，但不需要很快的调节速度，大风时，整个机组受到的冲击也较小。其综合了前两种方法的优点。

4）变速风力发电技术

变速运行是指风机叶轮能够根据风速变化改变其旋转速度，从而保持基本恒定的最佳叶尖速比，使风能利用系数达到最大的运行方式。与恒速风力发电机组相比，变速风力发电技术具有低风速时能够根据风速变化在运行中保持最佳叶尖速比获得最大风能，高风速时利用风轮转速变化储存的部分能量以提高传动系统的柔性和使输出功率更加平稳、进行动态功率和转矩脉动补偿等优越性。

与恒速风力发电机组相比，变速风力发电机组的优越性在于：低风速时，它能够根据风速变化，在运行中通过保持最佳叶尖速比来获得最大风能；高风速时，可以利用风轮转速的变化储存或释放部分能量，提高传动系统的柔性，使功率输出更加平稳。因而在更大容量上，变速风力发电机组有可能取代恒速风力发电机组而成为风力发电的主力机型。

（3）生物质能发电技术[1]

1）直接燃烧发电

国内生物质资源以秸秆等农作物为主，因此生物质燃烧发电技术主要是指秸秆直接燃烧发电技术。秸秆直接燃烧发电技术是利用秸秆等农作物原料在锅炉中直接燃烧产生的高温高压蒸汽在汽轮机的涡轮中膨胀做功，最后通过轴传动驱动发电机发电的一项技术。

2）生物质－煤混合燃料发电

生物质－煤混合燃料发电技术是为了弥补生物质燃料受季节、产地条件等因素影响导致燃料产量不均，影响电厂正常生产运行而在掺烧煤的发电技

---

① 赵巧良：《生物质发电发展现状及前景》，《农村电气化》2018年第3期，第60~63页。

术。生物质 – 煤混合燃料发电具有流化床锅炉、煤粉炉燃烧效率高，混合燃料燃烧效果好、污染少等多方面优势。

3）生物质气化发电技术

生物质气化发电技术，是指生物质经气化炉转化成的气体燃料，净化处理后在燃气机中燃烧发电（或在燃料电池发电）的技术。生物质气化发电技术的优势在于，利用生物质原料挥发分能高、挥发分物质在相对较低的温度下析出的特点，避免生物质燃料在燃烧过程中的灰结渣及团聚等问题。

（4）核电技术

核电技术是将核裂变反应或者核聚变反应所释放的能量用来发电的技术。由于核聚变发电存在技术障碍，当前核电站采用的均为核裂变发电技术。核电技术自发展以来经历了数次技术革新。第一代核电技术即早期原型反应堆，是 20 世纪五六十年代建造的试验核电在工程上实施是否可行的验证性核电站；第二代核电技术是在第一代核电技术的基础上发展起来的，是在七八十年代实现标准化、商业化，批量建设的核电站；第三代核电技术相比于前两代技术具有更高功率和更高的安全性，是在九十年代开发研究的新一代先进核电站；第四代核电技术是指能更好地防止核扩散，降低废物产生，同时具有更好的经济性、安全性的核电站，第四代核电技术目前仍处于开发阶段。

（5）地热能发电技术

1）干蒸汽发电技术

干蒸汽发电技术主要用于高温地热田发电，该技术具有工艺流程简单、技术成熟、安全性高等特点。干蒸汽发电技术有两种形式，分别为背压式汽轮机发电技术和凝汽式汽轮机发电技术。

背压式汽轮机发电技术是将处理后的干蒸汽推动汽轮机发电的技术。其工艺流程为：从蒸汽井中引出干蒸汽，将净化处理和分离蒸汽中固体杂质后的蒸汽导入汽轮发电机组进行发电，最后排出蒸汽用于供热或排空。该技术多用于不凝结气体含量高的地热蒸汽所在区域，也可结合其他技术综合用于生活用水及农业生产中。

凝汽式汽轮机发电技术是将做功后的蒸汽排入混合式凝汽器，冷却后排出，以提高地热电站机组的发电效率和输出功率的技术。该发电技术工艺简单，蒸汽在压力很低的汽轮机组中仍可膨胀，由此做功更多，效率更高，多用于高温（大于160℃）地热田发电。

2）地下热水发电技术

闪蒸地热发电是将地下热水送经闪蒸器中降压闪蒸产生蒸汽，再利用蒸汽推动汽轮机组做功，最终将做功产生的机械能转化为电能的发电系统。蒸汽做功后由汽轮机排入凝汽器内冷凝成水，并送往冷却塔。分离器中经分离余下的含盐水可排入环境或打入地下，也可引入第二级低压闪蒸分离器中，分离出低压蒸汽引入汽轮机组进行膨胀做功。闪蒸地热发电的发电方法主要包括单级闪蒸法、两级闪蒸法及全流法等。由于闪蒸地热发电直接以地下热蒸汽为工质，因而对于地下热水的温度、矿化度以及不凝气体含量等有较高的要求。

中间介质法地热发电是通过热交换器利用地下热水来加热某种低沸点的工质，使之变为蒸汽，然后以此蒸汽推动汽轮机并带动发电机发电。在这种发电系统中采用两种流体。一种是以地热流体为热源，它在蒸汽发生器中被冷却后排入环境或打入地下；另一种是以低沸点工质流体为工作介质（如氟利昂、正丁烷、异丁烷、异戊烷、氯丁烷等）。这种工质在蒸汽发生器内因受地热水的加热而汽化成低沸点工质蒸汽，再由汽轮机发电机组将机械能转化为电能进行发电。做完功后的蒸汽，由汽轮机排出，并在冷凝器中冷凝成液体，然后经循环泵打回蒸汽发生器再循环工作。

中间介质法地热发电是指地下热水通过热交换器对某种低沸点工质进行加热，使之变蒸汽并推动汽轮机组做功，最终将做功产生的机械能转化为电能。中间介质法地热发电系统主要采用两种流体：一种是地热流体，此类热源经蒸汽发生器冷却后排入环境或打入地下；另一种是低沸点工质流体（如氟利昂、正丁烷、异丁烷、异戊烷、氯丁烷等）。此类工质经地热水加热汽化为蒸汽。

3）联合循环发电技术

联合循环地热发电系统就是把蒸汽发电和地热水发电两种系统合二为一，它最大的优点就是适用于高于150℃的高温地热流体发电，经过一次发电后的流体，在不低于120℃的工况下，再进入双工质发电系统，进行二次做功，充分利用了地热流体的热能，不但可以提高发电效率，还可以将经过一次发电的排放尾水再次利用，节约资源。该机组目前已经在一些国家安装运行，经济效益和环境效益都很好。

该系统在整个运行过程中都处于全封闭状态，因此，即使是矿化程度很高的热卤水也可以用于发电，且不会对环境造成污染。由于系统的全封闭性，即使是在地热电站中也不存在硫化氢等有害气体，是环保型地热系统。这种地热发电系统完全采用地热水回灌，从而延长了地热田的使用寿命。

4）干热岩地热发电技术

干热岩是指埋藏于地面1km以下、温度高于200℃、内部没有或仅有少量地下流体的岩体。干热岩地热发电技术就是开发利用干热岩来抽取地下热能，其原理是将温度较低的水由地表注入井注入干热岩中，注入的水沿裂隙运动并与周边岩石发生热交换，产生高温高压超临界水或水蒸气混合物，然后从生产井提取高温蒸汽，用于地热发电。

（6）海洋能发电技术[①]

1）潮汐能发电

潮汐能是由月球和太阳等引力作用导致海水周期性涨落而产生的能量，利用潮汐能进行发电，其原理与水力发电类似，技术组成也基本相同，都是利用水的位能驱动水轮机进行发电。

潮汐发电技术是目前海洋能发电技术中运用最成熟的技术，潮汐发电有以下三种形式。①单库单向发电。涨潮时将水库蓄水，等到落潮后用水库中水的势能驱动水轮机发电。②单库双向发电。相对于单库单向发电，单库双向发电在涨潮与落潮时均可驱动轮机发电，只是在平潮时不能发电。③双库双向发电。采用高低水位的两个水库，在两个水库之间布置发电机组，涨潮时上水库蓄满水，落潮时下水库放水，始终维持两个水库的水位差，这种发电方式的优势在于，在涨落潮时均可连续输出平稳电力。

2）波浪能发电

波浪能主要是由于海面上空的风、气压和水自身的重力等相互作用产生起伏运动，形成动能和势能，波浪能的大小与波高和周期有关，是一种能量密度低、不稳定、无污染、可再生、储量大、分布广的能源。目前波浪能发

---

① 古云蛟：《海洋能发电技术的比较与分析》，《装备机械》2015年第4期，第69～74页。

电的原理主要是利用物体或者波浪自身上下浮升和摇摆运动将波浪能转变为机械能，再将机械能转变成旋转机械（如水力透平、空气透平、液压电动机、齿轮增速机构）的机械能，然后再通过电动机转换为电能，也有一些波浪能发电装置是直接俘获波浪能驱动发电机进行发电。

①OWC 技术：OWC 波浪能发电技术是将空气作为介质，采用波浪压缩空气，经过喷管驱动空气透平，带动发电机进行发电的一种发电方式。OWC 技术的优点就是发电设备不与海水接触，耐腐蚀性好，安全可靠，方便维护，但是其转换效率相对较低。

②筏式技术：筏式波浪能发电装置主要是由筏体与液压系统组合而成，筏体间相互铰接，液压系统安装于筏体之间。筏体随波浪上下起伏运动，驱动液压泵将波浪的动能转化成液压能，再通过液压电动机转动并带动发电机进行发电。筏式波浪能发电装置由三个浮子线性铰接并与波浪方向一致，中间浮子结构较小，其下连接一个水下阻尼板，使中间附体运动幅度减小，从而增大前浮和尾浮与中间浮子的相对角位移，驱动液压电机去发电。

③振荡浮子技术：振荡浮子波浪能发电是一种点吸收式发电技术，这种装置的尺度与波浪的尺度相比很小，它是利用波浪的升降运动吸收波浪能。振荡浮子发电装置主要由浮子、绳索、直线发电机、弹簧等组成。

3）潮流能和海流能发电

潮/海流能发电装置不同于传统的潮汐能发电机组，它是一种开放式的海洋能捕获装置，该装置叶轮转速相对要慢很多，一般来说最大流速在2m/s以上的流动能都具有利用价值，潮流能和海流能发电装置主要有如下两种结构。

①水平式发电系统：水平轴式潮流能发电装置具有效率高、自启动性能好的特点，若在系统中增加变桨或对流机构，则可使机组适应双向的潮流环境。②垂直式发电系统：垂直式发电系统顾名思义就是指轮机的转轴与海面垂直，海水流动驱动叶片，带动转轴垂直转动，从而驱动发电机发电。

4）温差能发电

海洋温差能主要来源于蕴藏在海洋中的太阳辐射能，具有总量巨大且比较稳定的特点。海洋温差能发电主要是利用海洋表面高温海水（26℃ ~

28℃）加热工质，使之汽化以驱动汽轮机，同时利用深海的低温海水（4℃ ~ 6℃）将做功后的乏气冷凝，使之重新回到液体状态。海洋温差发电技术一般可以分为开式循环、闭式循环和混合循环三类。

5）盐差能发电

盐差能发电主要是利用各种河流入海口淡水与海水之间的浓度差，采用半透膜装置将淡水与盐水隔离，半透膜会产生压力梯度，使淡水向盐水一侧渗透，直至两侧盐度达到一致，此时盐水侧的水位高于淡水侧，再利用这个势差进行发电。

7. 新能源汽车产业

（1）VCU

整车控制器（VCU）是实现整车控制决策的核心电子控制单元，一般仅新能源汽车配备，传统燃油车无须配置该装置。VCU 通过采集油门踏板、挡位、刹车踏板等信号来判断驾驶员的驾驶意图；通过监测车辆状态（车速、温度等）信息，由 VCU 判断处理后，向动力系统、动力电池系统发送车辆的运行状态控制指令，同时控制车载附件电力系统的工作模式；VCU 具有整车系统故障诊断保护与存储功能。

VCU 硬件采用标准化核心模块电路（电源、CAN、存储器及 32 位主处理器）和 VCU 专用电路（传感器采集等）设计；其中标准化核心模块电路可移植应用在 MCU 和 BMS 上，平台化硬件将具有非常好的可移植性和扩展性。

底层软件以 AUTOSAR 汽车软件开放式系统架构为标准，达到电子控制单元（ECU）开发共同平台的发展目标，支持新能源汽车不同的控制系统；模块化软件组件以软件复用为目标，来有效提高软件质量，缩短软件开发周期。

应用层软件按照 V 型开发流程，基于模型开发完成；采用快速原型工具和模型在环（MIL）工具对软件模型进行验证，加快开发速度；软件模型和策略文档都采用专用版本工具进行管理，增强可追溯性；驾驶员换挡规律、转矩解析、模式切换、转矩分配和故障诊断策略等是应用层的关键技术，对车辆动力性、经济性和可靠性有着重要影响。

（2）MCU

电机控制器（MCU）是新能源汽车特有的核心功率电子单元，通过接收 VCU 的车辆行驶控制指令，控制电动机输出指定的扭矩和转速，驱动车辆行驶。实现把动力电池的直流电能转换为所需的高压交流电，并驱动电机本体输出机械能。同时，MCU 具有电机系统故障诊断保护和存储功能。MCU 由外壳及冷却系统、功率电子单元、控制电路、底层软件和控制算法软件组成。

MCU 硬件电路采用模块化、平台化设计理念（核心模块与 VCU 同平台）。功率驱动部分采用多重诊断保护功能电路设计，功率回路部分采用汽车级 IGBT 并联技术、定制母线电容和集成母排设计；结构部分采用高防护等级、集成一体化液冷设计。

与 VCU 类似，MCU 底层软件以 AUTOSAR 开放式系统架构为标准，达到 ECU 开发共同平台的发展目标，模块化软件组件以软件复用为目标。

应用层软件按照功能设计一般可分为四个模块：状态控制、矢量算法、需求转矩计算和诊断模块。其中，矢量算法模块分为 MTPA 控制和弱磁控制。

MCU 关键技术方案主要包括：基于 32 位高性能双核主处理器；高防护等级壳体及集成一体化水冷散热设计；汽车级 IGBT 并联技术，定制薄膜母线电容及集成化功率回路设计；基于 AUTOSAR 架构平台软件及先进 SVPWM PMSM 控制算法。

（3）电池包和 BMS

电池包是为整车提供驱动电能的装置，是新能源汽车的核心能量源。它主要通过金属材质的壳体包络构成电池包主体。模块化的结构设计实现了电芯的集成，通过仿真优化电池包热管理性能热管理设计与电器部件及线束，实现了控制系统对电池的连接路径及安全保护；通过 BMS 实现对电芯的管理，以及与整车的通信和信息交换。

BMS 是电池包最关键的零部件，核心部分由硬件电路、底层软件和应用层软件组成。但 BMS 硬件由主板（BCU）和从板（BMU）两部分组成，从板安装于模组内部，用于检测单体电压、电流和均衡控制；主板安装位置比较灵活，用于继电器控制、荷电状态值（SOC）估计和电气伤害保护等。

BMU 硬件部分完成电池单体电压和温度测量，并通过高可靠性的数据传输通道与 BCU 模块进行指令及数据的双向传输。BCU 可选用基于汽车功能安全架构的 32 位微处理器完成总电压采集、绝缘检测、继电器驱动及状态监测等功能。

底层软件架构符合 AUTOSAR 标准，模块化开发容易实现扩展和移植，提高开发效率。应用层软件是 BMS 的控制核心，包括电池保护、电气伤害保护、故障诊断管理、热管理、继电器控制、从板控制、均衡控制、SOC 估计和通信管理等模块。[①]

8. 互联网+智能制造产业

（1）智能识别技术

智能识别技术是智能制造环节中的一项关键技术，包括基于深度图像的三维目标识别技术、射频识别（Radio Frequency Identification，RFID）技术及物体缺陷自动识别技术等。

（2）实时定位系统

在实际生产制造现场，需要对多种材料、零件、工具、设备等资产进行实时跟踪管理；在制造的某个阶段，材料、零件、工具等需要及时到位和撤离；在生产过程中，需要监视在制品的位置行踪及材料、零件、工具的存放位置等。这样，在互联网+智能制造系统中需要建立一个实时定位网络系统，以完成生产全程中角色的实时位置跟踪。

（3）无线传感器网络

在未来的智能工厂中，产品和生产设施将控制着自己的生产和物流，它们构成一个 CPS——连接互联网的网络空间与现实物理世界。然而，不同于当前机电一体化系统，它们具有与环境交互的能力，可以规划和调整自己的行为来适应环境，并且学习新的行为模式和策略，从而进行自我优化，进而实现最小批量的快速产品转化和多品种的高效率生产。嵌入式传感器/制动器组件、机器/机器通信交流和主动语义产品记忆催生了工业环境中节约资源的优化方法，这将促进智能工厂以一种合理的成本实现环境保护和复杂生产。

（4）CPS

CPS 将彻底改变传统制造业逻辑。在这样的系统中，每个工件都能够智

---

① 《新能源汽车技术分类及三大关键技术详解》，2017 年 4 月 20 日，https：//wenku. baidu. com/view/b3f1340 d42323968011ca300a6c30c225901f015. html，最后访问时间：2018 年 7 月 15 日。

能调用所需服务，通过数字化技术逐步升级现有生产设施，建立全新的体系结构。在当前的工业制造环境中，僵化的中央工业控制正在向分布式智能控制方向转变。大量的传感器以令人难以置信的精度记录着它们的环境，并作为一个独立于中心生产控制系统的嵌入式处理器系统做出自己的决策。

（5）网络安全技术

数字化推动了制造业的发展，在很大程度上得益于计算机网络技术的发展，与此同时也对工厂/车间的网络安全构成了威胁。以前习惯于处理纸质设计图件的技术人员，现在越来越依赖于计算机网络、自动化机器和无处不在的传感器，而技术人员的工作就是把数字数据转换成物理部件和组件。制造过程的数字化技术资料支撑了产品设计、制造和服务，这些信息可以在整个供应链实现共享，但必须得以保护。不仅需要从防范数据盗窃上来保护技术资源，还必须防止网络入侵破坏生产系统的安全，以避免造成正常生产运行的瘫痪。对于网络安全，生产系统需采取一系列 IT 安全保障技术和措施，如防火墙、入侵预防病毒扫描器、访问控制、黑白名单、信息加密等。

（6）先进控制与优化技术

在智能制造系统生产过程中，生产产品的控制和优化是重要环节，涉及很多技术，如工业过程中的多层次性能评估、基于海量数据的建模、大规模高性能多目标优化、大型复杂装备系统仿真、高阶导数连续运动规划、电子传动等技术。

（7）系统协同技术

大型制造工程项目复杂自动化系统整体方案设计与安装调试对系统间协同提出了更高的要求，需突破统一操作界面和工程工具的设计、统一事件序列及报警处理、一体化资产管理等技术。

9. 数字创业产业

（1）虚拟现实技术

广义的虚拟现实技术包括 VR、增强现实（Augmented Reality，AR）及混合现实（Mixed Reality，MR）。虚拟现实技术现已成为横跨互联网产业和数字创意产业、科技界和资本界的一颗闪亮明星。广义的虚拟现实技术与人工智能、物联网及"互联网＋"（智能制造）成为关注热点，被称为继个人电脑、互联网、移动互联网之后的第四波科技浪潮。

VR 是一种可以创建和体验虚拟世界的计算机仿真系统，是仿真技术的一个重要方向。它是利用计算机生成一种模拟环境，基于多源信息交互融合的三维动态视景和实体行为的系统仿真，可使用户沉浸到该环境中。当前 VR 尚处于缓慢增长的阶段，内容和应用相对缺少佩戴舒适度，以及人机交互等问题依然是难点。AR 是一种实时地计算摄影机影像的位置及角度并叠加相应图像的技术，这种技术的目标是把虚拟世界融合到现实世界，实现互动。MR 是 VR 技术的进一步发展，该技术通过在虚拟环境中引入现实场景信息，在虚拟世界、现实世界和用户之间搭起一个交互反馈的信息回路，以增强用户体验的真实感。以虚拟现实技术为代表的数字显示与成像技术是数字创意产业发展的新机遇，数字光场显示（dynamic digitized lightfield signal）技术的突破将会引发拍摄和展现的技术革命。

广义的虚拟现实技术实际上可以被纳入数字感知（digital senses）技术的统一框架。数字感知是利用先进的数字化手段捕获、再生或合成各种来自外部世界的感官输入（视觉、听觉、触觉、嗅觉、味觉等），以各种不同方式将再生的或合成的输入与自然接收的输人进行组合，协助机器合成感知并对其做出反应。其研究的目的是深入了解人的各种感官的工作机制，并将其应用于人对外部世界的感知体验相关领域。目前，非视听觉感知技术的研究进展缓慢，在很多方面还存在技术鸿沟。

（2）新一代数字媒体技术

传统数字媒体主要包括图形图像、音视频、动画游戏等媒体内容。随着数字化技术与显示成像技术的迅猛发展，数字媒体涵盖更多样的形式和广泛的内容。特别是 VR 技术的普及将带来数字媒体的变革，视听信息将展现更丰富、更具沉浸感和互动性更强的形式。随着数字感知技术的突破，非视听信息也将成为重要的媒体内容，将进一步突破数字媒体的边界。

（3）创意大数据技术

大数据与创意产业的结合催生了创意大数据技术，它包括创意大数据基础资源、创意大数据技术体系、创意知识服务系统与平台等。就创意大数据基础资源而言，它包括创意设计大数据、产品设计大数据、文化大数据、材料大数据、技术构成大数据等重要资源。创意大数据技术体系也是一个开放的技术体系，包括大数据挖掘技术、大数据搜索技术、大数据关联技术、大数据理解技术、基于大数据的创意生成技术等。创意知识服务系统与平台是建立在创意大数据基础资源之上的，利用创意大数据技术体系提供知识服务的重要载体，数字化、网络化、智能化是其十分重要的特征，新一代人工智能技术，特别是群体智能技术、跨媒体计算技术、人机混合智能技术都将是其重要的技术支撑。

（二）接续产业关键技术

1. 煤炭清洁高效转化利用产业关键技术

煤炭清洁高效转化与利用是指通过技术创新手段提高煤炭利用效率，以降低污染物的排放。煤炭的清洁高效转化利用不但可以大幅提高煤电转化效率，还可以通过现代煤化工技术工艺，以煤为原料制取化学品、气体或液体燃料，既包括煤炭的清洁、高效燃烧和绿色、低碳转化，也包括煤炭作为能源和资源的联产综合利用。

（1）超超临界燃煤发电和超低排放技术

1）超超临界燃煤发电技术。超超临界燃煤发电技术是指燃煤电厂采用先进的蒸汽循环，使其在高温运作时能实现更高的热效率，减少污染气体的排放。目前比较先进的是700℃超超临界燃煤发电技术，它是应用于主蒸汽温度超过700℃、主蒸汽压力超过35MPa的一项先进发电技术，该技术能够在不进行二次加热的条件下提高发电机组的发电效率，通过这种方式可有效减少燃煤消耗量，并且减少 SO_2、NO_x 及重金属等污染物的排放。

2）超低排放技术。超低排放技术主要包括以下几方面技术。[1]

①脱硝系统增效改造技术

脱硝系统增效改造技术主要采取的方案包括高效 SCR 脱硝技术、优化烟气脱硝过程、增加催化剂层数等。

烟气脱硝技术主要包括 SCR 脱硝技术、SNCR 脱硝技术、SNCR-SCR 脱硝技术三种。SCR 脱硝技术，即选择性催化还原技术，是指在有氧和催化剂

---

① 黄治军、方茜等：《燃煤电站超低排放技术研究综述》，《电力科技与环保》2017 年第 6 期，第 10～14 页。

作用条件下，相对于与烟气中的氧气发生氧化反应，NH_3 优先与 NO_x 反应生成 N_2 和 H_2O 的脱硝技术。SNCR 脱硝技术是指在 850℃～1100℃ 的温度条件下，使用尿素溶液等氨基还原剂与废气中的 NO_x 发生反应的脱硝技术。SNCR-SCR 脱硝技术是结合了 SCR 脱硝技术的高效、SNCR 脱硝技术的节约投资的特点而逐渐应用起来的一项高效、技术成熟的 SCR 改进技术。

②除尘系统增效改造技术

目前在国内实用性广且技术成熟的除尘技术主要有静电除尘技术和袋式除尘技术。

静电除尘技术：静电除尘技术是指通过高压电场作用，含尘气体上的尘粒与负离子结合带负电，趋向阳极表面放电沉积而与气体分离，从而达到除尘作用的技术。

袋式除尘技术：袋式除尘技术是依靠滤袋（由纤维滤料制成）表面形成的粉尘层来净化气体的技术，这项技术可以大幅度减少烟尘和粉尘排放。

以这两种除尘技术为基础，近年来应用较广的改造技术有湿式电除尘技术、低低温电除尘技术、电袋复合除尘技术、旋转电极式电除尘技术、高频高压电源技术等。

湿式电除尘技术：燃煤电站湿法脱硫系统可通过惯性碰撞、布朗扩散等物理作用对燃煤烟气中细颗粒物进行捕集脱除，在一定程度上可以实现颗粒物的协同脱除，但同时脱硫过程也会产生新的颗粒物。为达到超低排放标准，脱硫系统后一般需要加装湿式电除尘器（Wet Electrostatic Precipitator，WESP）进行深度除尘。湿式电除尘器的清灰方式有效避免了二次扬尘和反电晕问题，对酸雾和重金属也有一定协同脱除效果。湿式电除尘器根据阳极类型不同可分为金属极板 WESP、导电玻璃钢 WESP 和柔性极板 WESP。

低低温电除尘技术：低低温电除尘技术是通过低温省煤器或换热装置将除尘器入口烟温降至酸露点以下，一般在 90℃ 左右。该技术的优势为：当烟气温度降至酸露点以下，SO_3 在粉尘表面冷凝，粉尘比电阻降低，避免反电晕现象，提高除尘效率；由于排烟温度下降，烟气量降低，减小了电场内烟气流速，增加了停留时间，能更有效地捕获粉尘；SO_3 冷凝后吸附在粉尘上，可被协同脱除。低低温电除尘布置方案主要有两种：方案一是在电除尘器前布置换热器来降低烟温至 90℃～110℃，回收余热用于加热汽机冷凝水系统。方案二是在电除尘器前和脱硫吸收塔后各布置一套换热器，将除尘器前回收的余热用于脱硫后烟温的再热。

电袋复合除尘技术：电袋复合除尘技术是以静电除尘器和布袋除尘器技术为基础提出的一种新型复合除尘技术，电袋复合除尘技术是将静电除尘和布袋除尘相结合，利用两者在除尘过程中存在的相互作用，使颗粒在电场中荷电、极化、凝并，提高了布袋对颗粒物的捕集能力。

旋转电极式电除尘技术：旋转电极式电除尘器（也被称为移动电极式静电除尘器），是将除尘器电场分为固定电极电场和旋转电极电场两部分，旋转电极电场中阳极部分采用回转的阳极板和旋转清灰刷清灰，当粉尘随移动的阳极板运动到非收尘区域后，被清灰刷清除。粉尘被收集到收尘极板后尚未达到形成反电晕的厚度就被清灰刷清除，极板始终保持清洁，避免了反电晕现象。同时由于清灰刷位于非收尘区，最大限度地减少了传统振动清灰造成的二次扬尘问题，确保了除尘效率。

高频高压电源技术：高频高压电源技术指通过大功率高频开关，将输入的工频三相电流经整流变为直流，再经过逆变和转换变为近似正弦的高频交流电源，再经变压器升压整流，形成直流或窄脉冲等各种适合电除尘器运行的电压波形。与工频电源相比，高频电源具有除尘效率高、转换效率高、节能降耗等优点。目前已有很多高频高压电源用于电除尘器改造。国电环境保护研究院研发了高频＋脉冲分区耦合节能提效电除尘技术，开发了高频和脉冲供电电源装置，提升了电除尘对细颗粒的捕集能力。

（2）脱硫系统增效改造技术

空塔增效及塔内构件改造技术影响脱硫效率的因素可大致分为烟气性质、空塔结构、运行操作参数、吸收剂品质这几个方面。在原先排放与超低排放标准差别不太大的前提下，通过对空塔的优化，如适当增加循环浆液量，延长烟气停留时间，优化喷淋层结构及添加脱硫增效剂等措施，可达到超低排放要求。针对塔内构件的改造主要有吸收塔增效环技术和托盘塔技术。吸收塔增效环在各研究中的表述不尽相同，有"聚液环""导流环""液体再分配器"等。增效环的设置主要有两个目的：一方面是改善烟气在塔横截面上分布不均现象，防止烟气沿塔壁向上形成"短路"；另一方面是将喷淋至吸收塔壁的浆液收集起来以减少壁流损失，然后将浆液重新分配至塔中部。增效环可单层或多层，设置在喷淋层下方，增强塔内气液传质，从而提高脱硫效率。托盘塔技术是指在入口烟道的上方与最底层喷淋层间布置1~2块孔板托盘，使烟气进入吸收塔后流速分布均匀。另外，托盘产生的一定持液高度会使气液剧烈掺混，产生类似"沸腾"状态的泡沫层，强化气液传质的同时增加了烟气停留时间，提高了脱硫效率。

高效脱硫协同除尘技术：石灰石－石膏湿法脱硫系统借助脱硫浆液的洗涤作用可协同脱除烟气中颗粒物，在超低排放形势下，近年来针对脱硫过程的协同除尘技术的研究也有所发展。其中较为典型的技术为旋汇耦合脱硫技术，该技术是在空塔的基础上加装湍流装置，基于气体动力学原理和多相紊流掺混的强传质机理，通过旋汇耦合装置产生气液旋转翻覆湍流空间，气、液、固三相充分接触，迅速完成传质过程，从而实现高效脱硫和除尘。

单塔双循环技术：单塔双循环技术指脱硫烟气在塔中经过两级独立循环的浆液喷淋区：第一级循环喷淋浆液主要用于保证亚硫酸钙的氧化与石灰石在浆液中溶解充分，保证石膏的结晶回收，浆液的 pH 值为 4.5~5.0；第二级循环喷淋浆液侧重于剩余烟气中 SO_2 的吸收脱除，以达到要求的脱硫效率，浆液的 pH 值为 5.5~6.0。在两级间设置浆液收集装置，将两级循环分开的同时使烟气流均匀分布。两级循环的操作参数独立，煤种、负荷等变化时能够及时调整，适应性较好。相较单塔单循环，其能在一定程度上降低液气比，提高脱硫效率。

双塔技术：双塔技术是指在原先"一炉一塔"的基础上增设一座脱硫塔，与原塔连接布置。烟气首先进入预洗涤塔，脱除部分 SO_2 的同时可除去烟气中的其他杂质，如烟尘、HF、HCl 等。预洗涤塔浆液 pH 值控制较低，有利于石膏的结晶。烟气经预洗涤塔后进入吸收塔，通过吸收塔中 pH 值较高的脱硫浆液来保证较高的脱硫效率。两塔的操作参数一般相互独立，适应性好，能有效提高整体脱硫效率。除脱硫效率提高以外，双塔脱硫系统对燃煤烟气中细颗粒物脱除效率较单塔系统有明显提高。

（3）IGCC 及 IGFC 发电技术

以煤气化技术为基础的 IGCC 与 IGFC 发电技术，能够实现煤化学能向电能的直接转化和多级梯级利用，是世界上最高效、清洁的煤电转化技术。

IGCC（Integrated Gasification Combined Cycle）即整体煤气化联合循环发电系统，是将煤气化技术和高效的联合循环相结合的先进动力系统。IGCC由煤的气化与净化和燃气 – 蒸汽联合循环发电这两部分组成。第一部分的主要设备有气化炉、空分装置、煤气净化设备（包括硫的回收装置）；第二部分的主要设备有燃气轮机发电系统、余热锅炉、蒸汽轮机发电系统。IGCC的工艺过程为：煤经气化成为中低热值煤气，经过净化，除去煤气中的氮氧化物、硫化物以及粉尘等污染物，变为清洁的气体燃料。将燃料送入燃气轮机的燃烧室燃烧，加热气体工质以驱动燃气透平做功，燃气轮机排气进入余热锅炉加热给水，产生过热蒸汽驱动蒸汽轮机做功。

IGFC包括固体氧化物燃料电池（Solid Oxide Fuel Cell，SOFC）和熔融碳酸燃料电池（Molten Carbonate Fuel Cell，MCFC）发电系统，是将煤气化技术和高效率的燃料电池发电技术相结合的先进发电系统，高温燃料电池可以继续联合燃气轮机发电系统技术形成整体煤气化燃料电池联合循环（Integrated Gasification Fuel Cell Combined Cycle，IGFC-CC），也可以理解为IGCC系统中在燃气轮之前先采用高温燃料电池发电，高温燃料电池的尾气进入燃气轮机继续产生电能的过程，整个IGFC系统的发电效率是燃料电池系统与燃气轮机系统效率的叠加值。IGFC系统除具备前述IGCC的优点外，更突出的特点如下：效率高——净发电效率≥50%，燃料一次利用率80%，整体利用率90%，转化率97%（HHN）（100MW级）；节约水——几乎完全无水循环；碳捕获——CO_2捕获率高于90%；成本低——建设成本和发电成本低；模块化设计——占地面积小。

（4）循环流化床锅炉发电技术

循环流化床燃烧技术是一项近二十年发展起来的清洁煤燃烧技术。它具有燃料适应性广、燃烧效率高、氮氧化物排放低、低成本石灰石炉内脱硫、负荷调节比大和负荷调节快等优点。在循环流化床机组中，炉膛内的固体颗粒物在以一种特殊的气固流动方式运动，即高速气流与所携带的稠密悬浮煤颗粒充分接触燃烧，离开炉膛的颗粒又被分离并送回炉膛循环燃烧。炉膛内固体颗粒的浓度高，燃烧、传热、传质剧烈，温度分布均匀。

（5）CO_2处理和利用技术

CCS是指从化石能源利用产生的尾气中捕集CO_2，将其液化输送至埋存地，并注入地质结构中进行封存。CCS 是实现减少 CO_2 向大气中排放的潜在的重要措施之一，被认为将是未来五十年减少温室气体排放的一种重要方式。目前开发和应用 CO_2 的途径有多种。CO_2 驱油已成功地应用于石油开采，可以显著增加枯竭油田的石油产量。高温 CO_2 重整煤循环利用技术是直接利用 IGFC 系统中产生的高温、高浓度 CO_2 与煤或焦炭反应生成高 CO 含量的气体，作为下游煤化工产业的原料。CO_2 电化学还原技术旨在通过固体氧化物电解池将高温、高浓度 CO_2 和水蒸气电解，得到以 H_2、CO 为主要成分的合成气，再通过进一步合成来制备液体或者其他燃料，实现 CO_2 的有效利用，减少用煤量。

（6）煤炭转化技术

1）煤炭气化技术

煤炭气化，简单来说，是将固体的煤通过多种加工程序，将其转化为气态形式。具体是指，将固体煤放进指定的经过特殊设计的设备或容器中，加入汽化剂（如空气、氧气和蒸汽等），并将设备中的压力及温度提高到固体煤气化的压力点及温度点上，以促进固体煤中有机物质与汽化剂进行化学反应，最终把固态的煤转变成可燃气体或者非可燃气体的一个化学变化过程。其中，可燃气体主要包括 CH_4、CO、H_2 等，非可燃气体包括 CO_2、N_2 等。

①固定床气化技术

将煤和汽化剂分别从气化炉的顶部和底部加入，使得原煤和汽化剂进行逆流接触，这个过程中，气体上升速度急剧加快，固态的煤逐渐下降，两者之间形成了高压强，最终实现煤炭气化。

②流化床气化技术

先将 $0\sim10\,mm$ 粒度的小颗粒煤炭放入气化炉作为气化原料，然后悬浮分散且垂直在气化炉内气流中的小颗粒煤炭进行气化反应，以实现煤料层温度的均匀，该温度层的温度易控制，进而实现小颗粒煤炭的气化，达到高气化效率。

③气流床气化技术

气流床气化技术是一种并流气化过程，先采用汽化剂将小于 $100\,\mu m$ 粒度的煤粉带入气化炉内，通过泵将汽化剂及煤粉打入气化炉内，再将气化炉加温到煤粉熔点处，促使煤粉与汽化剂发生燃烧和气化反应，从而实现煤粉汽化。

④熔浴床气化技术

熔浴床气化技术是，使用切线方向高速喷入的方法，将粉煤和汽化剂喷入熔池内，该熔池里面温度非常高且比较稳定，此间熔融物就会进行螺旋状旋转运动，进行气化反应，最终达到粉煤气化的目的。

2）煤炭液化技术

煤炭液化技术，顾名思义就是指，将固态煤炭转化为液体燃料、化工原料和产品洁净煤的技术，包括直接液化和间接液化两种煤炭液化技术。

①直接液化技术

煤炭直接液化法的原理是，将煤炭作为原料，通过增加液化设备中的温度及压强，将煤炭中固态氢元素直接液化成烃类化合物，最后通过精炼法制取洁净、优质的汽油和柴油等燃料成品油。具体的液化过程是，先将煤磨成粉，然后将煤炭自身产生的液化重油直接配成煤浆，并在 30MPa 高压和450℃高温条件下加入氢，进而实现煤炭向汽油和柴油等燃料成品油的转化。

②间接液化技术

煤间接液化技术流程如下：先把煤放到气化炉进行煤气化，然后将生成的煤气转化成合成气，转化的合成气又作为下一环节的原料，通过合成费－托（F-T）法将合成气转化为烃类化合物，最后通过精馏将相应液体燃料及化学品产出。间接液化的技术特点是：间接液化的煤种广泛；可以在已有气化炉基础上合成汽油；反应压力低于直接液化，反应温度高于直接液化。

（7）煤炭高效转化多联产系统

煤基多联产是多种煤炭转化技术通过优化组合集成在一起，以同时获得多种高附加值的化工产品（包括脂肪烃和芳香烃）和多种洁净的二次能源（气体燃料、液体燃料、电力等）。目前多联产系统主要分为以煤完全气化为核心的多联产系统，以及以煤热解燃烧为核心的分级转化系统等。

2. 非常规油气产业关键技术

（1）页岩气技术[①]

当前页岩气开发过程中常用的技术主要有三种。

1）水力压裂法。这种方法指的是将水注入油井中，使得油井的岩石层

---

① 李军：《页岩气开发关键技术与环境问题研究分析》，《中国战略新兴产业》，2018 年 6 月 29 日，https：//doi. org/10. 19474/j. cnki. 10－1156/f. 003778，最后访问时间：2018 年 7 月 16 日。

断裂，然后将圈闭在岩层中的油和天然气释放出来，注入岩石中的水通常是含有化学物质的水，比如混合了降阻剂、抗菌剂、盐酸等物质。水力压裂法是当前页岩气开发过程中比较常见的一种方法，在美国页岩气开发过程中十分常用。

2）地震勘探技术。地震勘探技术包括三维地震技术和井中地震技术，其中前者主要是用于复杂构造储层中非均质性和裂缝发育带的识别，从而提高页岩气勘探结果的准确性，为页岩气勘探提供更多支持。井中地震技术指的是向岩层传输一种高分辨率、高信噪比、高保真的地震力，模拟真实地震发生的情境，从而将封闭在岩层中的页岩气释放出来。

3）钻井技术。钻井技术也是页岩气开发过程中最常用的技术之一，在页岩气开发过程中使用的技术主要是旋转导向技术，该技术用于地层引导和地层评价，确保勘探目标区域内的钻井可以随时被监测，并且能够将钻井中的页岩气释放情况监测起来，实现页岩气的收集，提高页岩气开发水平。

4）页岩含气量录井和现场测试技术。页岩孔隙度一般都比较低，而且主要是裂缝以及微裂孔，所以大部分页岩气都是以游离形式或者吸附方式存在于岩石中的，在开发过程中为了防止页岩气逸散进入井筒，主要以测量岩体中心吸附的页岩气的含量为标准，在进行录井的时候，需要在现场进行页岩气含量的测定，主要通过页岩解吸及吸附等环节完成相关测试，从而评价页岩的开发价值。

（2）煤层气技术[①]

煤矿区常采用地面煤层气开发技术、煤层气井下抽采技术和煤层卸压增透技术等开发技术或其技术组合（井上下联合抽采）开发煤层气资源。

1）地面煤层气开发技术。地面煤层气开发技术包括垂直井技术、多分支水平井技术、丛式井技术和 U 型井（ V 型井）技术、"一井三（多）用"技术等。在我国现有的煤层气开发活动中，多数直井采用套管完井方式，多分支水平井几乎全部采用裸眼洞穴完井。但是，裸眼洞穴完井技术对煤储层条件有较高要求，因此实践应用较少。

2）煤层气井下抽采技术。井下抽采技术主要有模块化区域递进式抽采

① 樊振丽、申宝宏等：《中国煤矿区煤层气开发及其技术途径》，《煤炭科学技术》2014 年第 1 期，第 44～49、75 页。

技术、分源双系统抽采技术、保护层抽采技术、卸压层抽采技术和采空区抽采技术等。煤矿区根据不同的地质采矿条件探索出不同的抽采方式，将本煤层抽采、煤层顶底板抽采和采空区抽采方法有机组合，形成多种立体的煤层气井下抽采体系。

3）煤层卸压增透技术，是针对含气饱和度低和煤层渗透率低的矿区应用的一项煤层卸压增透技术，以提高煤层气抽采率。此类技术主要包括保护层开采卸压增透技术、深孔预裂爆破技术、深穿透射孔技术、高能气体压裂技术和高压水力增透技术等。

3. 石油化工产业关键技术

（1）石油炼油技术[①]

1）石油蒸馏

石油蒸馏技术是对石油组分复杂体系进行特征化的主要手段，同时也是最合适的技术手段，通过石油蒸馏能够实现对石油的最经济、最简单的分馏。因此，常减压蒸馏装置作为整个炼油过程的起始点，起着至关重要的作用。通过对石油的常压蒸馏与减压蒸馏，常减压装置将原油分割为一次加工产品与二次加工原料。一次加工产品包括直流汽油、煤油、轻柴油、重柴油等馏分，这些馏分经过进一步的精制、调和即可生产常见的各种牌号的汽油、煤油、柴油产品。

2）热加工过程

石油的热加工过程包括热裂解、热重整等，在炼油工艺体系中占据着十分重要的地位，是目前已知的进行渣油、劣质油深加工的最为经济有效的技术手段。在炼油化工一体化的新形势下，由渣油的热裂解所产生的轻质石脑油已经成为炼化体系中乙烯生产装置的重要原料。在现代炼油工艺技术中，对轻烃组分与轻质油的高温裂解仍然是目前生产乙烯的重要过程工艺。

3）催化裂化

催化裂化工艺是一种成熟的对重质油深加工的工艺，通过催化剂的作用，在高温高压下将重质油催化裂解为石油气、汽油、柴油等轻组分。在我国，国内的原油品质普遍较差，因此催化裂化是我国生产汽油、柴油产品的

---

① 金炜：《现代炼油工艺技术分析》，《石化技术》2017 年第 8 期，第 68 页。

主要工艺手段，我国的重质油催化裂化技术在世界处于领先水平，催化裂化装置的处理量与生产规模均居世界之首。

4）催化加氢

催化加氢工艺是有效提高原油加工深度、增加石油资源利用率、提升轻组分收率、改善石油产品质量的重要加工过程，对我国炼油工艺的发展有着极为重要的作用。催化加氢工艺是在催化剂的作用下，对石油进行加氢精制及加氢裂化，从而对原油进行深加工。加氢精制与加氢裂化的目的不同：加氢精制的主要目的是通过对油品进行加氢精制处理，从而有效除去油品中的硫氮元素以及氧原子及金属杂原子等，促使烯烃组分饱和及对芳烃组分进行加氢，采用这种方式使油品使用性能得到全面改良；加氢裂化是在高压下，原油中的烃类分子与氢原子经催化剂作用发生裂化反应及加氢反应，以这种方式实现大分子碳氢化合物的裂解。

5）催化重整

催化重整是提高汽油辛烷值的重要过程，催化重整汽油是高辛烷值汽油的主要组成成分。催化重整工艺通过一定的温度压力，在临氢状态与催化剂的作用下，使直馏汽油转化为富含 BTX 的重整汽油，并产生一部分氢气。催化重整过程中产生的氢气是炼厂加氢工艺的重要氢气来源。

（2）石油化工技术

蒸汽裂解技术。该技术最开始是采用管式炉裂解法，原材料是石脑油，但是随着乙烯等烯烃的需求不断加大和石脑油的紧俏，新的制备方式就产生了：甲烷氧化法和重油裂解法。

甲烷氧化法：在一定的条件下，把甲烷进行氧化，制备成乙烯，该种方法的关键点有两方面：一方面要保证甲烷具有较高的转化率，避免浪费原材料；另一方面要保证反应向着生成乙烯的方向进行，即要保证乙烯的生成率。

重油裂解法：它是利用催化剂使重质馏分分解出烯烃的方法，生成率比较高。

2. 聚合技术

第一，高压法工艺。工业装置分为釜式法和管式法。这两种方式的产能

基本一致。生产的 LDPE 能够达到很高的优质率。第二，浆液法工艺。工业
装置分为釜式和环管反应器。第三，溶液法。用吸附剂活性氧化铝过滤热溶
液，制备高纯度聚合物，低于 14MPa 和低于 300℃ 才能使用；生产辛烯共聚
物（VLDPE），在 3~10MPa 和 150℃~2500℃ 下能够使用；制备 HDPE/
LLDPE，在 2~5MPa 和 180℃~250℃ 下使用。

催化剂：催化剂的好坏直接影响原料的利用率和产品的收益。生产
HDPE/LLDPE 使用的催化剂有三种：铬基催化剂、钛基催化剂和茂金属催
化剂。钛基（Z/N）催化剂开发较早，气相流化床工艺、溶液法、浆液法等
都要使用；铬基催化剂主要用于制备 HDPE；茂金属催化剂是聚烯烃催化
剂，后来也用于生产 ULDPE、VLDPE 和 LLDPE。

2）新型石油化工技术

①加氢技术

加氢技术作为新型石化技术主要分为两大类：前加和后加。每一类又分
为两小种：前加包括蜡油加氢和渣油加氢；后加包括 RSDS 和 RIDOS。

蜡油加氢技术（RVHT）：加氢催化后的产品的硫含量降低了近 1 倍，
还降低了原料中芳烃和氮的含量，最重要的是，使转化率和产率大大提高。

渣油加氢技术（RHT）：渣油加氢后和 VGO 按一定比例混合，能成为
很好的催化裂化原材料。另外，RICP 调整了原 RFCC 回炼油的循环顺序，
既可以节省 VGO，又可以降低渣油加氢原料的黏度。

RFCC-RIDOS 组合工艺：RFCC 装置的使用可获取经济效益，但其使得
产品中硫和烯烃含量超标。RIDOS 是用于脱硫的，能够很好地降低硫含量。
RFCC-RIDOS 的组合具有二者的优点。

选择性加氢脱硫（RSDS）：该技术的主要作用原理是把各馏分按照轻重
分为两部分，划分点是按照含硫量的大小来调整的。该技术脱硫好、耗氢
低。

②甲醇制烯烃技术

甲醇制烯烃技术（MTO）源于用甲醇产汽油技术（MTG）。在 MTG 的
研制中，发现 C2~C4 烯烃是生产的中间物。在适当的温度和压力下，再配
以合理的催化剂会使反应向着生成低碳烯烃的方向进行。反映的关键是找到
合理的催化剂。大连研究院对此进行了研究，开发出 ZSM-5 催化剂，效果

很好，随后推出了微球 SAPO 分子筛型催化剂 DO300 和 DO123。

③芳烃抽提技术

加氢裂解和催化重整油中芳烃（BTX）的分离是用液抽提和蒸馏进行的。二甘醇、二甲基亚砜和 N - 甲基吡咯烷酮、N - 甲酰基吗啉和环丁砜等都是抽提所使用的溶剂。其中 RIPP 研究出了液抽提再结合环丁砜抽提蒸馏（SED）工艺，能够很好地适用于各类原材料。它不仅消耗能量少，而且能够分离的馏分范围广、效率较高。

第五章 我国资源型地区废弃矿地产业转型保障措施与政策建议

一 我国资源型地区废弃矿地产业转型保障措施

(一) 法律保障

(1) 制定专门的《土地复垦法》

目前，我国对矿区土地复垦活动进行规制的法律制度体系是由国务院于2011年最新颁布的《土地复垦条例》统领，配合《土地管理法》《矿产资源法》《环境保护法》《煤炭法》等法律中在土地复垦方面的一些规定。从效力级别方面讲，《土地复垦条例》是国务院颁布的行政法规，而《土地管理法》《矿产资源法》等是基本法律，《土地复垦条例》效力级别较低，不能很好地与《土地管理法》《矿产资源法》等法律的规定形成有效的规制整体。因此，应当制定专门的《土地复垦法》，使各项法律规制形成一个有效的整体。

(2) 完善相关配套法规

各项法律法规都应设有一定年限，到期修订或废止，以保证能不断适应新的变化。《土地复垦条例》也应当根据实施过程中遇到的问题及时修订。另外，与土地复垦相关的政策法规散见于不同的法律中，没有形成协调统一的法律体系。在修订好《土地复垦条例》和《土地复垦技术标准》的基础上，应尽快颁布与之相配套的土地复垦操作细则，以便动态监测指导土地复垦工作的全过程。

（二）技术保障

（1）加大土地复垦技术研发力度

与国外先进国家相比，我国在土地复垦方面的理念、技术、方法都相对落后。我国国土面积大、矿产资源种类多、地形地貌复杂，并且土地复垦涉及多个学科，需要加强土地复垦的理论研究与科学实践，培养更多专业的技术人员来为此服务。因此，建议应当进一步加强与经验丰富的发达国家建立交流与合作的关系，定期与国外先进国家进行交流，派专人学习国外先进的理念和技术措施，适时更新和完善相应的技术标准。

（2）加快产业技术创新步伐

资源型地区转型既包括原有产业的创新升级，也包括新产业的培育。加快技术创新，用高新技术改造资源型产业。推进"探矿、采矿、选矿、冶炼、加工"五位一体化发展，延伸资源产业链条。按照技术更先进、产品更高端、生产更高效的原则，发展资源精深加工产业，推动石油炼化一体化、煤电一体化发展，有序发展现代煤化工，提高钢铁、有色金属深加工水平。同时，依托自身优势，充分发挥科技创新作用，及时培育出接续替代产业。在有条件的地区发展风电、光伏发电、生态旅游等，也能够调整优化产业结构，提升资源型城市的核心竞争力，实现可持续发展。

（3）制定转型模式选择标准与转型效果评价体系

目前，人们对资源型地区转型模式选择标准还未形成统一意见，对资源型地区转型实践指导的作用有限。为此，应首先建立资源型地区可利用资源的识别与潜力评价指标体系，重点识别旅游资源、土地资源、水资源等，在此基础上建立资源型地区转型模式选择量化标准，即对资源型地区废弃矿地可以用的资源进行定量分析，识别出优势资源，因地制宜选择接续替代产业与转型模式，助力矿业废弃地转型发展。同时还要建立资源型地区转型效果评价体系，定期评价资源型地区转型情况，及时调整转型发展战略。

（三）人才保障

人的因素是经济发展诸要素中的核心要素，人才与智力支撑是任何一个地区经济发展都不可或缺的关键环节，资源型城市的经济转型也是如此。研究和制定与经济转型相适应的人才保障措施，培养人才、吸引人才、留住人才是实现资源型地区经济转型的重要保障条件。

（1）创新人才观念

传统意义上的人才是指经过中等专业学校（含高中）培养教育取得毕业学历，并具有一定专业技术特长的各类人员，这样会把那些经过自学或在实践中学习到某一方面的知识和技能的人排除在人才之外。因此，资源型地区在用人方面应创新人才观念，不唯学历，看能力，只要具备一技之长，能够满足资源型地区转型发展需要的，就可以把他们引进过来。

（2）加强人才引进力度

人才引进是资源型地区解决人才短缺问题的重要途径，也是一条捷径。培养人才需要周期，引进人才则可以解决应急问题。制定人才引进措施，加大资源型地区对人才的吸引力。具体措施有：建立人才储备库，敞开接收大学本科以上毕业生；对于有实践工作经验、经济转型急需的专业技术人才，可以以高工资、提供住房等优厚福利待遇，吸引到资源型地区工作；对于有技术发明、专利，或特殊技能专长的人才，可以允许其以发明、专利和技术形式入股，参加企业分配。

（3）多渠道培养人才

人才培养是资源型地区经济转型的一项战略措施。经济转型对各类人才的需求与日俱增，但资源型地区受主导产业衰落的影响，人才总量及人才结构都呈现与经济转型不相适应的状态，转型中的产业结构调整必然要求各类人才的素质与之相适应，这就使人才结构也同样面临转型的问题。改变和优化人才队伍结构，走人才引进之路不失为一条捷径，但单纯依靠引进人才来满足产业转型诸多任务的需求将带有很大的不确定性，坚持培养和引进相结合，立足培养，才是解决人才问题的正确选择。可以通过党政人才的在职培养、企业人才的继续教育、依托大学搞好紧缺人才的委托培养、技能人才的职业教育等方式多渠道培养转型人才。

（四）组织与制度保障

（1）建立与健全专职管理机构

自然资源部应当成立专门的矿业废弃地复垦利用管理办公室，省、市级地方政府应当设立相应职能的矿业废弃地复垦利用管理机构，垂直受自然资源部矿业废弃地复垦利用管理办公室管理。为了开展和做好项目区土地复垦和开发工作，矿企内部也应当设立相应的职能部门，负责矿区废弃地的复垦开发的实施与监管。矿企内复垦机构设置如图5-1所示，各部门之间及时沟通，确保复垦工作的顺利进行。①

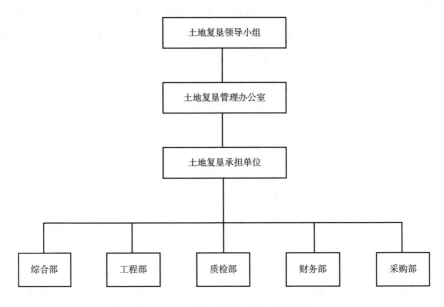

图5-1 矿区土地复垦机构设置

（2）完善采矿证行政审批制度

深入贯彻落实国务院深化行政审批制度改革要求，进一步规范和完善矿产资源开采审批登记管理，依据《中华人民共和国矿产资源法》《中华人民共和国行政许可法》《矿产资源开采登记管理办法》等相关法律法规，结合矿业权管理工作实际，进一步加强采矿权出让计划管理，严格采矿权报件程序及资料审查，完善采矿行政审批制度，将土地复垦工作纳入矿产开发的事前控制之中，保障矿山开发的全寿命周期管理。

---

① 祝培甜、赵中秋等：《土地复垦保障措施探讨》，《中国人口·资源与环境》2015年第S1期，第23~26页。

（3）构建科学合理的矿业用地制度

矿业用地中很大一部分属于集体经济组织所有，而目前的矿业用地制度是先将集体的土地收归国有，再将该土地使用权出让给矿业用地企业。这种单一的供地方式，一方面不利于土地的可持续利用，另一方面也影响了土地复垦的投入力度，复垦后还容易发生产权纠纷。为了保证土地复垦的顺利进行，开采矿产资源的周期较短时不宜先将集体土地征收为国有然后再进行出让，而应充分发挥当事人的意思自治原则，由集体经济组织和采矿企业签订土地使用权合同，详细规定相关费用使用及复垦措施条件等，以达到对采矿企业土地复垦工作的有效监督。

（4）完善矿山复垦的监管制度

有效的监督是土地复垦实施的重要保证，国外很多国家都在土地复垦工作中施行了公众参与监督制度，如公众参与制度、巡视员制度等。在美国，矿业公司获得许可证、土地复垦计划、土地复垦保证金执行、土地复垦验收等过程中都要向公众开放，接受公众的监督；公众可通过公示、公诉、听证会等形式来参与土地复垦工作的监督。日本也有一些关于公众参与监督的相关规定。实践证明，政府监督往往不能达到理想的效果，而涉及切身利益的公众参与监督是土地复垦工作取得良好效果的重要保证，然而我国的《土地复垦条例》中却没有关于公众参与监督的规定。因此，我国矿区土地复垦中的公众参与监督制度亟待建立和完善。

（五）资金保障

（1）健全土地复垦保证金制度

复垦保证金是对勘探或采矿破坏土地进行复垦的保证。在获得采矿证之前必须缴纳复垦保证金，其数额等于矿区复垦所需的费用，只有按规定完成复垦任务，保证金才能得到全部返还。在未按规定完成复垦任务情况下，主管部门可利用扣留的保证金完成复垦。美国、加拿大和澳大利亚等发达国家在制定矿地复垦保证金制度时，一个重要的原则是保证金制度既要满足环境保护的要求，又要维护良好的投资环境。因此，在发达国家，保证金的缴纳可以采取多种形式，如现金、金融担保、政府债券、不可撤销的信用证，信誉良好的公司还可采用资产抵押和母公司担保的形式。这样可以减少采矿企业的资金占用，使矿业投资者不会因为保证金过高而影响投资活动。

（2）尽快建立废弃矿山治理基金

我国矿山复垦的历史欠账较多，在计划经济体制下，废弃的矿山复垦需要大量的资金。对于废弃矿山和老矿山的环境治理，要制定矿山环境恢复规划，中央政府根据治理矿山规划，优先修复重点区域。废弃矿山治理基金应整合现有废弃矿山治理资金，由向企业征收的废弃矿山治理费、采矿权和探矿权价款、开采许可证申请费、矿山开采违规罚款、废弃矿山修复治理后的新增土地收益等共同组成。

（3）多渠道筹集社会资金

本着"谁复垦，谁受益"的原则大力推进投融资体制改革，积极推广政府和社会资本合作（PPP）模式。[①] 通过鼓励企业和私人基金注入，吸引社会及外部资金，保证土地复垦工作的顺利开展。

二　我国资源型地区矿业废弃地产业转型政策建议

（一）加强资源型地区矿业废弃地转型试点工作

在现有工作的基础上，进一步加强资源型地区矿业废弃地的转型试点工作。第一，深入开展研究，科学选择试点地区。充分考虑我国幅员辽阔、自然环境差异较大、既有露天开采又有地下开采、东中西经济社会发展水平差异较大的实情，从空间上选择问题突出的典型地区作为转型试点。第二，建立专职机构，加强组织领导。政府部门应当建立专门的办事机构，主抓资源型地区矿业废弃地转型工作，及时解决试点工作中出现的重大问题，提高办事效率。第三，规范资金使用，确保专款专用。严格矿业废弃地转型专项资金的划拨使用，保障资金投入地区转型发展事宜。

（二）制定差异化的资金扶持和税收优惠政策

中央财力性转移支付既要照顾到区域差异，对东北地区和山西省这样为

---

① 《国家发展改革委关于加强分类引导、培育资源型城市转型发展新动能的指导意见》（发改振兴〔2017〕52号）。

新中国经济发展源源不断输送能源而在近年来经济发展陷入困境的地区，国家应重点照顾，加大资金扶持与税收减免力度，鼓励这些资源型地区企业转型发展。同时也要分清城市类型，处理好资源衰退、枯竭型城市和资源成长、成熟型城市的关系，以及资源型城市内部的中心城市和问题城镇（如独立工矿区）的关系；还要把握好资金支持的时间跨度，处理好长期支持和短期支持的关系；更要注重资金支持与项目支撑、机制建设的互相搭配，处理好"造血式"培育和"输血式"扶持的关系。

（三）完善资源型地区人才引进优惠政策

资源型地区要想在竞争激烈的"抢人大战"中赢得转型发展需要的优秀人才，第一要完善落户政策，可按照学历层次每月给予大学生一定的资金补贴，吸引应届毕业生落户；对那些高学历、高技术职称的人才可适当放宽年龄限制。第二要建立配套的科研创新平台，为引进的人才提供良好的工作环境，使他们的才华得到充分的发挥。利用资源型地区自身及周边已有的科研院所资源成立产业转型必要的研发基地，立项审批各类科研项目，保持相关产学研环节的通畅，让科研技术转化为生产力。第三，解决人才的后顾之忧，给予必要的安家费，解决配偶的落户、工作以及子女未来的上学问题。

（四）建立资源型地区绿色政绩考核评价体系

建立资源型城市和地区的绿色政绩考核评价体系，将资源耗减、环境污染与生态恶化造成的经济损失加以货币化，纳入国民经济核算当中。推动资源型企业建立绿色会计制度，以货币形式表现资源型企业对资源环境的损耗和补偿。改变传统的"唯 GDP 论英雄"的政绩考核与官员选拔观念，将资源型地区生态修复、转型发展效果与官员的政绩挂钩，避免重走"先污染后治理"的老路，做到未雨绸缪，事前规划，确保资源型地区可持续发展。

附　录

附表 1　河南省 2016～2018 年煤炭行业化解过剩产能关闭（产能退出）煤矿名单

序号	煤矿名称	地址	核定（设计）能力（万吨/年）
1	平顶山裕隆源通煤业有限公司	平顶山市石龙区大庄	15
2	安阳鑫龙煤业（集团）果园煤业有限责任公司	河南省安阳县水冶镇果园村	15
3	洛阳龙门煤业有限公司常村煤矿	河南省偃师市寇店镇常村	45
4	河南永锦能源有限公司吕沟煤矿	河南省禹州市方岗乡杨南村	45
5	永城煤电控股集团登封煤业有限公司丰登煤矿	河南省登封市送表矿区刘楼村	21
6	永龙天禹（登封）煤业有限公司	河南省登封市石道乡张沟村	30
7	永龙新兴（登封）煤业有限公司	河南省登封市石道乡苗庄村	30
8	义煤集团新安县渠里煤业有限公司	河南省洛阳市新安县石寺镇下灯村	36
9	义煤集团华兴矿业有限公司	河南省三门峡市渑池县陈村乡华兴公司	36
10	义煤集团宜阳县丰源煤业有限公司	洛阳市宜阳县樊村乡沙坡村	21
11	义煤集团伊川县开源煤业有限公司	洛阳市伊川县半坡乡鲁沟村	15
12	焦作煤业（集团）白云煤业有限责任公司白庄煤矿	河南省修武县七贤镇白庄村	21
13	河南宝雨山煤业有限公司何庄矿	河南省伊川县半坡镇高沟村	36
14	焦作煤业（集团）辉县张屯煤矿有限公司	河南省辉县市吴村镇张屯村	15

序号	煤矿名称	地址	核定（设计）能力（万吨/年）
15	焦作煤业（集团）鑫珠春工业有限责任公司	河南省焦作市中站区怡光南路16号	45
16	焦作煤业（集团）小马工业有限责任公司	河南省焦作市马村区文昌路北端	30
17	焦作韩王工业有限责任公司	河南省焦作市马村区文昌东路216号	16
18	鹤壁煤业（集团）有限责任公司寺湾井	鹤壁市鹤山区红旗路西段	21
19	鹤壁煤业（集团）有限责任公司双祥分公司	鹤壁市鹤山区东山居委会	63
20	鹤壁煤业（集团）有限责任公司王河煤业分公司	河南省郑州市荥阳刘河任洼	30
21	河南宏福煤业有限公司徐庄矿	荥阳市崔庙镇徐老庄村	21
22	河南宏福煤业有限公司顺发矿	荥阳市崔庙镇马寨	30
23	禹州鹤煤鹤兴矿业有限责任公司（公司未设立）	禹州市浅井乡扒村	15
24	鹤壁市鹤安永兴达煤业有限公司	鹤壁市鹤山区姬家山乡娄家沟村西	15
25	济源鹤济源富源煤业有限公司	济源市邵原镇葛山村	15
26	郑州鹤郑大峪沟兴华煤业有限公司	巩义市夹津口镇宋岭村	15
27	郑州鹤郑大峪沟鑫泰煤业有限公司	巩义市鲁庄镇关帝庙村	15
28	永龙金鑫（登封）煤业有限公司	登封市送表乡安庄村	30
29	焦作煤业（集团）冯营工业有限责任公司	焦作市马村区文昌路北端	39
30	郑州鹤郑嵘达煤业有限公司	巩义市西村镇	15
31	平顶山天安煤业三矿有限责任公司	平顶山市新华区西市场西	68
32	平顶山天安煤业七矿有限责任公司	平顶山市新华区西市场南	78
33	平顶山天安煤业股份有限公司朝川矿二井	汝州市小屯镇朝川矿	60
34	平顶山高安煤业有限公司	平顶山市石龙区高庄矿调度楼	30
35	中国平煤神马能源化工集团有限责任公司梨园矿宁庄井	汝州市陵头乡宁庄村	80
36	河南平禹煤电有限责任公司六矿	河南省禹州市神垕镇	45
37	河南平禹煤电有限责任公司白庙矿	禹州市文殊镇上白村	29
38	河南平禹煤电有限责任公司方山矿	禹州市云山镇上庄村	23

续表

序号	煤矿名称	地址	核定(设计)能力(万吨/年)
39	郏县大兴煤业有限公司	郏县黄道乡老庄村	15
40	河南平禹新凯煤业有限公司	禹州市方山镇庄沟村	15
41	平顶山市久顺煤业有限公司	平顶山市新华区滍阳镇杨官营村北	15
42	宝丰县虹冠煤业有限公司	宝丰县大营镇宋坪村	15
43	河南平禹新王煤业有限公司	禹州市文殊镇孟湾村	15
44	河南平禹新天煤业有限公司	禹州市神后镇西大社区	15
45	郑州煤炭工业(集团)崔庙煤矿有限公司	荥阳市崔庙镇	30
46	郑州煤炭工业(集团)有限责任公司张沟煤矿	新郑市龙湖镇	30
47	郑州煤炭工业(集团)老君堂煤矿有限公司	登封市大冶镇	21
48	郑州煤炭工业(集团)三李煤业有限公司	郑州市二七区侯寨乡	30
49	郑州煤电股份有限公司超化高岭煤矿	新密市平陌镇	45
50	郑新荣华(新密)煤业有限公司	新密市岳村镇	15
51	郑新荣泰(新密)煤业有限公司	新密市岳村镇	15
52	郑新锦程(新密)煤业有限公司	新密市牛店镇	15
53	郑新杨岗(新密)煤业有限公司	新密市岳村镇	15
54	郑新煜宝(新密)煤业有限公司	新密市岳村镇	15
55	新密市东沟煤矿	新密市岳村镇	15
56	郑新新华(新密)煤业有限公司	新密市牛店镇	15
57	郑新神力(新密)煤业有限公司	新密市牛店镇	15
58	郑新小王庄(新密)煤业有限公司	新密市牛店镇	15
59	郑新昌华(新密)煤业有限公司	新密市牛店镇	15
60	郑新建欣(新密)煤业有限公司	新密市城关镇	15
61	郑新友谊(新密)煤业有限公司	新密市超化镇	15
62	郑州煤炭工业(集团)乾通煤炭有限责任公司	登封市白坪乡	15
63	嵩阳宏达(登封)煤业有限公司	登封市大冶镇	15
64	嵩阳京煤(登封)煤业有限公司	登封市白坪乡	15
65	嵩阳金田(登封)煤业有限公司	登封市颍阳镇	15
66	嵩阳宏昌(登封)煤业有限公司	登封市送表乡	15

序号	煤矿名称	地址	核定(设计)能力(万吨/年)
67	嵩阳瑞阳(登封)煤业有限公司	登封市唐庄乡	15
68	嵩阳嵩鑫(登封)煤业有限公司	登封市大冶镇	15
69	嵩阳东升(登封)煤业有限公司	登封市白坪乡	15
70	嵩阳三旺(登封)煤业有限公司	登封市大金店镇	15
71	郑新锦宏(新密)煤业有限公司	新密市牛店镇	15
72	郑新天寅(新密)煤业有限公司	新密市岳村镇	15
73	郑新中森(新密)煤业有限公司	新密市新华路办事处	15
74	禹州鹤煤金山矿业有限责任公司	许昌市禹州市苌庄乡	30
75	河南宏祥能源投资有限公司荥阳一矿	郑州市荥阳市乔楼镇	15
76	禹州市诚德矿业有限公司	河南省禹州市神垕镇	30
77	禹州神火兄弟矿业有限公司	河南省禹州市磨街镇	15
78	禹州神火圃晟源矿业有限公司	河南省禹州市神垕镇	15
79	禹州神火双耀矿业有限公司	河南省禹州市方岗乡	15
80	河南平禹新梁煤业有限公司	河南省禹州市梁北镇	15
81	禹州神火春风矿业有限公司	河南省禹州市鸠山乡	15
82	禹州神火义隆矿业有限公司	河南省禹州市鸠山乡	15
83	禹州神火福地矿业有限公司	河南省禹州市方山镇	15
84	郑州神火生达矿业有限公司	河南省新密市白寨镇	15
85	郑州神火昶达矿业有限公司	河南省新密市白寨镇	15
86	郑州神火李宅矿业有限公司	河南省郑州市二七区马寨镇	15
87	郑州神火振兴矿业有限公司	河南省新郑市龙湖镇	15
88	郑州神火兴盛矿业有限公司	河南省新郑市龙湖镇	15
89	河南神火煤电股份有限公司葛店煤矿	河南省永城市高庄镇	78
90	禹州神火隆兴矿业有限公司	河南省禹州市神垕镇	15
91	禹州神火润太矿业有限公司	河南省禹州市磨街镇	15
92	登封市陈楼一三煤业有限公司	登封市大金店镇陈楼村	15
93	河南九龙山煤业有限责任公司	安阳县善应镇冯家洞村	30
94	济源煤业有限责任公司四矿	济源市克井镇	15
95	济源煤业有限责任公司六矿	济源市克井镇	30
96	河南大峪沟煤业集团有限责任公司小关一矿	巩义市小关镇冯寨村	15
97	郑宏中鑫(新密)煤业有限公司	新密市岳村镇	15
98	登封市月亮煤业有限公司	登封市大冶镇	15

续表

序号	煤矿名称	地址	核定（设计）能力（万吨/年）
99	河南大峪沟煤业集团有限责任公司小关二矿	巩义市小关镇	30
100	河南红旗煤业股份有限公司二矿	巩义市小关镇	45
101	河南大有能源千秋煤矿	三门峡市义马市千秋路	210
102	义煤集团天新矿业有限公司	义马市朝阳东路	22
103	义马市鑫星煤业有限公司	义马市东区办事处	15
104	河南大有能源杨村煤矿	三门峡市渑池县果园乡	170
105	渑池县隆辉煤业有限公司	渑池县果园乡	15
106	渑池县中普煤业有限公司	渑池县陈村乡	15
107	渑池天安矿业有限公司	渑池县张村镇	15
108	渑池县昌平煤业有限公司	渑池县果园乡	15
109	渑池万欣煤业有限公司	渑池县果园乡	15
110	渑池县腾泰矿业有限公司	渑池县坡头乡	15
111	渑池县裕鑫煤业有限公司	渑池县天池镇	15
112	渑池县嘉良煤业有限公司	渑池县果园乡	15
113	渑池祥润煤业有限公司	渑池县果园乡	15
114	渑池鑫安煤业有限公司	渑池县仰韶镇	15
115	义煤集团洛阳五星煤业有限公司	新安县铁门镇	15
116	义煤集团洛阳宏升煤业有限公司	新安县北冶镇	15
117	义煤集团新安县鑫山煤业有限公司	新安县正村乡	15
118	义煤集团洛阳市钰坤煤业有限公司	新安县南李村镇	15
119	义煤集团洛阳江春煤业有限公司	新安县李村	15
120	义煤集团新安县锦鸿煤业有限公司	新安县石寺镇	15
121	义煤集团新安县鑫茂煤业有限公司	新安县南李村镇	15
122	义煤集团新安县恒祥煤业有限公司	新安县石寺镇	15
123	义煤集团新安县银龙煤业有限公司	新安县北冶镇	30
124	义煤集团新安县富安煤业有限公司	新安县南李村镇	15
125	义煤集团伊川县红旗煤业有限公司	伊川县高山乡	15
126	义煤集团伊川县谷元煤业有限公司	伊川县高山乡	15
127	义煤集团伊川县黄村煤业有限公司	伊川县高山乡	15
128	义煤集团伊川县兴业煤业有限公司	洛阳市伊川县半坡乡	15
129	河南宝雨山煤业有限公司宝雨山矿	伊川县白沙乡	90
130	义煤集团伊川县宏盛煤业有限公司	洛阳市伊川县半坡乡	21
131	义煤集团伊川县丰源煤业有限公司	洛阳市伊川县半坡乡	30

序号	煤矿名称	地址	核定(设计)能力(万吨/年)
132	义煤集团宜阳君伟煤业有限公司	洛阳市宜阳县白杨镇	15
133	义煤集团宜阳天福矿业有限公司	洛阳市宜阳县白杨镇	15
134	义煤集团汝阳古城煤业有限公司	洛阳市汝阳县城关镇	15
135	义煤集团宜阳鑫丰矿业有限公司	洛阳市宜阳县樊村乡	15
136	义煤集团宜阳县新民煤业有限公司	洛阳市宜阳县樊村乡	15
137	河南大有能源李沟矿业有限公司	洛阳市宜阳县锦屏镇	30
138	义煤集团宜阳县永鑫煤业有限公司	洛阳市宜阳县城关镇	15
139	义煤集团宜阳宏源煤业有限公司	洛阳市宜阳县锦屏镇	15
140	义煤集团偃师市三阳煤业有限公司	偃师市府店镇	30
141	义煤集团洛阳神和煤业有限公司	偃师市府店镇	15
142	陕县金义矿业有限公司	陕县王家后乡	15
143	陕县腾泰矿业有限公司	陕县王家后乡	15
144	陕县鑫和煤业有限公司	陕县王家后乡	45
145	焦煤能源有限公司演马庄矿	焦作市马村区九里山乡	120
146	焦作煤业(集团)有限公司方庄一矿	修武县七贤镇	18
147	焦作煤业(集团)有限公司方庄二矿	修武县七贤镇	48
148	鹤壁市大河涧许沟煤矿有限责任公司	鹤壁市淇滨区	30
149	鹤壁煤业(集团)有限责任公司五环分公司	鹤壁市山城区长风北路	36
150	鹤壁市柴厂煤矿有限公司	鹤壁市淇滨区上峪乡	30
151	济源鹤济克井二矿煤业有限公司	济源市克井镇	30
152	济源鹤济王屋山煤业有限公司	济源市王屋镇	15
153	济源鹤济顺达煤业有限公司	济源市下冶镇	15
154	济源鹤济财源煤业有限公司	济源市邵原镇姜圪塔村	15
155	济源鹤济克井一矿煤业有限公司	济源市克井镇	15
156	济源鹤济济联煤业有限公司	济源市克井镇	15
157	济源鹤济鼎新煤业有限公司	济源市邵原镇	15
158	济源鹤济金捷煤业有限公司	济源市大峪镇	15
159	济源煤业有限责任公司三矿	济源市玉川产业集聚区	15
160	济源鹤济磨庄煤业有限公司	济源市克井镇	21
161	济源煤业有限责任公司五矿	济源市克井镇	15
162	济源煤业有限责任公司七矿	济源市克井镇	15
163	郑州鹤郑大峪沟鲁庄煤业有限公司	巩义市鲁庄镇	15
164	义煤集团巩义铁生沟煤业有限公司	郑州市巩义市夹津口镇	105

续表

序号	煤矿名称	地址	核定（设计）能力（万吨/年）
165	郑州煤炭工业（集团）金龙煤业公司	巩义市大峪沟镇	45
166	河南红旗煤业股份有限公司三矿	巩义市大峪沟镇	15
167	河南大峪沟煤业集团有限责任公司炭煤矿	巩义市大峪沟镇	69
168	河南大峪沟煤业集团有限责任公司洛义煤矿	巩义市大峪沟镇	15
169	河南东升煤业有限公司	平顶山市郏县黄道乡	21
170	河南龙润煤业有限公司	平顶山市郏县黄道乡	15
171	平顶山裕隆天源煤业有限公司	平顶山市石龙区	15
172	平顶山市天和煤业有限责任公司	平顶山市新华区焦店镇	15
173	平顶山裕隆鑫鑫煤业有限公司	平顶山市石龙区	15
174	平顶山裕隆宇龙煤业有限公司	平顶山市石龙区	15
175	平顶山裕隆天顺煤业有限公司	平顶山市石龙区	15
176	平顶山天安煤业天力有限责任公司先锋矿	平顶山市新华区北环路	30
177	平顶山大安煤业有限公司	平顶山市石龙区	36
178	平顶山市平能煤业有限公司	平顶山市新华区焦店镇	15
179	河南先锋煤业有限公司	郏县黄道镇	15
180	平顶山市香安煤业有限公司	平顶山市新华区	15
181	平顶山市福安煤业有限公司	平顶山市卫东区东高皇乡	30
182	平顶山裕隆润达煤业有限公司	平顶山市石龙区	15
183	宝丰嵩阳盛源煤业有限公司	平顶山市石龙区	30
184	平顶山市韩庄煤业有限公司	宝丰县大营镇	30
185	宝丰县华鑫煤业有限公司	宝丰县大营镇	15
186	平顶山裕隆泓源煤业有限公司	平顶山市宝丰县大营镇	15
187	平顶山裕隆泓鑫煤业有限公司	平顶山市宝丰县大营镇	15
188	禹州市富山煤业有限公司	河南省禹州市鸠山乡	21
189	禹州鹤煤东兴矿业有限责任公司	禹州市浅井乡	30
190	禹州鹤煤胜利矿业有限责任公司	禹州市浅井乡	30
191	河南平禹煤电有限责任公司凤翅山矿	禹州市鸿畅镇	30
192	河南平禹新瑞煤业有限公司	禹州市方山镇	21
193	河南平禹祥盛煤业有限公司	禹州市鸿畅镇	15
194	禹州市建成煤业有限公司	禹州市鸿畅镇	15
195	河南平禹新辉煤业有限公司	禹州市方山镇	15
196	禹州神火昌平矿业有限公司	许昌市禹州市磨街乡	15

序号	煤矿名称	地址	核定（设计）能力（万吨/年）
197	禹州神火九华山矿业有限公司	许昌市禹州市磨街乡	15
198	禹州神火正德矿业有限公司	许昌市禹州市磨街乡	15
199	禹州神火冠源矿业有限公司	许昌市禹州市神垕镇	15
200	禹州神火永和矿业有限公司	许昌市禹州市鸿畅镇	15
201	禹州神火旗山矿业有限公司	许昌市禹州市方山镇	15
202	禹州神火广鑫矿业有限公司	许昌市禹州市方山镇	15
203	禹州神火鸠山矿业有限公司	许昌市禹州市鸠山镇	15
204	禹州锦卓煤业有限公司	禹州市鸠山镇	15
205	禹州市大刘山煤业有限公司	禹州市神后镇	15
206	河南地方永安煤业有限公司	禹州市文殊镇	21
207	河南地方锦塬煤业有限公司	禹州市文殊镇	45
208	河南平禹新明煤业有限公司	禹州市神后镇	15
209	河南平禹新贸煤业有限公司	禹州市方山镇	15
210	河南平禹新贡煤业有限公司	禹州市文殊镇	15
211	河南平禹新岭煤业有限公司	禹州市神后镇	15
212	河南平禹新阳煤业有限公司	禹州市方山镇	15
213	禹州市兴华煤业有限公司	禹州市苌庄乡	30
214	禹州市安兴煤业有限公司	禹州市苌庄乡	30
215	河南平禹祥华煤业有限公司	禹州市方山镇三	15
216	禹州神火隆瑞矿业有限公司	禹州市朱阁镇	30
217	汝州市瑞平创业煤业有限公司	汝州市风穴寺林场东	15
218	汝州中祥豫州煤业有限公司	汝州市小屯镇	15
219	汝州市瑞平蟏绍窝煤业有限公司	汝州市小屯镇	15
220	汝州市兴岭煤业有限公司	汝州市小屯镇	15
221	汝州市瑞平孙店煤业有限公司	汝州市小屯镇	15
222	汝州市瑞平贾岭南煤业有限公司	汝州市小屯镇	21
223	汝州市神火庇山煤业有限责任公司	汝州市骑岭乡	30
224	鲁山县兴安煤业有限公司	鲁山县梁洼镇	15
225	郑州煤炭工业（集团）有限责任公司米村煤矿	新密市米村镇	190
226	郑州市宋楼煤矿煤业有限公司	新密市来集镇	30
227	郑新兴源（新密）煤业有限公司	新密市牛店镇	15
228	郑新宏安（新密）煤业有限公司	新密市牛店镇	15
229	郑新康华（新密）煤业有限公司	新密市牛店镇	15

续表

序号	煤矿名称	地址	核定（设计）能力（万吨/年）
230	郑新双鑫（新密）煤业有限公司	新密市米村镇	15
231	郑新鑫盛（新密）煤业有限公司	新密市米村镇	15
232	郑新永发（新密）煤业有限公司	新密市超化镇	15
233	郑新鑫山（新密）煤业有限公司	新密市刘寨镇	15
234	郑新瑞宝（新密）煤业有限公司	新密市超化镇	15
235	郑新神和（新密）煤业有限公司	新密市牛店镇	15
236	郑新开元（新密）煤业有限公司	新密市岳村镇	15
237	郑新宏发（新密）煤业有限公司	新密市超化镇	15
238	郑州煤炭工业（集团）有限责任公司芦沟煤矿	新密市岳村镇	60
239	郑新隆锦隆（新密）煤业有限公司	新密市平陌镇	27
240	郑新鑫旺（新密）煤业有限公司	新密市来集镇	21
241	郑州煤炭工业（集团）东于沟煤炭有限责任公司	新密市来集镇	30
242	新密市超化煤矿有限公司	新密市超化镇	30
243	嵩阳华中（登封）煤业有限公司	登封市白坪乡	15
244	郑煤集团（登封）教学二矿有限公司	登封市白坪乡	45
245	嵩阳荣顺（登封）煤业有限公司	登封市徐庄镇	15
246	郑州煤炭工业（集团）洋旗煤炭有限责任公司	登封市白坪乡	15
247	嵩阳西施（登封）煤业有限公司	登封市大冶镇	15
248	嵩阳同兴（登封）煤业有限公司	登封市大冶镇	15
249	郑州煤炭工业（集团）有限责任公司朝阳沟煤矿	登封市大冶镇	30
250	河南国电能源东祥煤业有限公司	登封市宣化镇	15
251	河南国电能源利鑫煤业有限公司	登封市告成镇	30
252	嵩阳天河（登封）煤业有限公司	登封市许庄镇	21
253	郑州煤炭工业（集团）二耐煤炭有限责任公司	登封市大冶镇	30
254	郑州煤炭工业集团兴达煤矿有限责任公司	登封市白坪乡	30
255	郑州市昌隆煤业有限公司	登封市大冶镇	15
256	河南安林煤业有限公司	安阳市安阳县蒋村乡	36
257	襄城县天晟煤业有限公司	襄城县紫云镇	30
258	郑州煤炭工业（集团）振兴二矿有限公司	郑州市二七区侯寨乡	30

附表 2　河北省 2016～2017 年煤炭行业化解过剩产能关闭

序号	矿井名称	企业名称	所在市县	退出产能（万吨/年）
1	冀中能源邯矿集团陶一煤矿	冀中能源集团有限责任公司	邯郸市武安市	65
2	冀中能源邯矿集团康城煤矿	冀中能源集团有限责任公司	邯郸市武安市	50
3	冀中能源邯矿集团阳邑煤矿	冀中能源集团有限责任公司	邯郸市武安市	36
4	冀中能源峰峰集团大力矿业	冀中能源集团有限责任公司	邯郸市峰峰矿区	40
5	冀中能源峰峰集团通顺矿业	冀中能源集团有限责任公司	邯郸市峰峰矿区	55
6	冀中能源井矿集团瑞丰煤业公司	冀中能源集团有限责任公司	石家庄市井陉矿区	30
7	冀中能源张矿集团尚义矿永胜井	冀中能源集团有限责任公司	张家口市尚义县	30
8	冀中能源张矿集团康保矿土城子井	冀中能源集团有限责任公司	张家口市康保县	15
9	冀中能源张矿集团涿鹿煤矿（黄土湾、西三坡）	冀中能源集团有限责任公司	张家口市涿鹿县	15
10	开滦集团蔚州矿业公司兴源矿	开滦（集团）有限责任公司	张家口市蔚县	30
11	开滦集团蔚州矿业公司南留庄矿	开滦（集团）有限责任公司	张家口市蔚县	42
12	开滦集团蔚州矿业公司南井	开滦（集团）有限责任公司	张家口市蔚县	20
13	肥矿集团蔚县百安分公司一矿	肥城矿业集团张家口能源有限公司	张家口市蔚县	15
14	肥矿集团蔚县百安分公司三矿	肥城矿业集团张家口能源有限公司	张家口市蔚县	15
15	肥矿蔚县龙兴煤矿	肥城矿业集团张家口能源有限公司	张家口市蔚县	15
16	肥矿蔚县新陶阳矿业有限公司一矿	肥城矿业集团张家口能源有限公司	张家口市蔚县	30
17	肥矿蔚县新陶阳矿业有限公司二矿	肥城矿业集团张家口能源有限公司	张家口市蔚县	15
18	肥矿集团蔚县百安分公司三矿	肥城矿业集团张家口能源有限公司	张家口市蔚县	15

序号	矿井名称	企业名称	所在市县	退出产能（万吨/年）
19	肥矿张家口能源公司蔚县安泰分公司	肥城矿业集团张家口能源有限公司	张家口市蔚县	30
20	肥矿蔚县鑫国矿业公司鑫发煤矿二井	肥城矿业集团张家口能源有限公司	张家口市蔚县	21
21	振源公司下花园兴隆山煤矿	张家口振源煤炭有限公司	张家口市下花园区	15
22	振源公司下花园前山煤矿	张家口振源煤炭有限公司	张家口市下花园区	15
23	开滦集团鲁各庄矿业有限公司	开滦（集团）有限责任公司	唐山市丰润区	45
24	马家沟矿业有限责任公司	唐山马家沟矿业有限责任公司	唐山市开平区	60
25	开滦集团赵各庄矿业有限公司	开滦（集团）有限责任公司	唐山市古冶区	50
26	开滦集团荆各庄矿业分公司	开滦（集团）有限责任公司	唐山市开平区	95
27	开滦集团承德凯兴能源有限公司一号井	开滦（集团）有限责任公司	承德市营子区	15
28	开滦集团承德凯兴能源有限公司二号井	开滦（集团）有限责任公司	承德市营子区	15
29	承德市杨树岭矿业公司	承德市杨树岭矿业公司	承德市平泉县	35
30	冀中能源邯矿曲阳公司野北矿	冀中能源集团有限责任公司	保定市曲阳县	30
31	冀中能源邯矿曲阳公司燕川矿	冀中能源集团有限责任公司	保定市曲阳县	30
32	河北冀安矿业有限公司福庆煤矿	河北冀安矿业有限公司	邢台市邢台县	30
33	山东枣庄河北尧安矿业公司亦城煤矿	河北尧安矿业有限公司	邢台市隆尧县	15
34	国控沙河市益源煤业有限公司	河北庚安矿业有限公司	邢台市沙河市	6
35	国控沙河市润德煤业有限公司	河北庚安矿业有限公司	邢台市沙河市	6
36	国控沙河市三王村煤业有限公司	河北庚安矿业有限公司	邢台市沙河市	15

序号	矿井名称	企业名称	所在市县	退出产能（万吨/年）
37	国控沙河市李家庄煤矿	河北庚安矿业有限公司	邢台市沙河市	15
38	国控沙河市金阳煤业有限公司	河北庚安矿业有限公司	邢台市沙河市	9
39	沙河市中新煤业有限公司	邢台新兴通泰矿业集团有限公司	邢台市沙河市	6
40	沙河市德宝煤业有限公司	邢台新兴通泰矿业集团有限公司	邢台市沙河市	6
41	沙河市瑞鹏煤业有限公司	邢台新兴通泰矿业集团有限公司	邢台市沙河市	6
42	物测队沙河市泰鑫煤矿	邢台新兴通泰矿业集团有限公司	邢台市沙河市	6
43	物测队河北兴财煤炭有限公司	邢台新兴通泰矿业集团有限公司	邢台市临城县	9
44	物测队临城兴融煤业有限公司	邢台新兴通泰矿业集团有限公司	邢台市临城县	45
45	冀中能源井矿集团临城县新兴煤矿	冀中能源集团有限责任公司	邢台市临城县	18
46	冀中能源井矿集团临城县银河煤矿	冀中能源集团有限责任公司	邢台市临城县	17
47	开滦集团蔚州矿业公司崔家寨矿	开滦（集团）有限责任公司	张家口市蔚县	60
48	肥矿张家口能源公司阳原百安矿业一矿	肥城矿业集团张家口能源有限公司	张家口市阳原县	45
49	冀中能源井矿集团临城县东兴煤矿	冀中能源集团有限责任公司	邢台市临城县	9
50	冀中能源井矿集团河北省任县煤矿	冀中能源集团有限责任公司	邢台市临城县	10
51	冀中能源井矿集团邢台云龙煤炭有限公司	冀中能源集团有限责任公司	邢台市临城县	6
52	兴隆矿业公司汪庄矿	开滦（集团）有限责任公司	承德市营子矿区	42
53	河北国控健达矿业有限公司	河北庚安矿业有限公司	邯郸市复兴区	15
54	河北成安煤矿	河北省成安县煤矿	邯郸市武安市	15
55	冀中能源张矿集团怀来矿业有限公司	冀中能源集团有限责任公司	张家口市怀来县	30

续表

序号	矿井名称	企业名称	所在市县	退出产能 （万吨/年）
56	冀中能源张矿集团尚义矿业有限公司大阳坡井	冀中能源集团有限责任公司	张家口市尚义县	15
57	沽源金牛能源有限责任公司	冀中能源集团有限责任公司	张家口沽源县	22
58	冀中能源张矿集团康保矿业有限公司张纪井	冀中能源集团有限责任公司	张家口康保县	30
59	冀中能源张矿集团康保矿业公司永安井	冀中能源集团有限责任公司	张家口康保县	15
60	冀中能源张矿集团鸡鸣驿矿业有限公司	冀中能源集团有限责任公司	张家口怀来县	30
61	兴隆县久长矿业有限公司大银子峪煤矿	开滦（集团）有限责任公司	承德市兴隆县	15
62	承德巨丰源煤炭有限公司涝洼滩煤矿	开滦（集团）有限责任公司	承德市营子矿区	33
63	冀中能源股份有限公司章村矿四井	冀中能源集团有限责任公司	邢台市沙河市	60
64	冀中能源股份有限公司显德汪矿	冀中能源集团有限责任公司	邢台市沙河市	180
65	冀中能源股份有限公司章村矿三井	冀中能源集团有限责任公司	邢台市沙河市	55
66	冀中能源股份有限公司邢台矿	冀中能源集团有限责任公司	邢台市桥西区	130
67	冀中能源邯郸矿业集团亨健矿业公司	冀中能源集团有限责任公司	邯郸市复兴区	90
68	河北省磁县申家庄煤矿有限公司	河北省磁县申家庄煤矿有限公司	邯郸市磁县	85
69	冀中能源邯郸矿业集团金铭矿业公司	冀中能源集团有限责任公司	邯郸市武安市	6
70	邢台新兴通泰矿业集团内丘东宏煤业有限公司	邢台新兴通泰矿业集团内丘东宏煤业有限公司	邢台市内丘县	9
71	国控金安矿业公司	河北国控矿业公司	邯郸市复兴区	6
72	内丘裕泰煤业有限公司	内丘裕泰煤业有限公司	邢台市内丘县	12
73	内丘恒盛煤业有限公司	内丘恒盛煤业有限公司	邢台市内丘县	15
74	内丘永昌煤业有限公司	内丘永昌煤业有限公司	邢台市内丘县	6

序号	矿井名称	企业名称	所在市县	退出产能（万吨/年）
75	张家口开滦蔚州地煤康河矿业有限公司	开滦（集团）有限责任公司	张家口市蔚县	6
76	开滦（集团）蔚州矿业有限责任公司崔家寨矿北二井	开滦（集团）有限责任公司	张家口市蔚县	30
77	张家口开滦蔚州地煤富昌矿业有限公司	开滦（集团）有限责任公司	张家口市蔚县	30
78	张家口开滦蔚州地煤嘉韵矿业有限公司南翼井	开滦（集团）有限责任公司	张家口市蔚县	30
79	张家口开滦蔚州地煤建强矿业有限公司	开滦（集团）有限责任公司	张家口市蔚县	15
80	张家口开滦蔚州地煤涌兴矿业有限公司	开滦（集团）有限责任公司	张家口市蔚县	30
81	唐山开滦赵各庄矿业有限公司	开滦（集团）有限责任公司	唐山市古冶区	50
82	恒安煤业祁村煤矿（临城县岗头第三煤矿）	恒安煤业祁村煤矿	邢台市临城县	15

附表3　安徽省2016～2017年煤炭行业化解过剩产能关闭（产能退出）煤矿名单

序号	煤炭企业	煤矿名称	所在地	生产能力（万吨）	关闭退出时间
1	淮北矿业集团	刘店煤矿	亳州涡阳县	150	2016年1月
2	淮北矿业集团	袁庄煤矿	淮北杜集区	69	2016年9月
3	淮北矿业集团	海孜大井	淮北濉溪县	120	2016年7月
4	淮南矿业集团	李嘴孜煤矿	淮南八公山区	90	2016年3月
5	淮南矿业集团	谢家集一矿浅部井	淮南市谢家集区	30	2016年6月
		谢家集一矿深部井		300	2016年10月
6	皖北煤电集团	百善煤矿	淮北濉溪县	150	2016年9月

序号	煤炭企业	煤矿名称	所在地	生产能力（万吨）	关闭退出时间
7	淮北矿业集团	岱河煤矿	淮北杜集区	120	2017 年 11 月
8	淮北新光集团	金石矿业	淮北杜集区	45	2017 年 7 月
9	皖北煤电集团	刘桥一矿	淮北濉溪县	140	2017 年 11 月
10	淮南矿业集团	新庄孜煤矿	淮南八公山区	400	2017 年 11 月

附表 4　江西省 2016～2017 年煤炭行业化解过剩产能关闭（产能退出）煤矿名单

序号	矿井名称	退出产能（万吨/年）	地址
1	赣县小坪乡煤矿	6	赣县宝莲山风景区管委会
2	赣县荫掌山采育林场林业煤矿	4	赣县韩坊乡
3	信丰县铁石口镇坳丘村锦发煤矿	4	赣州市信丰县铁石口镇坳丘村
4	信丰县铁石口镇永富煤矿	4	赣州市信丰县铁石口镇坳丘村
5	信丰县铁石口镇坳丘村得财煤矿	4	赣州市信丰县铁石口镇坳丘村
6	信丰县大阿镇祥发煤矿	4	赣州市信丰县大阿镇谷山村
7	信丰县铁石口镇兴顺煤矿	4	赣州市信丰县铁石口镇乙口村
8	信丰县大桥镇金宏煤矿	4	赣州市信丰县大桥镇中段村
9	江西金桥实业有限公司金兴煤矿	6	赣州市信丰县大桥镇中段村
10	龙南县东江二号井煤矿	6	龙南县黄沙管委会新岭村
11	龙南县大坑村联办煤矿	4	龙南县新都村
12	于都县禾丰镇煤矿	6	于都县禾丰镇黄田村
13	于都县利村煤矿	6	于都县禾丰镇花坛村
14	于都县布村煤矿	6	于都县祁禄山镇坑溪村
15	瑞金市九堡煤矿	6	瑞金市九堡镇沙垅村
16	瑞金市黄柏乡煤矿	6	瑞金市黄柏乡柏村
17	吉水县白水煤矿	4	吉水县白水镇
18	吉水县八都煤矿	4	吉水县八都镇
19	吉安县天河镇东坑第二煤矿	4	吉安县安塘乡袁家村
20	吉安县安塘第二煤矿	4	吉安县天河镇东坑村

序号	矿井名称	退出产能（万吨/年）	地址
21	万安县宝山乡利民煤矿杂山脑井	4	万安县宝山乡
22	安福县长布山煤矿	4	安福县山庄乡远家村
23	安福县大陂煤矿	4	安福县山庄乡远家村
24	安福县昌明煤矿	4	安福县枫田镇社布村
25	安福县石溪煤矿	4	安福县横龙镇石溪村
26	浮梁县湘湖镇东安煤矿	6	湘湖镇蛟岭村
27	浮梁县寿安镇窑坞煤矿	6	寿安镇仙槎村
28	乐平市双田镇宝山煤矿	6	乐平市双田镇横路村
29	乐平市礼林镇西沙煤矿	6	乐平市礼林镇围渡村
30	武宁县煤矿前进井	6	泉口镇凤东村
31	九江市罗坑煤矿	4	鲁溪镇张岭村
32	武宁县泉口镇电站煤矿	4	泉口镇铺刘村
33	武宁县鲁溪镇石脚湾煤矿	4	鲁溪镇张岭村
34	武宁县鲁溪镇北屏罗坑煤矿	6	鲁溪镇北屏村
35	武宁县鲁溪镇横山嘴煤矿	4	鲁溪镇小源村
36	瑞昌市南义镇第六号煤矿	4	瑞昌市南义镇新福村
37	瑞昌市峨嵋乡岩下煤矿钟家湾井	4	瑞昌市横港镇嵋荣村
38	瑞昌市峨嵋乡岩下煤矿	4	瑞昌市横港镇嵋荣村
39	瑞昌市高泉煤矿	4	瑞昌市范镇高泉村
40	瑞昌市乐园乡阳坡煤矿	1	瑞昌市乐园乡张坊村
41	德安县付山煤矿	4	德安县爱民乡境内
42	德安县马鞍山煤矿	4	德安县邹桥乡境内
43	萍乡市焦宝煤矿	4	安源区青山镇
44	萍乡市新岭煤矿	6	芦溪县
45	萍乡市湘东区腊市浏公煤矿	6	湘东区
46	芦溪县银河镇天柱岗煤矿	6	芦溪县
47	上栗县兴发煤矿	6	上栗县
48	上栗县桐木宏兴煤矿	6	上栗县
49	萍乡市湘东区荷尧建新煤矿	6	湘东区
50	萍乡市湘东区下埠前进煤矿	6	湘东区
51	芦溪县银河高背下煤矿	6	芦溪县
52	萍乡市青泥岗煤矿	6	芦溪县
53	萍乡市南坑镇丰鑫煤矿	4	芦溪县南坑镇
54	萍乡市长旺煤矿	4	安源区五陂镇

序号	矿井名称	退出产能 （万吨/年）	地址
55	上栗县金山小水山煤矿	6	上栗县金山镇
56	上栗县金山镇小水煤矿	6	上栗县金山镇
57	上栗县赤山枫桥松山煤矿	6	上栗县赤山
58	萍乡市鸡冠山乡梨园煤矿	6	上栗县鸡冠山乡
59	上栗县杨岐乡王家湾十八联户煤矿	6	上栗县杨岐乡
60	上栗县桐木镇新顺煤矿	4	上栗县桐木镇
61	萍乡市鸡冠山垦殖场南源煤矿	9	上栗县杨岐乡
62	莲花县高洲乡煤矿	4	莲花县高洲乡
63	萍乡市湘东区荷尧东风煤矿	6	湘东区荷尧镇
64	萍乡市湘东区荷尧长坡煤矿	6	湘东区荷尧镇
65	萍乡市湘东区荷尧顺发煤矿	6	湘东区荷尧镇
66	萍乡市湘东区麻山富强煤矿	6	湘东区麻山镇
67	萍乡市湘东区腊市富盛煤矿	6	湘东区腊市镇
68	萍乡市湘东区腊市资丰煤矿	4	湘东区腊市镇
69	萍乡市湘东区下埠旺发煤矿	6	湘东区下埠镇
70	萍乡市湘东区湘岭煤矿	4	湘东区下埠镇
71	萍乡市银河镇金山煤矿	6	芦溪县银河镇
72	芦溪县银河镇长冲煤矿一号井	4	芦溪县银河镇
73	萍乡市南坑镇久发煤矿	4	芦溪县南坑镇
74	萍乡市南坑镇条坡煤矿	4	芦溪县南坑镇
75	上栗县桐木镇银形岭煤矿	6	上栗县桐木镇
76	上栗县桐木宝山煤矿	6	上栗县桐木镇
77	上栗县桐木镇洪福煤矿	4	上栗县桐木镇
78	上栗县桐木兴旺煤矿	4	上栗县桐木镇
79	萍乡市五陂下垦殖场红旗煤矿	4	安源区五陂镇
80	萍乡市湘东区荷尧利民煤矿	4	湘东区荷尧镇
81	萍乡市五四煤矿	4	湘东区下埠镇
82	萍乡市湘东区下埠人胜煤矿	4	湘东区下埠镇
83	萍乡市湘东区湘东天山煤矿	4	湘东区湘东镇
84	芦溪县南坑镇湾坡煤矿	4	芦溪县南坑镇
85	上栗县金山镇尧叶冲煤矿	6	上栗县金山镇
86	上栗县杨岐希望煤矿	4	上栗县杨岐乡
87	上栗县赤山镇团结煤矿	4	上栗县赤山镇
88	萍乡市赤山枫桥双胜煤矿	6	上栗县赤山镇

序号	矿井名称	退出产能（万吨/年）	地址
89	上栗县大源冲煤矿	6	上栗县赤山镇
90	上栗县桐木镇焦源百子窝煤矿	6	上栗县桐木镇
91	萍乡市鸡冠山乡煤矿	4	上栗县鸡冠山乡
92	莲花县岩贝煤矿	6	莲花县南岭乡
93	上栗县金山镇赵家冲煤矿	4	上栗县金山镇
94	上饶县黄沙岭乡饶塘煤矿	6	上饶县黄沙岭乡
95	上饶县田墩镇儒坞煤矿	4	上饶县田墩镇
96	上饶县花厅镇舒弄村胜利煤矿	4	上饶县花厅镇
97	上饶县花厅镇樟树底煤矿	6	上饶县花厅镇
98	上饶县黄沙岭乡蔡家煤矿	6	上饶县黄沙岭乡
99	上饶县黄沙岭乡新建煤矿	4	上饶县黄沙岭乡
100	上饶县永吉煤矿	4	上饶县枫岭头镇
101	上饶县花厅镇永安煤矿	4	上饶县花厅镇
102	上饶县花厅镇竹山脚煤矿	4	上饶县花厅镇
103	上饶县花厅兴发煤矿	4	上饶县花厅镇
104	上饶县花厅镇樟树底煤矿象鼻山矿	4	上饶县花厅镇
105	上饶县田墩镇三胜煤矿	4	上饶县田墩镇
106	上饶县田墩镇双源村联合煤矿	4	上饶县田墩镇
107	上饶县田墩镇孙家煤矿	4	上饶县田墩镇
108	上饶县田墩镇湖山底煤矿	4	上饶县田墩镇
109	上饶县田墩镇猴孙八圩煤矿	4	上饶县田墩镇
110	上饶县田墩镇联营煤矿	4	上饶县田墩镇
111	上饶县上泸镇刘家湾煤矿	4	上饶县上泸镇
112	上饶县应家乡第二煤矿	4	上饶县应家乡
113	铅山县新安石壁坞煤矿	4	铅山县汪二镇大石坞村
114	铅山县万里煤矿	4	铅山县虹桥乡王坂村
115	铅山县虹桥乡陈家坞蛇形煤矿	4	铅山县虹桥乡王坂村
116	铅山县新湖煤矿一井	4	铅山县湖坊镇河东村
117	铅山县新湖泰瑞煤矿	4	铅山县湖坊镇河东村
118	铅山县杨林煤矿	4	江西省铅山县葛仙山乡长生村
119	铅山县新安发达煤矿	4	铅山县汪二镇石坞村
120	铅山县湖坊山枣坳煤矿	6	铅山县湖坊镇安兰村
121	铅山县杨林中洲春天坞煤矿	6	铅山县葛仙山乡中洲村
122	铅山县五都煤矿	6	铅山县汪二镇石坞村

序号	矿井名称	退出产能 （万吨/年）	地址
123	铅山县岭脚煤矿	4	铅山县虹桥乡桥亭村
124	铅山县广发煤矿	4	铅山县葛仙山乡朱村
125	铅山县黄家坞煤矿	4	铅山县葛仙山乡毛排村
126	铅山县李家山煤矿	4	铅山县汪二镇石垅村
127	广丰县五都镇新兴煤矿	4	广丰区五都镇
128	广丰县鹤山其强煤矿	4	广丰区洋口镇
129	广丰县枧底镇济坞煤矿	4	广丰区枧底镇
130	广丰县排山镇礼堂煤矿	4	广丰区排山镇
131	婺源县立新龙泉寺矿业有限公司	4	婺源县镇头镇
132	婺源县镇头鱼塘山煤矿	4	婺源县镇头镇
133	婺源县镇头创新煤矿	4	婺源县镇头镇
134	婺源县镇头董家山煤矿	4	婺源县镇头镇
135	婺源县镇头枫树湾煤矿	6	婺源县镇头镇
136	横峰县兰子畲族煤矿二矿	6	横峰县姚家乡
137	横峰县兰子畲族煤矿	4	横峰县姚家乡
138	分宜县双林镇标岭三矿	4	分宜县双林镇集贤村
139	分宜县双林镇兴旺煤矿	4	分宜县双林镇集贤村
140	分宜县双林镇麻田腾胜煤矿	4	分宜县双林镇麻田村
141	分宜县双林白水华顺煤矿	6	分宜县双林镇白水村
142	新余市渝水区带元一矿	4	新余市仙女湖区欧里镇
143	新余市渝水区欧里白梅富鑫煤矿	4	新余市仙女湖区欧里镇
144	新余市渝水区欧里带元长立煤矿	4	新余市仙女湖区欧里镇
145	新余市渝水区欧里长坡煤矿	4	新余市仙女湖区欧里镇
146	新余市渝水区皇化永安煤矿	6	新余市仙女湖区欧里镇
147	新余市渝水区欧里栗山下陂潘小毛煤矿	6	新余市仙女湖区欧里镇
148	丰城市尚庄镇云丰煤矿	6	江西省丰城市尚庄镇云庄村
149	丰城市尚庄联营煤矿	6	江西省丰城市尚庄街道办事处
150	丰城市洛市镇第三煤矿	6	江西省丰城市洛市镇下城村
151	丰城市秀市洲上二矿	6	江西省丰城市秀市镇洲上村
152	丰城市秀市洲上三矿	6	江西省丰城市秀市镇洲上村
153	丰城市丰纪果园煤矿	6	江西省丰城市秀市镇洲上村
154	丰城市中湾聂家六矿	6	丰城市秀市镇涂村
155	丰城市杰路煤矿	6	丰城市曲江镇杰路村
156	丰城市曲江镇鸿达煤矿	6	江西省丰城市曲江镇密岭村

序号	矿井名称	退出产能（万吨/年）	地址
157	丰城市洛市兴胜煤矿	6	江西省丰城市洛市镇下城村
158	丰城市长丰煤矿	6	江西省丰城市洛市镇下城村
159	丰城市南征煤矿	6	江西省丰城市洛市镇下城村
160	丰城市曲江镇盐油煤矿	6	丰城市曲江镇原岭村
161	丰城市曲江镇坑塘煤矿	6	丰城市曲江镇坑塘村
162	丰城市洛市喜胜煤矿	6	江西省丰城市洛市镇攸洛村
163	丰城市洛市顺意煤矿	6	江西省丰城市洛市镇下城村
164	丰城市丰顺煤矿	6	江西省丰城市洛市镇下城村
165	丰城市洛市日月煤矿	6	江西省丰城市洛市镇庄田村
166	丰城市尚庄镇上峰煤矿	6	江西省丰城市尚庄镇马塘村
167	丰城市尚庄镇北坑煤矿	6	江西省丰城市尚庄镇候塘岗村
168	丰城市秀市镇荣胜煤矿	6	江西省丰城市秀市镇洲上村
169	丰城市袁渡煤矿	6	丰城市秀市镇涂坊村
170	丰城市白土合兴煤矿	6	丰城市白土镇
171	丰城市荣塘四矿	6	丰城市洛市镇下城村
172	丰城市洛市开发煤矿	6	丰城市洛市镇下城村
173	丰城市洛市镇欣欣煤矿	6	江西省丰城市洛市镇下城村
174	丰城市洛市欣荣煤矿	6	江西省丰城市洛市镇下城村
175	丰城市尚庄镇塘丰新矿	6	江西省丰城市尚庄镇建设村
176	高安市泗岗煤矿八号井	4	高安市田南镇
177	高安市泗岗煤矿一号井	6	高安市田南镇
178	高安市泗岗煤矿十一号井	6	高安市田南镇
179	高安市大坑煤矿一号井	4	高安市田南镇
180	高安市严西塘煤矿	4	高安市田南镇
181	高安市田南栗坑小井	6	高安市田南镇
182	高安市新山煤矿一号井	6	高安市建山镇
183	高安市新山煤矿牌楼井	4	高安市建山镇
184	高安市颖新煤矿枫顺井	6	高安市建山镇
185	高安市建山镇龙城煤矿新荷井	6	高安市建山镇
186	高安市德辉煤矿	4	高安市独城镇
187	高安市江上煤矿兴盛二井	4	高安市独城镇
188	高安市增光煤矿	6	高安市独城镇
189	高安市江上煤矿江发井	6	高安市独城镇
190	高安市太阳镇东口煤矿	6	高安市太阳镇

序号	矿井名称	退出产能 （万吨/年）	地址
191	高安市太阳罗家一井	6	高安市太阳镇
192	袁州区新田乡昌家园煤矿	4	袁州区新田乡龙源新村
193	袁州区新田乡龙源新兴煤矿	4	袁州区新田乡龙源新村
194	袁州区西村镇大村新塘煤矿	6	袁州区西村镇大村村
195	袁州区西村镇东杉煤矿	4	袁州区西村镇南塘村
196	袁州区辽市乡辽市煤矿	6	袁州区辽市镇上西村
197	袁州区天台镇下陂岭下煤矿	4	袁州区天台镇下陂村
198	袁州区飞剑潭乡枧下煤矿	6	袁州区飞剑潭乡殊桥村
199	袁州区慈化镇茶林煤矿	6	袁州区慈化镇山楚村
200	宜丰县新庄煤矿	4	宜丰县新庄上塘村
201	宜丰县棠浦王家煤矿	4	宜丰县棠浦姚家村
202	宜丰县新庄上塘一井煤矿	4	宜丰县新庄上塘村
203	宜丰县新庄新兔煤矿	4	宜丰县新庄上塘村
204	宜丰县澄塘牌楼村煤矿	4	宜丰县澄塘牌楼村
205	宜丰县棠浦第二煤矿	4	宜丰县棠浦姚家村
206	宜丰县澄塘恒盛煤矿	4	宜丰县澄塘牌楼村
207	宜丰县棠浦枫林老屋煤矿	6	宜丰县棠浦枫林村
208	宜丰县新庄邓家煤矿	4	宜丰县新庄邓家村
209	宜丰县新兔煤矿二井	4	宜丰县新庄上塘村
210	万载县鹅峰乡东田苎麻坞煤矿	6	万载县鹅峰乡东田村
211	万载县三兴镇花塘村煤矿	4	万载县三兴镇花塘村
212	江西煤业集团有限责任公司杨桥煤矿	25	江西省分宜县杨桥镇
213	江西煤业集团有限责任公司黄冲煤矿	6	江西省上栗县杨岐乡
214	江西宜萍煤业有限责任公司	21	江西省分宜县杨桥镇
215	江西云庄矿业有限责任公司	15	江西省丰城市尚庄镇
216	江西八景煤业有限公司杉林煤矿	9	江西省高安市独城镇
217	江西八景煤业有限公司大王山煤矿	5	江西省高安市独城镇
218	江西大光山煤业有限公司铁华山井	5	江西省安福县瓜畲乡
219	江西大光山煤业有限公司文家北井	4	江西省安福县横龙镇
220	江西仙槎煤业有限责任公司	21	江西省浮梁县寿安镇
221	江西煤业集团有限责任公司涌山煤矿	20	江西省乐平市涌山镇
222	江西煤业集团有限责任公司东方红煤矿	9	江西省乐平市涌山镇
223	江西煤业集团有限责任公司坪湖煤矿	51	江西省丰城市上塘镇
224	江西煤业集团有限责任公司建新煤矿	81	江西省丰城市上塘镇

序号	矿井名称	退出产能（万吨/年）	地址
225	江西煤业集团有限责任公司高坑煤矿	30	江西省萍乡市高坑镇
226	江西煤业集团有限责任公司伍家煤矿	6	江西省高安市建山镇
227	萍乡巨源煤业有限责任公司	21	江西省萍乡市湘东区
228	江西大光山煤业有限公司大光山井	9	江西省安福县枫田镇
229	江西鸣山矿业有限责任公司	12	江西省乐平市乐港镇
230	江西丰龙矿业有限责任公司石上矿井	90	江西省丰城市尚庄镇
231	江西煤业集团有限责任公司天河煤矿	45	江西省吉安县天河镇
232	江西煤业集团有限责任公司东村煤矿	18	江西省宜春市高安市建山镇
233	江西煤业集团有限责任公司桥二煤矿	12	江西省宜春市高安市建山镇
234	江西泉南煤业有限公司泉南分矿	6	江西省宜春市樟树市经楼镇
235	江西棠浦煤业有限公司	9	江西省宜春市宜丰县棠浦镇
236	江西省矿山隧道建设总公司第一工程公司中林煤矿	6	江西省宜春市樟树市经楼镇
237	铅山县湖坊枧山煤矿	4	铅山县
238	铅山县湖坊湖芦源煤矿	6	铅山县
239	铅山县湖坊沙坪煤矿	4	铅山县
240	铅山县窑山煤矿	4	铅山县
241	铅山县杨林中洲扫竹坞煤矿	4	铅山县
242	铅山县牛棚煤矿	6	铅山县
243	铅山县祥龙第五煤矿	4	铅山县
244	江西省万年县白马煤矿	6	万年县湖云乡白马村
245	江西省横峰铺前煤矿三井	15	横峰县岑阳镇
246	江西省横峰铺前煤矿东风井	6	横峰县岑阳镇
247	横峰县胜利煤矿二井	4	横峰县青板乡
248	横峰县沈家垅煤矿	4	横峰县岑阳镇
249	横峰县李度健煤矿	4	横峰县岑阳镇
250	横峰县龙门乡童德林煤矿	6	横峰县青板乡
251	广丰县社后乡国庆煤矿	4	上饶市广丰区东阳乡竹岩村
252	上饶县君安矿业有限公司	4	上饶县田墩镇
253	上饶县田墩镇黄金坞煤矿	4	上饶县田墩镇
254	上饶县应家乡郑坞煤矿	4	上饶县应家乡
255	上饶县黄沙岭乡下草圩煤矿	4	上饶县黄沙岭乡
256	上饶县田墩镇长安煤矿	4	上饶县田墩镇
257	乐平市赵家山煤矿	4	乐平市涌口镇

序号	矿井名称	退出产能 (万吨/年)	地址
258	乐平市钱广煤矿	6	乐平市礼林镇
259	乐平市双田镇上冲坞煤矿	6	乐平市双田镇
260	乐平市科山煤矿	4	乐平市塔前镇
261	赣县韩坊煤矿	4	韩坊镇小垒村
262	宁都县黄贯煤矿	5	梅江镇黄贯村
263	宁都县煤矿	4	青塘镇青塘村
264	赣州市高桥合成煤矿有限公司高桥二井	4	赣州市信丰县铁石口镇
265	信丰县小江镇金红煤矿	4	赣州市信丰县小江镇芫坝村
266	龙南县大罗煤矿	6	龙南县龙南镇大罗村
267	于都县宽田乡上堡煤矿	4	于都县宽田乡上堡村
268	于都县银坑镇松山村煤矿	6	于都县银坑镇松山村
269	吉水县阜田煤矿	4	吉水县阜田镇
270	安福县金龙煤矿	4	安福县横龙镇
271	安福县河西煤矿	4	安福县山庄乡
272	新余市渝水区欧里杨林下陂煤矿	4	新余市仙女湖区欧里镇白梅村
273	新余市渝水区欧里杨林一煤矿	4	新余市仙女湖区欧里镇白梅村
274	新余市渝水区欧里栗山杨林新煤矿	4	新余市仙女湖区欧里镇白梅村
275	分宜县双林煤矿	6	分宜县双林镇宋家村
276	分宜县双林镇富友煤矿	6	分宜县双林镇集贤村
277	丰城市梅林乡山环煤矿	6	丰城市梅林镇
278	丰城市荷湖合兴煤矿	6	丰城市荷湖乡车草村
279	丰城市曲江镇甘棠煤矿	6	丰城市曲江镇甘棠村
280	丰城市剑光煤矿	6	丰城市秀市镇洲上村
281	丰城市秀市镇座山煤矿	6	丰城市秀市镇涂坊村
282	高安市开发煤矿	6	高安市独城镇
283	高安市建山镇龙城煤矿一号井	6	高安市建山镇
284	袁州区西村镇北槽煤矿	4	袁州区西村镇南塘村
285	宜丰县棠浦枫林老屋煤矿盆形井	6	宜丰县棠浦镇枫林村
286	宜丰县棠浦第五煤矿	4	宜丰县棠浦镇沐溪村
287	宜丰县棠浦第六煤矿	4	宜丰县棠浦姚家村
288	萍乡市碳石煤矿	4	萍乡市上栗县福田镇
289	上栗县彭高平安煤矿	4	萍乡市上栗县彭高镇
290	上栗县赤山镇乐观煤矿	4	萍乡市上栗县赤山镇

续表

序号	矿井名称	退出产能 （万吨/年）	地址
291	莲花县坊楼镇峙垅北煤矿	6	萍乡市莲花县坊楼镇
292	上栗县杨岐山百福煤矿	6	萍乡市上栗县杨岐乡
293	萍乡市南坑赵家煤矿	6	萍乡市芦溪县南坑镇
294	瑞昌市乐园乡阳坡煤矿洋乐井	4	瑞昌市乐园乡

附表5　山西省2016～2017年煤炭行业化解过剩产能关闭（产能退出）煤矿名单

附表5－1　2016年产能退出情况

序号	煤炭企业（煤矿）名称	责任企业	责任市	责任县	退出能力 （万吨/年）
	总计				1705
	长治市　小计				210
1	山西潞安石圪节煤业有限责任公司	潞安集团	长治市	郊区	90
2	山西煤炭运销集团赵屋煤业有限公司	晋能集团	长治市	壶关县	90
3	山西煤炭运销集团三元古韩永丰煤业有限公司	晋能集团	长治市	襄垣县	30
	临汾市　小计				270
4	霍州煤电集团乡宁沙坪煤业有限公司	焦煤集团	临汾市	乡宁县	30
5	阳泉煤业集团蒲县天煜新星煤业有限公司	阳煤集团	临汾市	蒲县	30
6	阳泉煤业集团翼城下交煤业有限公司	阳煤集团	临汾市	翼城县	60
7	霍州煤电集团仕林煤业有限责任公司	焦煤集团	临汾市	霍州市	90
8	霍州煤电集团乡宁宝鑫煤业有限公司	焦煤集团	临汾市	乡宁县	60
	大同市　小计				375
9	大同煤业股份有限公司同家梁矿	同煤集团	大同市	南郊区	300
10	大同煤矿集团同生宏达煤业有限公司	同煤集团	大同市	南郊区	30
11	大同煤矿集团同地北杏庄煤业有限公司	同煤集团	大同市	左云县	45
	太原市　小计				340
12	山西西山白家庄矿业有限责任公司南坑井	焦煤集团	太原市	万柏林	70
13	山西西山白家庄矿业有限责任公司二号井	焦煤集团	太原市	万柏林	30
14	太原煤炭气化（集团）清河二煤矿有限公司	晋煤集团	太原市	古交市	45
15	太原东山煤矿有限责任公司	东山煤电集团	太原市	杏花岭区	150

续表

序号	煤炭企业(煤矿)名称	责任企业	责任市	责任县	退出能力 (万吨/年)
16	太原东山东异煤业有限公司	东山煤电集团	太原市	杏花岭区	45
	朔州市　小计				90
17	山西朔州平鲁区阳煤泰安煤业有限公司	阳煤集团	朔州市	平鲁区	90
	晋城市　小计				60
18	山西晋煤集团泽州天安高都煤业有限公司	晋煤集团	晋城市	泽州县	60
	阳泉市　小计				60
19	阳泉煤业(集团)平定泰昌煤业有限公司	阳煤集团	阳泉市	平定县	60
	吕梁市　小计				90
20	山西汾西正源煤业有限责任公司	焦煤集团	吕梁市	交城县	90
	忻州市　小计				210
21	山西潞安集团潞宁忻岭煤业有限公司	潞安集团	忻州市	宁武县	60
22	山西潞安集团潞宁忻丰煤业有限公司	潞安集团	忻州市	宁武县	60
23	山西潞安集团潞宁大木厂煤业有限公司	潞安集团	忻州市	宁武县	90

附表 5-2　2017 年产能退出情况

序号	煤炭企业(煤矿)名称	所在市县	煤矿类别	退出能力 (万吨/年)
	总计	27 座		2265
1	山西大同矿区后沟煤业有限公司	大同市矿区	建设	30
2	山西大同矿区峰子涧煤业有限公司	大同市矿区	建设	30
3	山西大同矿区安盛欣煤业有限公司	大同市矿区	建设	45
4	大同矿区西周窑煤业有限公司	大同市矿区	建设	30
5	同煤集团雁崖煤业有限公司	大同市南郊区	生产	150
6	同煤集团东周窑煤矿	大同市左云县	生产	130
7	同煤集团同轩金海煤业有限公司	忻州市原平市	建设	90
8	山西省原平市石豹沟煤矿奇村井田	忻州市原平市	建设	30
9	山西忻州神达安茂煤业有限公司	忻州市原平市	建设	30
10	晋煤集团泽州天安广利煤业有限公司	晋城市泽州县	建设	45
11	晋煤集团古书院矿	晋城市城区	生产	330
12	晋煤集团王台铺矿	晋城市城区	生产	260
13	山西陵川崇安北关煤业有限公司	晋城市陵川县	建设	45
14	山西陵川崇安附城煤业有限公司	晋城市陵川县	建设	45
15	山西煤炭运销集团巨华塬煤业有限公司	临汾市汾西县	建设	30

序号	煤炭企业（煤矿）名称	所在市县	煤矿类别	退出能力（万吨/年）
16	山西古县西山庆兴煤业有限公司	临汾市古县	建设	90
17	山西古县晋辽柳沟煤业有限公司	临汾市古县	生产	120
18	山西古县晋辽下辛佛煤业有限公司	临汾市古县	生产	120
19	阳煤集团翼城河寨煤业有限公司	临汾市翼城县	建设	60
20	阳煤集团五矿五林井	阳泉市平定县	生产	90
21	山西平定古州陈家庄煤业有限公司	阳泉市平定县	建设	60
22	山西阳泉盂县万和兴煤业有限公司	阳泉市盂县	建设	60
23	山西葫芦堂煤业有限公司	朔州市朔城区	生产	150
24	山西太行王家峪村煤业有限公司	长治市武乡县	生产	60
25	山西庄底煤业有限公司	长治市武乡县	生产	60
26	山西长治联盛师庄煤业有限公司	长治市长治县	建设	45
27	山西垣曲燕尾沟煤业有限公司	运城市垣曲县	生产	30

附表 6　内蒙古自治区 2016～2017 年煤炭行业化解过剩产能关闭（产能退出）煤矿名单

煤矿名称	地址	生产（在建）	设计（核定）产能（万吨/年）	退出时间
包头市杨圪楞矿业有限公司平顶山露天矿煤矿	包头市东河区	生产	60	2017 年 9 月
内蒙古牙克石五九煤炭（集团）有限责任公司三矿	呼伦贝尔市牙克石市	生产	30	2017 年 8 月
阿鲁科尔沁旗温都花煤炭有限责任公司	阿鲁科尔沁旗阿旗扎嘎斯台镇温都花嘎查	生产	45	2017 年 6 月
喀喇沁旗新利煤矿	赤峰市喀喇沁旗牛营子镇	生产	30	2017 年 6 月
巴林右旗塔布花煤矿有限公司	赤峰市巴林右旗查干沐沦镇	生产	30	2017 年 6 月

续表

煤矿名称	地址	生产（在建）	设计（核定）产能（万吨/年）	退出时间
元宝山区五家镇第二联营煤矿	赤峰市元宝山区	生产	30	2017 年 6 月
赤峰宝山能源（集团）铁东煤业有限责任公司	赤峰市元宝山区宝山镇	生产	30	2017 年 6 月
赤峰元宝山区刘家店元通煤业有限公司	赤峰市元宝山区宝山镇	生产	30	2017 年 6 月
元宝山区五家镇房身村第三煤矿	赤峰市元宝山区	生产	30	2017 年 6 月
内蒙古伊泰煤炭股份有限公司阳湾沟煤矿	鄂尔多斯市准噶尔旗	生产	120	2017 年 9 月
内蒙古伊泰煤炭股份有限公司诚意煤矿	鄂尔多斯市准噶尔旗	生产	120	2017 年 9 月
内蒙古伊泰煤炭股份有限公司富华煤矿	鄂尔多斯市伊金霍洛旗	生产	60	2017 年 9 月
酸刺沟煤炭有限公司露天煤矿	鄂尔多斯市东胜区	生产	60	2017 年 9 月
内蒙古自治区监狱管理局京蒙煤矿	鄂尔多斯市伊金霍洛旗	生产	60	2017 年 7 月
内蒙古广纳煤业（集团）有限责任公司广纳煤矿	鄂尔多斯市鄂托克旗	生产	30	2017 年 6 月
内蒙古鄂尔多斯煤炭有限责任公司阿尔巴斯一矿	鄂尔多斯市鄂托克旗	生产	45	2017 年 7 月

附表 7　黑龙江省 2016～2017 年煤炭行业化解过剩产能关闭（产能退出）煤矿名单

附表 7-1　2016 年产能退出情况

序号	煤炭企业（煤矿）名称	责任市	退出能力（万吨/年）
1	龙煤集团鸡西矿业公司二道河子煤矿	鸡西市恒山区	110
2	龙煤集团鸡西矿业公司张新煤矿	鸡西市恒山区	90
3	龙煤集团七台河矿业公司桃山煤矿	七台河市	100
4	沈焦鸡西盛隆公司新城煤矿	鸡西市	90

序号	煤炭企业(煤矿)名称	责任市	退出能力(万吨/年)
5	沈焦鸡西盛隆公司立新煤矿六井	鸡西市	45
6	沈焦鸡西盛隆公司青山煤矿	牡丹江市	90
7	龙煤集团鸡西矿业公司荣华煤矿斜井	鸡西市	30
8	龙煤集团鹤岗矿业公司兴山煤矿	鹤岗市	120
9	龙煤集团双鸭山矿业公司安泰煤矿	双鸭山市	42
10	龙煤集团双鸭山矿业公司七星煤矿	双鸭山市	130
11	沈焦鸡西盛隆公司光大煤矿	鸡西市	9
12	沈焦鸡西盛隆公司立新煤矿三井	鸡西市	15
13	沈焦鸡西盛隆公司立新煤矿新一井	鸡西市	9
14	龙煤集团鸡西矿业公司梨树煤矿二区	鸡西市梨树区	60
15	龙煤集团鹤岗矿业公司新岭煤矿(井工)	鹤岗市向阳区	30
16	龙煤集团七台河矿业公司东风煤矿	七台河市新兴区	40

附表 7 - 2　2017 年产能退出情况

序号	煤炭企业(煤矿)名称	责任市	退出规模(万吨/年)
1	鸡西市海林煤矿	鸡西市	4
2	黑河市一五一煤矿有限责任公司一井	黑河市	45
3	黑河市一五一煤矿有限责任公司二井	黑河市嫩江县	7
4	黑河市东兴煤矿	黑河市爱辉区	15
5	嫩江县多宝山镇富河村煤矿	黑河市嫩江区	5

附表 8　四川省 2016～2017 年煤炭行业化解过剩产能关闭（产能退出）煤矿名单

总序号	序号	煤矿名称	生产或在建	核定或设计能力(万吨/年)	所在地
		全省合计		2303	
		一　川煤集团		435	
1	1	四川芙蓉集团宜宾红卫煤业有限责任公司巡场煤矿	生产	30	珙县
2	2	四川芙蓉集团实业有限责任公司白皎煤矿(珙泉井)	生产	45	珙县

总序号	序号	煤矿名称	生产或在建	核定或设计能力（万吨/年）	所在地
3	3	四川泸州宁发煤业公司岔角滩煤矿	在建	60	古蔺县
4	4	四川省华蓥山煤业股份有限公司李子垭南煤矿	生产	30	华蓥市
5	5	四川广旺能源发展（集团）有限责任公司船景煤矿	在建	150	筠连县
6	6	四川省荣山煤矿喻家碥矿井	生产	21	利州区
7	7	四川达竹煤电（集团）有限责任公司龙门峡北矿	在建	45	渠县
8	8	四川省威达煤业有限责任公司威远煤矿	生产	9	威远县
9	9	芙蓉公司泸州市西华煤矿	在建	45	叙永县
		二 古叙煤田		90	
10	1	四川省川南煤业有限责任公司鲁班山南矿	生产	90	筠连县
		三 自贡市		64	
11	1	自贡市同心煤业有限公司（许家煤矿）	生产	9	富顺县
12	2	荣县伦兴煤业有限公司大河坝煤矿	生产	6	荣县
13	3	四川弘鑫矿业有限公司荣县复兴煤矿	生产	8	荣县
14	4	荣县香谷嘴煤矿	生产	6	荣县
15	5	荣县平安寨煤业有限公司平安寨煤矿	生产	8	荣县
16	6	荣县石桥煤业有限公司石桥煤矿	生产	9	荣县
17	7	四川弘鑫矿业有限公司荣县墨林煤矿	生产	9	荣县
18	8	荣县天福煤业有限责任公司油房沟煤矿	在建	9	荣县
		四 攀枝花市		114	
19	1	攀枝花市建海工贸有限责任公司罗家屋基煤矿	生产	9	仁和区
20	2	攀枝花市圣凯煤业有限责任公司灰家所煤矿	在建	15	仁和区
21	3	攀枝花市鼎昌工贸有限公司芭蕉湾煤矿	在建	9	仁和区
22	4	攀枝花市博皓工贸有限公司挑水箐煤矿	在建	9	仁和区
23	5	攀枝花市骏鑫工贸有限公司马家屋基煤矿	在建	15	仁和区
24	6	攀枝花市宗洋工贸有限公司莫玉湾煤矿	在建	9	仁和区
25	7	攀枝花市麒雍工贸有限公司挑水箐煤矿	在建	15	仁和区
26	8	攀枝花市吉成工贸有限责任公司桐麻湾煤矿	生产	15	西区
27	9	攀枝花市利俊兴工贸有限责任公司达连田煤矿	在建	9	西区
28	10	盐边县宗志矿业有限责任公司箐河乡板依村煤矿	在建	9	盐边县
		五 泸州市		150	

总序号	序号	煤矿名称	生产或在建	核定或设计能力（万吨/年）	所在地
29	1	古蔺县昌隆煤业集团有限公司烂湾子煤矿	生产	6	古蔺县
30	2	泸州市古达煤电集团有限责任公司土城煤矿	在建	21	古蔺县
31	3	泸县加明马园煤矿	生产	9	泸县
32	4	泸县雨坛镇铁丁山煤矿	生产	9	泸县
33	5	叙永县凉水井煤矿	在建	21	叙永县
34	6	叙永县两河镇金银老沟头煤厂	在建	9	叙永县
35	7	叙永县浩龙矿业有限公司白泥坝煤矿	在建	15	叙永县
36	8	叙永县河东煤硫矿有限公司太阳城煤矿	在建	15	叙永县
37	9	叙永县盛金水矿业有限责任公司流水岩煤矿	在建	15	叙永县
38	10	叙永县海坝煤硫开发有限公司海坝煤矿	在建	15	叙永县
39	11	叙永县大堰煤矿	在建	15	叙永县
		六　德阳市		60	
40	1	绵竹市元发矿业有限责任公司林场煤矿	生产	6	绵竹市
41	2	绵竹市元发矿业有限责任公司楠木沟煤矿	生产	6	绵竹市
42	3	绵竹市元发矿业有限责任公司东北煤矿	生产	6	绵竹市
43	4	什邡市冰川镇龙发煤炭有限责任公司龙洞煤矿	生产	9	什邡市
44	5	什邡市鑫鸿矿业有限责任公司什邡市石牛坪煤矿	在建	9	什邡市
45	6	什邡市宏达红星矿业有限公司红星煤矿	在建	15	什邡市
46	7	什邡市鑫鸿矿业有限责任公司什邡市蓥华镇响簧村联合煤矿	在建	9	什邡市
		七　广元市		39	
47	1	广元杨家岩煤业有限责任公司广元杨家岩煤矿	生产	21	利州区
48	2	广元市大昌沟煤业股份公司大昌沟煤矿	生产	9	经开区
49	3	剑阁县弘发矿业有限责任公司桅杆村煤矿	在建	9	剑阁县
		八　内江市		18	
50	1	内江市沙湾煤业有限公司（向家寨煤矿二井）	生产	12	威远县
51	2	威远县小河镇同乐煤矿	生产	6	威远县
		九　乐山市		285	
52	1	四川蓝雁峨眉山杨村铺煤业有限公司杨村铺煤矿	生产	21	峨眉山市
53	2	峨眉山市净水双沟煤矿	生产	9	峨眉山市
54	3	峨眉山市宏吉煤业有限责任公司宏吉煤矿	生产	9	峨眉山市
55	4	四川峨眉山煤业开发有限公司峨山煤矿	生产	9	峨眉山市

总序号	序号	煤矿名称	生产或在建	核定或设计能力 （万吨/年）	所在地
56	5	峨眉山市银丰煤业有限公司银丰煤矿	在建	9	峨眉山市
57	6	四川山力能源有限公司苏坡煤矿	扩建	15	峨眉山市
58	7	峨眉山市李子沟煤矿	生产	9	峨眉山市
59	8	夹江县华头牛马溪煤矿	在建	15	夹江县
60	9	犍为县吉星煤矿	生产	9	犍为县
61	10	犍为县宝胜煤矿	生产	9	犍为县
62	11	乐山市佛呀桥煤业有限公司佛呀桥煤矿	生产	9	犍为县
63	12	犍为县林宏煤矿	生产	9	犍为县
64	13	犍为县胜华煤矿	生产	6	犍为县
65	14	犍为县顺兴煤业有限公司顺兴煤矿	生产	6	犍为县
66	15	四川省犍为县林源实业有限公司平安煤矿	生产	6	犍为县
67	16	四川马边三河口煤业开发有限公司白岩子二矿	生产	6	马边县
68	17	马边富丽煤矿有限责任公司富丽煤矿	在建	9	马边县
69	18	沐川县新鑫煤业有限公司桃园煤矿	生产	6	沐川县
70	19	沐川县新街乡柏杨煤矿	生产	6	沐川县
71	20	沐川县兰厂沟煤矿有限公司兰厂沟煤矿	生产	9	沐川县
72	21	沐川县武圣乡加太煤矿	生产	9	沐川县
73	22	乐山市沙湾区恒安煤业有限公司乐疆煤矿	生产	9	沙湾区
74	23	乐山市沙湾区老林头煤矿	生产	9	沙湾区
75	24	乐山市沙湾区茂祥煤业有限公司佛呀岩煤矿	生产	9	沙湾区
76	25	乐山市沙湾区石梯岩煤矿	生产	9	沙湾区
77	26	四川德诚煤业有限公司桫椤沟煤矿	生产	9	五通桥区
78	27	乐山市五通桥区鼎源煤业有限公司大顺煤矿	生产	15	五通桥区
79	28	乐山市癸金煤业有限责任公司癸金煤矿	在建	30	五通桥区
		十 眉山市		14	
80	1	仁寿县复合能源集团全富煤业有限公司全富煤矿	生产	6	仁寿县
81	2	仁寿县复合能源集团红星煤业有限公司红星煤矿	生产	8	仁寿县
		十一 宜宾市		450	
82	1	宜宾市溪福煤业有限公司（溪福煤矿）	生产	9	翠屏区
83	2	宜宾市地财煤炭有限责任公司核桃坝煤矿	生产	9	翠屏区
84	3	宜宾市新鑫煤业有限公司（新鑫煤矿）	生产	9	翠屏区
85	4	高县梭沙坡煤矿	生产	9	高县

总序号	序号	煤矿名称	生产或在建	核定或设计能力（万吨/年）	所在地
86	5	高县四烈兔儿湾煤矿	生产	6	高县
87	6	高县天泰凉风煤业有限公司凉风煤矿	生产	15	高县
88	7	高县腾龙磨盘田煤矿	生产	15	高县
89	8	四川省高县云山煤矿	在建	9	高县
90	9	珙县翔源矿业有限责任公司翔源煤矿	生产	15	珙县
91	10	宜宾顺通煤业有限公司珙县大田煤矿	在建	21	珙县
92	11	宜宾天池金堂煤业有限责任公司金堂煤矿	建设	60	珙县
93	12	江安县宜锋煤业有限公司联吉煤矿	生产	15	江安县
94	13	筠连县政泰煤业有限责任公司马灵光煤矿	生产	9	筠连县
95	14	筠连县益民煤业有限责任公司益民煤矿	生产	9	筠连县
96	15	筠连县孔雀乡平原煤矿	生产	9	筠连县
97	16	筠连县金鑫煤业有限公司金鑫煤矿	生产	9	筠连县
98	17	筠连县高坎坤宏煤业有限公司坤宏煤矿	在建	9	筠连县
99	18	筠连县巡司镇红岩煤矿	在建	15	筠连县
100	19	筠连县平安联营煤业有限公司平安联营煤矿	在建	15	筠连县
101	20	筠连县志鸿煤矿	在建	15	筠连县
102	21	筠连县琼兴煤业有限责任公司琼兴煤矿	在建	21	筠连县
103	22	筠连民强煤业有限公司维新68煤矿	在建	21	筠连县
104	23	筠连县小寨煤业有限公司小寨煤矿	在建	21	筠连县
105	24	筠连县金源矿业有限责任公司金泉煤矿	在建	21	筠连县
106	25	筠连县桥沟煤业有限公司桥沟煤矿	建设	21	筠连县
107	26	筠连县高坪煤业有限责任公司槐树煤矿	生产	15	筠连县
108	27	兴文县珙兴煤矿	生产	9	兴文县
109	28	四川省兴文县华福矿业开发有限责任公司磺广村煤矿	生产	6	兴文县
110	29	兴文县久庆镇桂花煤矿	生产	9	兴文县
111	30	兴文县鑫隆煤业有限责任公司鑫隆煤矿	在建	15	兴文县
112	31	长宁县盛祥矿业有限公司久鼎煤矿	在建	9	长宁县
		十二　广安市		197	
113	1	华蓥市丁家坪煤矿有限公司丁家坪煤矿	生产	9	华蓥市
114	2	华蓥市彪水岩有限公司彪水岩煤矿	生产	6	华蓥市
115	3	华蓥市锦春煤业有限责任公司水田坝矿井	生产	15	华蓥市
116	4	华蓥市老岩湾煤业有限公司老岩湾煤矿	生产	9	华蓥市
117	5	广安鑫福煤业有限公司李家沟煤矿	在建	21	华蓥市

总序号	序号	煤矿名称	生产或在建	核定或设计能力 （万吨／年）	所在地
118	6	华蓥市石林煤业有限公司石林煤矿	在建	15	华蓥市
119	7	广安市华蓥丰源实业有限公司新兴煤矿	在建	21	华蓥市
120	8	华蓥盛昌煤业有限公司华蓥市南山寺煤矿	在建	9	华蓥市
121	9	邻水县凤凰洞煤矿	生产	9	邻水县
122	10	邻水县金鹰煤业有限责任公司金鹰煤矿	生产	5	邻水县
123	11	广安鑫福煤业有限公司邻水煤矿	在建	21	邻水县
124	12	邻水县永鑫能源有限公司幺滩煤矿	在建	15	邻水县
125	13	邻水县腾飞煤矿（国田）	在建	9	邻水县
126	14	邻水县建子湾煤业有限公司建子湾煤矿	在建	6	邻水县
127	15	邻水县兰家沟煤业有限公司兰家沟煤矿	在建	9	邻水县
128	16	邻水县四方煤业有限责任公司四方煤矿	在建	9	邻水县
129	17	广安祥和煤业有限公司陡梯子煤矿	在建	9	前锋区
		十三　达州市		105	
130	1	大竹县月华乡硝水泗溪煤矿	生产	9	大竹县
131	2	开江县堰塘煤矿	在建	9	开江县
132	3	万源市沙滩镇关田坝煤矿	在建	6	万源市
133	4	万源市宾实煤业有限公司洞湾煤矿	在建	9	万源市
134	5	万源市皮窝乡赵家河煤矿	在建	6	万源市
135	6	达州市三台煤业有限公司三台煤矿	在建	15	万源市
136	7	万源市青花镇黑石溪煤矿三煤矿	在建	15	万源市
137	8	宣汉县柏树镇煤矿	生产	9	宣汉县
138	9	四川省宣汉上峡煤焦有限公司上峡煤矿（丁木沟井）	生产	9	宣汉县
139	10	宣汉县金壤煤业有限公司金竹园煤矿	在建	9	宣汉县
140	11	宣汉县七里桐油亮煤厂	在建	9	宣汉县
		十四　雅安市		264	
141	1	汉源县志成煤业有限公司志成煤矿	生产	9	汉源县
142	2	芦山县精诚煤业有限公司黄沟头煤矿	在建	9	芦山县
143	3	芦山县鑫胜煤业有限责任公司鑫胜煤矿	在建	9	芦山县
144	4	芦山县杉树坪煤业有限责任公司沙树坪煤矿	在建	9	芦山县
145	5	芦山县渝川煤业有限责任公司川渝煤矿	在建	9	芦山县
146	6	芦山县顺源煤业有限公司（顺源煤矿）	扩建	9	芦山县

总序号	序号	煤矿名称	生产或在建	核定或设计能力（万吨/年）	所在地
147	7	石棉县天元煤业有限责任公司（天元煤矿）	扩建	6	石棉县
148	8	天全县天河煤业有限公司背风沟煤矿	生产	9	天全县
149	9	天全县鑫顺煤业有限责任公司鑫顺煤矿	生产	6	天全县
150	10	荥经县五家田煤业有限公司五家田煤矿	生产	9	荥经县
151	11	荥经县富强煤业有限公司富强煤矿	生产	9	荥经县
152	12	雅安市斑鸠井煤业有限责任公司冯家坝井	生产	9	荥经县
153	13	荥经兴宏煤业有限责任公司兴旺煤矿	生产	15	荥经县
154	14	荥经县红军桥煤业有限公司红军桥煤矿	在建	9	荥经县
155	15	荥经县东红煤业有限公司新生煤厂	在建	9	荥经县
156	16	荥经县飞水岩煤业有限公司飞水岩煤矿	在建	9	荥经县
157	17	荥经县改板沟煤矿	扩建	30	荥经县
158	18	荥经县兴余煤业有限责任公司（兴余煤矿）	生产	9	荥经县
159	19	荥经县富蓉煤业有限公司六合煤厂	生产	9	荥经县
160	20	荥经县荥祥煤业有限责任公司预备役煤矿	生产	9	荥经县
161	21	荥经县杨湾煤业有限公司鱼泉杨湾煤厂	扩建	9	荥经县
162	22	荥经县民彬煤业有限责任公司民彬煤厂	生产	9	荥经县
163	23	雅安市雅能煤业有限责任公司雅能煤矿	生产	9	雨城区
164	24	雅安市西大煤业有限公司雅洪煤矿	生产	9	雨城区
165	25	雅安市安盛煤业有限责任公司大片煤矿	生产	9	雨城区
166	26	雅安市聚鑫煤业有限公司山源煤矿	生产	9	雨城区
167	27	雅安市伍鑫煤业有限责任公司水洪林煤矿三号井	生产	9	雨城区
		十五 巴中市		18	
168	1	南江县团结乡黄草坪煤矿	在建	9	南江县
169	2	通江县大河坝煤矿	在建	9	通江县

图书在版编目（CIP）数据

矿业废弃地地表空间生态开发及关键技术／宋梅著
． －－北京：社会科学文献出版社，2019.6
ISBN 978 - 7 - 5201 - 4553 - 4

Ⅰ．①矿…　Ⅱ．①宋…　Ⅲ．①矿山环境 - 生态环境建
设 - 研究 - 中国　Ⅳ．①X322.2

中国版本图书馆 CIP 数据核字（2019）第 054655 号

矿业废弃地地表空间生态开发及关键技术

著　　者／宋　梅

出 版 人／谢寿光
责任编辑／王晓卿
文稿编辑／高欢欢

出　　版／社会科学文献出版社·当代世界出版分社（010）59367004
　　　　　　地址：北京市北三环中路甲 29 号院华龙大厦　邮编：100029
　　　　　　网址：www.ssap.com.cn
发　　行／市场营销中心（010）59367081　59367083
印　　装／三河市龙林印务有限公司

规　　格／开本：787mm×1092mm　1/16
　　　　　　印 张：19.5　字 数：319 千字
版　　次／2019 年 6 月第 1 版　2019 年 6 月第 1 次印刷
书　　号／ISBN 978 - 7 - 5201 - 4553 - 4
定　　价／98.00 元

本书如有印装质量问题，请与读者服务中心（010 - 59367028）联系